廿载数模情　砥砺向前行

中国研究生数学建模竞赛优秀工作案例集

主　编　耿　新　奚社新
副主编　朱道元　刘力维　王开华

科 学 出 版 社
北　京

内 容 简 介

中国研究生数学建模竞赛历经二十年，从 2003 年起源于江苏、安徽地区性的竞赛发展成为中国研究生创新实践系列大赛中参赛人数最多、参赛地区最广、涉及学科门类最全的全国性研究生大赛。二十年风雨兼程，二十年初心不改。在这二十年中，涌现出一批投身数学建模竞赛事业的专家学者、组织工作者、指导教师，形成了一些可推广、可复制的工作案例。本书是为纪念中国研究生数学建模竞赛 20 年征集的优秀工作案例，从组织工作者、专家学者、指导教师等多角度回顾竞赛发展历程，展示一些学校研究生数学建模活动的成果和特色，记录参赛体会与感悟。

本书可供所有热爱中国研究生数学建模竞赛的专家学者、组织工作者、指导教师、参赛学生等阅读。

图书在版编目（CIP）数据

中国研究生数学建模竞赛优秀工作案例集 / 耿新，奚社新主编. —北京：科学出版社，2023.12

ISBN 978-7-03- 077192-6

Ⅰ. ①中…　Ⅱ. ①耿… ②奚…　Ⅲ. ①数学模型-竞赛-研究生-教学参考资料　Ⅳ. ①O141.4

中国国家版本馆 CIP 数据核字（2023）第 223264 号

责任编辑：姚莉丽　赵　洁 / 责任校对：杨聪敏

责任印制：师艳茹 / 封面设计：陈　敬

科学出版社 出版

北京东黄城根北街 16 号

邮政编码：100717

http://www.sciencep.com

北京中科印刷有限公司 印刷

科学出版社发行　各地新华书店经销

*

2023 年 12 月第　一　版　开本：889 × 1194　1/16

2024 年　1 月第　二　次印刷　印张：17 1/4

字数：522 000

定价：99.00 元

（如有印装质量问题，我社负责调换）

序　言

中国研究生数学建模竞赛起源于2003年由东南大学发起并成功主办的“南京及周边地区高校研究生数学建模竞赛”；2004年由于参赛高校地域的扩大，更名为“全国研究生数学建模竞赛”；2013年，该赛事被纳入教育部学位与研究生教育发展中心主办的全国研究生创新实践系列活动；2017年由于参赛高校扩大到国外高校，其再次更名为“中国研究生数学建模竞赛”。2020年该赛事由教育部学位管理与研究生教育司指导，中国学位与研究生教育学会、中国科协青少年科技中心主办。岁月如梭，中国研究生数学建模竞赛历经二十载。

数学是自然科学的基础，也是重大技术创新的基础，从人工智能、大数据到航空航天、国防安全，从生物医药、能源、海洋到金融、先进制造，诸多领域的重大科技突破，都是以数学科学的发展和进步为基础的。2018年国务院印发《关于全面加强基础科学研究的若干意见》，就已提出要“潜心加强基础科学研究，对数学、物理等重点基础学科给予更多倾斜”。2019年科技部、教育部、中国科学院、国家自然科学基金委员会共同制定《关于加强数学科学研究工作方案》。加强基础科学研究，提升原始创新能力，是实施创新驱动发展战略、建设创新型国家的重要举措。

党的二十大提出，教育、科技、人才是全面建设社会主义现代化国家的基础性、战略性支撑。培养创新型人才既是党和国家事业发展的迫切需要，也是提升研究生教育质量的核心任务。数学建模能力是研究生创新能力的重要基础，数模竞赛普遍适用于各学科研究生创新能力培养。二十年来，中国研究生数学建模竞赛一直将培养研究生创新能力和实践能力作为大赛的初心和使命。大赛在培养高层次创新型人才、推动产学研合作、服务国家重大战略需求、提升研究生教育高质量内涵式发展方面发挥着重要作用。

二十年来，大赛组织机制更加完善。中国研究生数学建模竞赛组织委员会下设专家委员会和秘书处，秘书处常设在东南大学，中国研究生数学建模竞赛组织委员会委员单位包括清华大学、北京航空航天大学、山东大学、上海交通大学、东南大学等发起单位及其他数学学科实力强劲的高校共三十二所。目前已建立了1000余名成员的专家库。参加命题或评审的专家中，东南大学朱道元为竞赛发起人、国家精品课程负责人，现为专家委员会的主任；北京航空航天大学李尚志为中国首批18位博士之一，首届“国家级教学名师奖”百名获得者之一；浙江大学杨启帆、国防科技大学吴孟达、西安电子科技大学刘三阳是国家级教学名师；华东理工大学鲁习文是全国优秀教师。

二十年来，产学研融合更加紧密。自首届赛事以来，每届赛事由不同培养单位承办，助推赛事发展。2012年第九届全国研究生数学建模竞赛首次引入赞助单位，自此先后有华为技术有限公司、北京交控科技有限公司等知名企业冠名赞助。南京雷达研究所、中国气象局、中国航天科工集团第三研究院等单位都曾为竞赛命题并提供模拟数据或实际数据，美国Sabre公司也以公司的核心问题为竞赛命题。此外，中兴通讯股份有限公司、顺丰控股股份有限公司等也曾为竞赛提供题源。高校、科研院所及相关企业参与命题，保障赛题的前沿性和创新性，通过赛事破解重大实际难题，促进产学研用融合和成果转化。

二十年来，赛事影响更加广泛。中国研究生数学建模竞赛现已成为中国研究生创新实践系列大赛中参赛人数最多、参赛地区最广、涉及学科门类最全的全国性研究生大赛。参加竞赛的研究生累计43万余名，参赛研究生培养单位扩展到港澳台地区的高校以及美国、英国、新加坡等国外的著名高校。竞赛长期与航空航天、电子通信、智慧交通、国防军工等行业领域深度合作，赛题聚焦国家重点领域科技前沿和“卡脖子”技术。

日月其迈，时盛岁新。围绕新时代人才强国战略目标，竞赛在培养研究生创新能力和实践能力方面做着积极有效的探索。在这二十年的历程中，涌现出一批优秀组织单位和先进个人，他们在大赛的宣传、组织、培训、评审等方面形成了一些可示范、可推广、可复制的经验做法。今天我们择优将其编辑出来，以飨读者。

中国研究生数学建模竞赛组织委员会

二〇二三年十一月

目　录

1

组委会秘书处工作纪实

“廿载数模情，砥砺向前行” 我与研数模共成长

——组委会秘书处工作纪实

东南大学　奚社新

一、不成魔，不成活

中国研究生数学建模竞赛已经从刚开始 2003 年的近 200 人发展到 2023 年的 6.6 万余人参赛，参赛高校也从最初江苏、安徽地区的 20 所高校发展到全国 34 个省级行政区的 565 家研究生培养单位，以及国外的知名高校。我从 2007 年开始在全国研究生数学建模竞赛（2017 年更名为中国研究生数学建模竞赛）组委会秘书处工作，16 年转瞬即逝，虽然我已从一名青年人变成了一名中年人，但为数学建模竞赛贡献自己的一份力量，为参赛研究生搭建创新平台的初心和情怀一直没有变。一届届赛事的成功举办，都倾注了主办方、承办方、秘书处、专家委员会等各方人员大量的精力和心血。同时，赛事的成功还需要大家始终具有协同合作的精神和竭力将数模竞赛做大做强的情怀。我也是在每届的工作中，与主办方、承办方、技术方、专家委员们结下了深厚的友谊，我们因数模竞赛而结缘，同时也因同样的情怀执着走过这不同寻常的十六年。

我与中国研究生数学建模竞赛结下的缘分要从 2007 年 8 月调入党委研究生工作部开始，我记得当年 12 月初，时任党委研究生工作部部长王军就和我讲：党委研究生工作部做着全国研究生数学建模竞赛组委会工作，现在竞赛已经结束了，你陪同数学系朱道元教授到北京航空航天大学去，主要的工作是和北京航空航天大学党委研究生工作部对接确定颁奖大会相关事宜。那是我第一次知道数学建模竞赛，当时，第一反应是：什么是数学建模啊？我是学文科的，对数学建模一窍不通。当时就想，赶紧恶补点数学建模方面的知识吧。从 2007 年开始，我的工作内容之一就是做数学建模竞赛相关工作，指导承办方做好每一届赛事，召开每年的组委会会议，做好收费和邮寄发票等工作。那时候参加竞赛的研究生数量不算多，但是也有点手忙脚乱的感觉，不过，那时仅仅把它当作一项工作任务来完成，并没有多少工作思路和想法。随着时间的推移，对这项工作越来越有感情，特别是从 2012 年开始，在时任研究生院常务副院长、党委研究生工作部部长金保昇，教育部学位与研究生教育发展中心（简称教育部学位中心）主任助理赵瑜的推动下，2012 年 12 月 19 日召开了全国研究生数学建模竞赛组委会会议，会议一致建议邀请教育部学位中心全面指导竞赛各项工作，并作为主办单位加入组委会。教育部学位中心欣然同意。

2013 年 3 月 21 日，教育部学位中心作为数模竞赛的主办方，在东南大学召开了第十届全国研究生数学建模竞赛筹备会议。在会上，修改了竞赛章程，明确了竞赛的组织结构，全国研究生数学建模竞赛设组织委员会，组委会由主任委员单位、副主任委员单位、执行主任委员单位及委员单位组成。教育部学位中心是主任委员单位，全面指导竞赛的各项工作；东南大学是副主任委员单位，并作为全国研究生数模竞赛的秘书处，负责竞赛组织、咨询、收费、命题、经费管理、召开组委会会议等组委会的日常工作。承办单位是执行主任委员单位，负责当届数模竞赛的组织报名工作和评审工作。组委会委员单位包括清华大学、南京大学、上海交通大学、吉林大学、天津大学等 33 个单位。2013 年 4 月 9 日，教育部学位中心发布了全国研究生数学建模竞赛的参赛通知，并对当届赛事进行了全方位的指导。至此，全国

研究生数学建模竞赛正式纳入教育部学位中心主办的全国研究生创新实践系列活动，全国研究生数学建模竞赛开始从民间组织向官方组织转变，实现了历史飞跃，2013 年竞赛参赛人数激增了 4500 人。中南大学承办了第十届全国研究生数学建模竞赛，我们在颁奖大会期间召开了十周年座谈会，邀请到之前参加大赛现在于各行各业工作的数模人参会，当时李军主任也参加并发表了重要讲话。2014 年，天津大学承办了第十一届全国研究生数学建模竞赛，时任教育部学位中心主任王立生也参加了颁奖大会并讲话。2014 年在东南大学召开了竞赛组委会会议、专家委员会会议，修订了全国研究生数学建模竞赛章程，并且也决定由东南大学建设全国研究生数学建模竞赛官方网站。相对说，秘书处负责的工作任务也越来越多了，包括：负责竞赛官方网站的建设、维护与日常运行；负责参赛队伍网上报名、网上缴费、竞赛论文的网上在线提交；负责竞赛经费的收取及管理等相关工作；负责单位及个人与竞赛有关的在线咨询、电话咨询；受组委会委托，提出竞赛章程等相关制度的修改意见；负责对申请承办单位的形式审查及专家委员会的工作方案初审；全面了解、掌握竞赛的当前工作动态和进度；及时收集、整理有关竞赛的意见和建议并提交组委会讨论等日常工作。我也乐此不疲地做着秘书处工作，现在回忆起来，这很大程度来源于领导对我的信任和支持，还有真的被学生参赛的热情所感染、被老一辈专家们的奉献精神所激励，以至于为它痴、为它狂。在报名期间、竞赛时间常常接电话接到嗓子发哑，讲不出话来，也常常放弃了周末休息日、国庆节和中秋节等法定假日，坚守在岗位上，以防参赛学生的疑问没有得到及时解答影响报名或顺利参赛。有多少次在即将出差到承办单位开组委会会议时，前一天由于整理会议材料一直到凌晨 1 点多才从办公室出来，那时已经没有地铁，也没有出租车，只能叫家人过来接。还记得包一拎，就随主办方去开数学建模竞赛宣讲会的场景，我在这忙忙碌碌中度过了一年又一年。还记得全国研究生数学建模竞赛官方网站上线初期，我每天一早都会打开电脑，看有多少人浏览过，当看到人数越来越多，心中就不由得一阵欣喜。还记得一次又一次地和承办单位联系，反复沟通承办方案、开赛通知、邀请函等，所有的这一切都在我的大脑里留存，只不过没有整理出来，当今天突然回想起来，那记忆闸门仿佛被打开了，一发不可收拾。

今年是中国研究生数模竞赛 20 年，我已在中国研究生数学建模竞赛组委会秘书处岗位工作了 16 年。在由中国学位与研究生教育学会、中国科协青少年科技中心主办的 16 项中国研究生创新实践系列大赛中，我应该是各大赛秘书处工作人员中干得最久的人，每当有秘书处老师问我从事数学建模竞赛工作多少年了，我回答已经有 16 年，对方都是一脸的惊讶：你是如何坚持做下来的？心想这世上还有这么样的一个人专注于做此事。是啊，秘书处的工作如此繁杂，但我知道，它是一个窗口，是学生了解竞赛方方面面、永远不变（因为每年的承办单位在变化）的窗口。每当电话响起，电话那头的学生在问，您是数学建模竞赛组委会秘书处吗？我不由得就有一种使命感，学生碰到问题了，我们要帮助他解决。同时，秘书处也是育人的窗口，每当学生由于各种原因没有来得及交试卷，问我能否帮他提交论文，要不然之前的努力就全白费了的时候，我总是耐心和他们解释，每一项竞赛都有自己的规则，你得遵守它。另外，吃一堑，长一智，今天的失败是为了明天更好的成功。学生总能从我的话语中，感受到一名老师对他的教导和期望。秘书处更是一个让我们掌握动向的窗口，我们通过一个个电话，了解大赛目前的动态，及时处理，防患于未然。秘书处也是联系主办方、承办方、技术方、专家委员会等的桥梁和纽带。但我之所以乐此不疲地做这件事，主要是心中有个这样的执念：给学生搭建这样的勇于挑战自我、敢于创新的竞赛平台，让更多的参赛学生领会到竞赛本身所赋予的丰富内涵和精神。

二、我在数学建模竞赛中的角色

东南大学是中国研究生数学建模竞赛发起单位、主任委员单位，组委会秘书处挂靠在研究生院（党委研工部），凝聚了学校领导集体的智慧和胆识，从时任副校长胡敏强、刘波、王保平、沈炯、金保昇，到现任副校长金石，他们都会在百忙之中莅临颁奖会现场。回顾这 16 年的秘书处工作，我感到无比的开心和骄傲，我有幸成为数学建模竞赛发展的一名见证者和参与者。应该说我将最好的时间、最美的青春献给了数模竞赛的发展，我无怨无悔。

转眼间，数模竞赛已经迎来了20周年，那些人，那些事，伴随着我度过一年又一年，竞赛确实从年前忙到年后，当12月份颁奖大会上，下届承办方接过旗子，就预示着新一年竞赛的开始。这样年复一年，整整16年过去了，在竞赛的整个发展中，我充当着什么样的角色？是见证者、沟通者、统筹者、协助者。我曾经的一位领导曾经对我说为什么同样的事情，两个人做，效果不一样，在于两个人付出的努力不一样。这样的教导我一直铭记在心，也是我今后做事的原则。每当我做同样事情的时候，我都在想今年能否有点创新，就这样一年又一年。

首先，我是竞赛主办方、承办方、技术方、专家委员会沟通协调者。作为秘书处工作人员，我要执行组委会、执委会、专家委员会的决议。无论是主办方、承办方、技术方还是专家委员会，都有一名甘于奉献的人，现在想想，我们有很多的工作都是不分场合、不分时间完成，工作经常放在晚上，放在周末等等。同样我和主办方的汇报也是有事情就立马请示，赵瑜老师也给予了最大限度的支持，因为有些工作比较紧急，我向赵老师汇报经常都是晚上了，她也从来没有怨言。这16年来，我也只不过在领导的指导下做着力所能及的事情吧，之所以坚持这么多年，也有着另外的初心和使命，是想让学生通过大赛认识到东南大学、宣传东南大学。所以，之后主办方有老师夸赞我务实努力，说从我的身上看到了东南大学教师的整体面貌，这虽然有点夸张，但是为学校赢得荣誉还是挺开心的。我除了做组委会秘书处工作，还在2007年至2019年负责东南大学研究生数学建模竞赛宣传工作和组织工作。东南大学参赛学生数量及获奖数量一直位居全国前三，东南大学连续13年获优秀组织奖。

其次，我是竞赛从民间组织到官方组织的见证者。2012年之前数模竞赛一直是由民间组织，每年到颁奖大会召开之际，邀请官方发一个贺信就比较困难，当时，我校研究生院罗斌老师借调到教育部学位管理与研究生教育司，每一次都请他帮忙请示领导发个贺信给我们，在颁奖大会上宣读。2013年之后全国研究生数学建模竞赛正式纳入教育部学位中心主办的全国研究生创新实践系列活动，至此，数模竞赛结束了长达10年的民间组织属性，走上了官方的道路，那一年数模的报名人数也实现了飞速的增长。2014年3月，在东南大学召开了2014年全国研究生数模竞赛第一次组织委员会，修改了竞赛章程，审核了专家委员会名单、组织委员会名单等。5月正式启动第十一届全国研究生数学建模竞赛，承办方天津大学负责竞赛邀请函的发放，秘书处挂靠单位东南大学负责建设官方网站。时任研究生院常务副院长的金保昇教授和我说的最多的就是，你放手去干。在他的鼓励和支持下，我设计了数学建模竞赛的官方网页，从网页颜色、菜单栏到菜单内容等等，直到官方网站上线。我心中十分激动，每天一早起来，第一时间就是打开网页，看看有多少人浏览过。当看到浏览人数从几百人到几千人再到几万人，我每天都在兴奋和期待中度过。

再次，我也是各项规章制度的初拟者。各项规章制度的最终制定，无不倾注了各方人员的大量心血。当时我拿着初拟的《全国研究生数学建模竞赛章程》找时任研究生院常务副院长金保昇教授一点点地修改，才有了如今最终的章程。另外，还有这样的一批老师为各培养单位的数模竞赛宣传、组织、培训等工作做出了很大的贡献，但是，数模竞赛没有颁发老师个人的奖项。怎么才能激发老师的积极性？在2019年我草拟了《先进个人评选办法》，其间几经主办方修改，最终在2020年组委会会议上通过。还记得在华东理工大学承办的那一届颁奖大会上，首次颁发先进个人证书，我看到有一位老师在拿到先进个人的获奖证书后，小心翼翼地用手将证书的四个角用另外一张纸包起来，那神情令我动容。是的，因为她付出了，所以特别珍惜这来之不易的荣誉。我也草拟了《承办单位申请办法》等规章制度，都是要让大赛更加规范、公平，同时又不失人性化。后来，数学建模竞赛的规章制度，也为中国研究生创新实践系列大赛的规章制度的拟定提供了一些参考，做出了一些贡献。

同时，我还是组织工作规范化、程序化的统筹者。每届大赛开始之前，我都会将秘书处、承办单位每个时间节点要做的事情列出来，承办方完全照着做即可。每当承办方竞赛负责人说他们心里没底，有点担心时，我都鼓励他们，秘书处是他们坚强的后盾。另外，承办单位每发出一个通知，我都要从头到尾审核把关。每到一个时间节点，都要提醒他们该完成的工作内容。16年来，我和每届承办单位相关人员都结下了深厚的友谊。在承办每届大赛中，秘书处和承办方的初心都是一样的，那就是将当届大赛办好。所以，当他们有困难时，秘书处当仁不让地给予支持。疫情期间，2021年华南理工大学承办第十八届中国研究生数学建模竞赛，当年8月由于南京地区疫情突发，南京高校不能如期开学，从华南理工大学数学学院党委邹敏副书记提出要延期，到延期通知发布，只用了3天时间。其中，秘书处给予了最强的支持，连续两个晚上开会，征求主办方、专家委员会的意见，最终决定了延期举办，并对后续的问题提出了解决方案。比如在两天之内让技术方设计出退款的渠道，以防学生由于延期，与其他事情冲突，参加不了竞赛。

最后，我是每届承办单位的协助者。在参加每一届颁奖大会时，随着主持人的一句“本届中国研究生数学建模竞赛颁奖大会到此结束”，我不禁感慨，又送走了一届。看着整场颁奖大会的圆满结束，我不禁陷入沉思，每一年从年前忙到年尾，忙着各项工作，大家看到的只是颁奖大会那一刹那，但是没有看到每一个人为此付出了多少艰辛的努力。就拿华东理工大学承办的这一届说吧，由于疫情原因，本该2021年12月召开的颁奖大会一拖再拖，一直延期到2022年4月召开，本来定好的场地又要重新定，花费了大量的时间和精力。

综上所述，做好秘书处工作，一定要取得各方的理解和支持。数学建模竞赛牵涉的人很多，需要不停地协调和沟通。尽管各个人的想法不同，我相信大家都是出于把数学建模竞赛举办好这个宗旨。同时，我从数模竞赛中获得了成长。我在一次次的锻炼中，也逐渐成熟。同时，我也和许多专家都结下了深厚的友谊。

三、育人是数学建模竞赛组织工作不变的初心

数学建模竞赛是一个有温度的竞赛。设立竞赛的初心是为了培养学生，这么多年来，数学建模竞赛带给我最多的感受就是以赛育人，既育学生，又育老师。2013年我成立了创新部，这个是学生团队，他们来自全校有志于从事数学建模竞赛的研究生。在这个创新部中，学生表现得非常积极，我记得2015年负责创新部的仪器科学与工程学院杨阳同学，我和他说我们要创立一个数学建模竞赛微信公众号，他听完立马就设计了公众号的版式，而且还留出了很多功能，为日后有需要用。每年颁奖大会期间，我也都带着创新部的成员去参加，与获奖的团队见面，他们可以采访获奖学生，也可以了解兄弟高校的组织工作。在不知不觉中，此项工作已经延续了十余年，事后，我也会让创新部的成员有个复盘的机会，帮助他们尽快成长。

我深知身上的责任和使命，要帮助参赛学生成长，特别是竞赛结束的那一刻，我们的电话响个不停，有参赛学生从电话那头哭哭啼啼，说：“我们花了很多时间，但是提交论文MD5码时，没有提交上去，我们前功尽弃了。”我一方面也深有同感，感到很痛心，感受到他们的沮丧，但同时也想让他们明白，这个国家级大赛是有自己的规则的，在规则面前人人平等，虽然规则是冰冷的，但也要体会到竞赛背后的温度。我会引导他们从这次的失败中吸取些教训。甚至还有参赛学生直接从北京、上海到我办公室哭诉，我边安慰边引导他们，这些工作也构成了秘书处日常工作之一。每当学生最后说谢谢我时，那种价值感油然而生。

为了让更多的参赛学生体会数模竞赛真正的含义和精神，2016年我组织了“我与数模”有奖征文比赛，此后每年都举办。看到学生所写的征文，就好像一个个学生在面前，他们告诉我“参赛一次，受益终身”的感悟，以及从中学到的坚持、团结合作等，我感到十分欣慰。如果每一位参赛的学生都能从竞赛中得到锻炼、获得成长，我们的目的就达到了。

16年来，我与数学建模竞赛共同成长，在此，非常感谢秘书处、主办方、承办方、专家委员会、技

术方等各位领导和同仁对我的指导和支持！在各方的共同努力下，我们已将中国研究生数学建模竞赛打造成中国研究生创新实践系列大赛中规模最大、影响力最强、覆盖学科门类最全的大赛。截至2023年9月，全国参赛研究生总数已逾43万人。组委会秘书处的工作得到教育部学位中心的高度信任和认可，2018年获学位中心授予的优秀组织奖。东南大学在中国研究生创新实践系列大赛研究生培养单位贡献力排行榜中位居全国第七，获中国学位与研究生教育学会、中国科协青少年科技中心授予的中国研究生创新实践系列大赛十年发展重要贡献单位。

回顾过去，是为了更好地展望未来。20年，我们再出发。

图1　2013年12月20日晚时任教育部学位中心主任李军参加全国研究生数学建模竞赛十周年庆——“各行各业的数模人高端论坛”

2
评审工作总结

中国研究生数学建模竞赛评审工作总结

南京理工大学　刘力维

中国研究生数学建模竞赛是检验研究生科研创新能力和团队合作意识的大平台，其评审工作是竞赛的一个重要环节，具有时间跨度长、环节衔接紧密、涉及专家多、评审时机不确定等特点，其中最后一个是前几年因新冠疫情而产生的新特点。做好每一届数学建模竞赛评审的组织与协调工作，公平、公正地评定竞赛各类奖项，是中国研究生数学建模竞赛专家委员会及评审组的首要工作。

一、评审工作历史

中国研究生数学建模竞赛起源于2003年“南京及周边地区高校研究生数学建模竞赛”，由东南大学发起并主办，同时也首次开启了研究生数学建模竞赛评审工作。但与2023年中国研究生数学建模竞赛的参赛规模（565家研究生培养单位、21711支研究生队成功报名参赛）相比，当时参赛高校较少，参赛规模也不大，竞赛评审工作量也不是很大。据统计，2004年的竞赛，也只有84所高校及中国科学院的约1500名研究生参加。所以，早期的研究生数学建模竞赛评审采用一次评审，也就是集中评审方案。随着竞赛参赛规模的不断扩大，研究生数学建模竞赛于2011年初步实行了二次评审：网评与集中评审，但当时的网评采用3名评委评审同一篇论文的形式。之后，在中国研究生数学建模竞赛史上出现了3次重大历史契机：一是自2012年起，竞赛改为由教育部学位与研究生教育发展中心主办；二是次年起该赛事纳入教育部学位与研究生教育发展中心的“全国研究生创新实践系列活动”，这直接促进了中国研究生数学建模竞赛影响力的快速提升，竞赛水平逐年上升；三是2015年全国研究生数学建模竞赛专家委员会正式成立，确定了竞赛评审工作由专家委员会领导。随着中国研究生数学建模竞赛参赛规模的进一步扩大，赛事评审工作得到进一步的重视，规范化赛事评审工作被提上了议事日程。经过充分准备与慎重评估，2019年起中国研究生数学建模竞赛专家委员会在二次评审方案的基础上，网评改为由5名评委评审一篇论文，保证了中国研究生数学建模竞赛评审质量的进一步提高。

二、评审制度建设

评审工作执行的方针、依据的准则、采用的方法都是由中国研究生数学建模竞赛专家委员会审议通过的。专家委员会根据多年评审经验，分析与总结评审工作出现的情况与问题，逐步形成了一套较为完善的评审制度，并用以规范评审工作，达到公平与公正地评定竞赛结果的目的。涉及指导与规范评审工作的决议包括：《关于网评和集中评审专家确定的办法》《关于拟获奖名单的确定办法》等。另外，评审组还针对某一年评审出现的新特点、新问题加以分析，集体讨论并作出决定。如发现该问题有可能成为今后评审的普遍问题，评审组将向专家委员会汇报，专委会讨论后形成一致意见与决定，不断推动评审制度的进一步完善。

三、评审时间跨度

每年 5 月，中国研究生数学建模竞赛执行委员会召开该年度中国研究生数学建模竞赛工作会议，布置并正式开启赛事的各项组织与筹备工作，竞赛的评审组织与准备工作也相应地正式启动。在经历了命题、报名、开赛之后，评审成为数学建模竞赛的核心工作。其主要工作包括：参赛论文的密封、编码、打包、查重等准备工作，接着是网评、成绩汇总、集中评审、奖项评定、推荐参加“数模之星”答辩队、违规论文认定、获奖名单公示、接收参赛队申述、“数模之星”冠亚季军评审，时间最长持续到下一年 3 月，跨度达 8～10 个月。

四、评审准备工作

评审准备工作由两部分组成。一是开赛后参赛论文的预处理工作，二是网评专家的邀请确认工作。参赛论文的预处理与技术服务由山东五思信息科技有限公司承担。他们在竞赛结束后负责参赛论文的整理工作、统计选做各道赛题的研究生队数、完成对全部论文的密封编码工作，这项工作一般在竞赛结束后的两天或三天内完成。

网评专家的邀请一般在竞赛开始前进行。评审专家的学术水平、评审能力和各项素质，直接关系到评审工作的科学、公平、公正。为此，中国研究生数学建模竞赛专家委员会专门制定了《关于网评和集中评审专家确定的办法》，为评审专家的遴选与确定制定了科学依据，为打造一支高素质、高水平的竞赛评审团队奠定了坚实基础。能够担任网评工作的专家必须具有高级职称，且具有较高的学术造诣、责任心强、长期从事或关心数学建模工作。我们邀请的网评专家绝大部分具有正教授职称，另含有少量具有副教授专业技术职称的优秀数学建模年轻教练。能够担任集中评审的专家要求更严，原则上应具有正教授职称，并具有 2 年以上的网评工作经验。专家委员会根据参赛队数，按每位专家网评 120 份论文，每份论文由 5 位专家评审原则，再按 105%的比例确定邀请参加网评的专家人数。对接受邀请的专家，专家委员会依据网评专家评审哪些赛题的意愿，尽量按第一志愿分配赛题，并建立微信群，统一布置评审工作。组委会秘书处按赛题对专家分别建立信息库以便及时联系。

专家委员会将从每道赛题中挑选一批较好的论文发给评审专家，让他们在网评开始前进一步熟悉赛题及答题情况，同时宣布各赛题评审正、副组长。赛题评审正、副组长将与命题人一道负责该题的网评及后续的集中评审工作。各赛题命题人及正、副组长发布事先集体讨论并确认的网评参考建议稿，供评审专家讨论各道赛题网评的大致标准。经多次修改后，形成最终的评审参考标准。

山东五思信息科技有限公司根据专家委员会的通知，按回避本校原则及随机性要求将全部论文分配给各网评专家，并将分配的评审论文打包放在专用网上以便评审专家下载。

五、网上评审工作

为充分利用假期时间，数学建模竞赛网评时间一般从十月一日开始，如遇竞赛时间推迟，网评开始时间也会相应调整。网评大约持续 22～25 天，含 3 天预留应对突发事件时间。网评工作由各赛题正、副组长及命题人负责，通常命题人主要负责赛题解答及评审参考意见的学术探讨，组长们负责评审的日常管理工作并协助参与学术探讨。

随着研究生参赛队数量的逐年增加，到 2023 年，参赛论文总数已高达 19898 篇，网评专家人数也已达 800 余人，加上研究生参赛队选题的不均匀性，时常会出现选择某道赛题的论文数超过论文总数半数情况，最高达到 9000 多篇，相应的网评专家人数也超过了 375 人，这对网评工作的管理提出了更高要求。6 道赛题的组长们精心组织，确保评审进度，多种联系方式保证信息畅通。在网上评审期间，组长们积极参与开放式赛题答题水平的学术研究，实行每 5 天登记与汇报评审进度的制度，确保对全部评委评审进度的了解。

六、集中评审工作

集中评审是根据网评成绩，对可能获一等奖、二等奖和部分三等奖参赛论文的再确认过程。集中评审的时间长度约 4～5 日。集中评审专家的遴选与聘请，也是根据中国研究生数学建模竞赛专家委员会通过的《关于网评和集中评审专家确定的办法》来实施。

集中评审的优势在于对认知有差异或极差较大的论文，评审专家可以面对面相互讨论、交流，达成相近或一致意见。集中评审可弥补网评时评审专家独自判断的潜在弱点，同时也是违规论文的再确认过程。

集中评审后期，在对各赛题论文成绩汇总排序后，在正式提交评阅结果前，对一等奖边界前后排名的边缘论文，各赛题评审组将再次组织评阅专家认真、细致审核。确实需调入一等奖的论文及调出一等奖的论文，需由包括组长们及命题人在内的 5 位以上核心评审专家的审阅，并提交签字的纸质版调入与调出论文名单、新分数，提交调入与调出说明。

集中评审后，各题评审组长组织专家对排名前列的优秀论文进行学术水平鉴定，推荐出 2 篇最优秀、学术水平最高的参赛论文参加中国研究生数学建模竞赛“数模之星”冠亚季军角逐。

七、论文查重工作

伴随着网评工作，参赛论文的查重鉴定工作也同步进行。随着中国研究生数学建模竞赛重要性与影响力的逐年扩大，出现个别参赛队违规抄袭其他参赛队论文，甚至购买网上论文的情况也难以避免。根据竞赛组委会和执委会的指示与要求，违规论文将被取消获奖资格，对出现较为严重学术不端行为的参赛队，将追究有关人员责任，并通报到相应的研究生培养单位。

按照专家委员会制定的“软件查重与人工鉴定相结合”的原则，网评专家对软件查重相似率超过阈值的所有论文，进行了人工鉴定。每一篇超标相似率论文由 5 位网评专家人工鉴定并分别给出鉴定结论，对初步认定的违规参赛队发放违规通知函，并接收他们的申诉。通过对反馈的申诉函加以分析并复核，最终确认违规参赛队，保证了确认违规参赛论文的准确性，精确做到认定证据确凿，不冤枉任何一个参赛队。

八、获奖认定工作

为表彰研究生在数学建模竞赛中取得的成绩，中国研究生数学建模竞赛设置了一等奖、二等奖、三等奖及成功参赛奖，此外，企业赞助单位也设置了特别奖：华为专项奖、中兴专项奖。

获奖名单的确定和公布是中国研究生数学建模竞赛评审的关键环节，事关全体参赛单位和参赛研究生的切身利益，是该竞赛科学、公平、公正的直接和具体体现。获奖参赛队的确定是按照专家委员会通过的《关于拟获奖名单的确定办法》执行的。首先，评审组根据每道赛题的参赛队数量与获奖比例划定各奖次的名额，其中一等奖数量会向难度较大、研究生选择较少的赛题上倾斜。其次，恰当限制每个参赛研究生培养单位获一等奖的数量，达到竞赛获奖面与获奖质量之间的一种平衡，能够调动各研究生培养单位参赛的积极性。在集中评审结束当天公布成绩排序结果，再按规定对拟获奖名单进行微调并对拟获奖单位的研究生队在官网上公示七天，其间接受研究生修改信息的要求和举报、申诉。几年来，一等奖获奖比例维持在 1.2%～1.4%，获奖总数比例不超过 35%。

九、数模之星评审与赛题学术交流

如果说一等奖是评选出每道赛题最优秀的参赛论文，属于纵向比较的话，“数模之星”答辩的评审就是对6道赛题的论文再进行横向比较，按照论文解题的先进性、创新性、准确性、适用性以及答辩队现场表述能力，综合评选出学术水平最高、人气最旺盛的“数模之星”冠亚季军队。

参加“数模之星”答辩的队伍由每道赛题成绩最突出的2支代表队组成，通常为6道赛题12支队伍。中国研究生数学建模竞赛专家委员会派出了由各道赛题评审组长与命题人组成的核心评审专家组担任现场评委，与获一等奖参赛队的学生代表一起通过现场投票方式共同评选出“数模之星”冠亚季军。

开展竞赛学术交流与促进竞赛水平的提高是中国研究生数学建模竞赛专家委员会重要的工作职责。专家委员会十分重视中国研究生数学建模竞赛颁奖大会带来的契机，安排各赛题组长和命题人主持这项工作。如今赛题宣讲与学术交流已成为颁奖大会系列活动之一，为扩大竞赛的影响、推动竞赛学术水平的进一步提高起到了积极作用。

专家委员会事先遴选了包括参加“数模之星”答辩在内的各赛题部分优秀一等奖获奖队参加赛题宣讲并做学术交流，出席学术交流会的观众通常是参加数学建模竞赛颁奖大会的来自全国各高校获得一等奖参赛队代表，来自部分研究生培养单位的研究生数学建模竞赛指导教师，更多的是参加网上直播的研究生数学建模竞赛爱好者及关注竞赛的部分高校教师。通过对优秀论文的讲解、解析、交流、答疑，研究生数学建模竞赛水平得以提高，赛事的影响力进一步扩大。

十、评阅人数分析

中国研究生数学建模竞赛参赛论文最终成绩确定采用二次评定方法：网评与集中评审。网评时，每篇参赛论文可由4位评审专家独立评审，也可由5位专家评审。哪种方式能更好地保证评审的公平性与准确性？我们分析如下。

设某篇参赛论文的真实水平即分值为μ，它是未知的。n位评委独立评分的评判分值为X_i, $i=1,2,\cdots,n$。由于评委由一支以高素质、高水平的教授为主的团队组成，评审与认知出现偏差的可能性虽有，但偏离其论文真实分值的误差较小，且出现正、负偏差的可能性均等，因此可近似认为这些评委的评判分值的均值也为μ。此外评委团队都具有学术造诣高、责任心强、长期从事数模竞赛评审工作的特点，且按照同一评审参考标准评审，认为他们评判具有一致性是合理的。换句话说，这些评委评判值的方差是大体相同的，记为σ^2。也就是

$$E(X_i)=\mu,\quad D(X_i)=\sigma^2,\quad i=1,2,\cdots,n$$

若采用这n位评委评分的平均值$\bar{x}$作为该论文的得分，则

$$E(\bar{X})=E(\frac{1}{n}\sum_{i=1}^{n}X_i)=\mu,\quad D(\bar{X})=\frac{\sigma^2}{n}$$

由此可见，无论采用4位评委（n=4）还是采用5位评委（n=5）独立评分的平均值作为该论文的最终分值，其均值与该论文的真实分值μ（又称准确度）保持不变，但后者偏离准确度的离散程度（即方差）更小。其离散程度压缩比为

$$\frac{\sigma^2}{5}\bigg/\frac{\sigma^2}{4}=0.8$$

也就是说，采用5位评委评分平均值作为该论文的分值比采用4位评委评分平均值其离散程度压缩

至原来的 0.8 倍。因此，采用 5 位专家评审一篇论文比采用 4 位专家评审的公平性与准确性更好。

从理论上说，采用平均值作为该论文的最终分值，随着评委人数 n 的增加，方差无限接近于零。但由于人力、物力、财力的限制，一篇论文的评委人数不可能大幅增加。中国研究生数学建模竞赛的一篇论文评阅人数定为 5 人，这在国内已知的数学建模竞赛评审中，是最早聘请 5 位评委评审同一篇论文，也是评审单篇论文评委数量最多的赛事，加上中国研究生数学建模评审专家队伍是一支以学术造诣高、责任心强、长期从事数模竞赛评审工作的教授为主的队伍，可以说，中国研究生数学建模竞赛采用的是国内最科学、最公平、最公正的评审机制之一。

相对网上评审而言，集中评审工作比较特殊。由于承办单位存在住宿、机房供给等承办能力的限制，不方便在开展正常教学、科研等日常工作的同时再接待几百位评委。通常做法是专家委员会与承办单位协商，确定参加集中评审专家人数，一般控制在 120 人左右。但这几年，中国研究生数学建模竞赛集中评审都是在疫情防控阶段进行的，为了避免聚集，参评专家人数受到一定限制。对于这些问题，专家委员会想尽办法，调动一切可能的积极因素，采用多点集中评审、网上集中阅卷、线下与线上相结合的评审方式，确保了评审工作与评审质量，妥善解决了出现的问题。专家委员会坚持线下集中评审，保证了评审专家对认知有差异或极差较大论文可以面对面相互讨论、交流，达到意见上的相近或一致。

十一、若干问题探讨与分析

（1）中国研究生数学建模竞赛采用对软件查重相似率超过阈值的所有论文进行人工鉴定，确认该论文重复部分是否属于学术不端行为。考虑到参赛队论文写作会出现“问题重述”及必要的文献引用导致的合理重复，竞赛评审组目前使用的相似率阈值为 0.3 左右。经过这几年的竞赛实践，评审组初步认定采用的这一阈值是合理的。但随着查重软件性能的不断改进及学术道德要求的进一步规范，我们认为相似率阈值会不断地动态调整，将来会更低。

（2）“数模之星”答辩代表了中国研究生数学建模竞赛各赛题最高水平的学术竞争，其重要性不言而喻。为保证评审的公平性与公正性，中国研究生数学建模竞赛专家委员会决定，从今年开始，现场专家评委由原来的 12 位增加到 18 位。专家评委将根据论文的学术价值与创新性、方法的先进性、计算的准确性、论文潜在转化为企业成果的实用性以及答辩队现场表述能力，综合评选出“数模之星”冠亚季军队。

（3）网评与集中评审阶段，评审组使用标准化程序，对每位专家的评阅成绩进行了标准化处理，目的是消除可能出现的部分专家评阅成绩总体偏高或偏低的影响，以及消除不同专家在评审论文时给出的最高分与最低分之间差距存在大小不均的影响。对目前采用的标准化方法，不少评审专家根据多年的评审经验提出了新的建设性修改建议。例如，有的专家提出采用某些国际体育竞赛采用的去掉 5 位评审专家的最高分与最低分后，再计算标准化成绩；还有的专家提出基于排序的标准化方法代替标准分方法等等。对这些有益的建议，竞赛专家委员会态度是积极的，但是否采纳或如何采纳是慎重的。好在这些年来中国研究生数学建模竞赛积累了大量的历史评审原始数据。竞赛专家委员会决定：利用这些历史数据对各种合理化建议进行一次测算与评估，凡是有利于提高数学建模竞赛评审公平性与公正性的标准化方法都将会被采用。

中国研究生数学建模竞赛评审工作是一项较为系统及程序化的工作，具有周期性。做好评审制度建设及规范评审程序、步骤与方法是竞赛专家委员会及评审组的工作重点。中国研究生数学建模竞赛专家委员会经过多年摸索、实践与改进，逐步形成了一套较为完整的评审机制与评审程序。

3

承办单位组织工作优秀案例

廿载数模创辉煌，赓续前行启新航

——武汉大学优秀工作案例

武汉大学　宋智祺　张　奥

一、背景与理念

中国研究生数学建模竞赛是目前国内规模最大、层次最高、影响最广泛的研究生学科竞赛之一。竞赛的核心目标是激发研究生群体的创新活力和学习兴趣，提高研究生建立数学模型和运用互联网信息技术解决实际问题的综合能力，培养科研创新精神，以及加强团队合作意识。武汉大学组织并深度参与中国研究生数学建模竞赛，将其作为重要的“竞赛育人”方式，在不断深化学科交叉融合的同时，为学生开启研途学习生涯和锚定职业发展目标奠定了坚实基础。

中国研究生数学建模竞赛自2004年发起至今已历经20个年头，武汉大学于2009年承办了第六届赛事，为大赛的可持续发展贡献了自身力量。武汉大学在历届竞赛中多次荣获大赛“优秀组织单位”。从2004年的5支获奖队伍，到2022年的74支获奖队伍，多年来，学校始终以大赛为契机，以“竞赛育人”为目标，以推进“明诚崇学”科研育人改革为抓手，在党委研究生工作部和数学与统计学院的精心组织下，持续优化政策供给，建立健全激励保障机制，发挥协同育人优势，构建校院两级竞赛管理机制，落细落实竞赛指导培训，在培养拔尖创新人才、推动学科高质量发展等方面取得了显著成效，许多珞研学子在研究生数学建模竞赛中进步成长。

图1　第六届全国研究生数学建模竞赛颁奖大会现场

二、举措与特色

（一）强化工作机制，积极搭建赛事领导小组

中国研究生创新实践系列大赛是坚持面向世界科技最前沿、服务国家重大战略需求的重要平台。为积极服务、有力推进中国研究生创新实践系列大赛的进行，武汉大学成立“明诚崇学”科创导航工作室，聚焦学生学术与实践创新能力的提升，悉心搭建各类科创竞赛、社会实践平台。2022 年，工作室系统梳理包括中国研究生数学建模竞赛在内的十余项历届赛事成绩，制作系列大赛宣传推介视频，对该赛事进行广泛动员。

近年来，为提升数模竞赛成绩，提高人才培养质量，在武汉大学党委研究生工作部的指导下，武汉大学数学与统计学院牵头组建校内赛事领导小组，联合电气与自动化学院、测绘学院、计算机学院、水利水电学院、电子信息学院等校内十余个培养单位共同成立武汉大学研究生数学建模竞赛组织委员会，实现校内资源协同联动，确保赛事组织动员工作的稳步推进和参赛队伍的最优组建。

（二）打造赛事精品课，持续优化数学建模课程培训

为提升武汉大学学生的数学建模技能，武汉大学数学与统计学院不断夯实课程建设，开设了专业必修课“数学模型”及公共选修课“数学建模与科学精神”等课程。学院大力加强课程团队建设，改革教学内容和教学方式，创新教学方法，分模块建设题库，注重过程性评价，通过赛考结合的方式提升学生的数学建模实践能力，从而让学生能够以更加从容的态度参与中国研究生数学建模竞赛的激烈比拼。

赛前环节，武汉大学数学与统计学院牵头成立数学建模竞赛教练组，专门负责研究生数学建模竞赛的赛前培训工作。培训采用理论与实际相结合的方式，主要包括授课、模拟以及实践三个环节。

图 2　武汉大学研究生数学建模竞赛教练组老师正在给参赛研究生培训

在授课环节，教练组老师讲授数学建模的基本理论知识，分析数学建模的基本思路和方法，开展相应的数据分析，提高学生建立数学模型解决实际问题的能力。同时，教练组老师为选手细致讲解常用数学建模工具和方法，明确竞赛所考查的核心知识点和解题技巧。在经典案例模拟环节，老师会模拟近几年大赛的出题形式、命题方向和难度水平，为选手提供更加全面、更具针对性的指导，帮助选手提高解题能力，激发学生更多的灵感。在实践环节，教练组老师为参赛选手布置难易程度不同的数学建模作业，

开展综合性个例调研并进行成果展示，帮助学生掌握相应的知识点和解题技巧，保证学生扎实掌握核心知识点和方法，不断提高参赛选手的数学建模竞争力。此外，教练组还会邀请往期获奖团队及代表为新晋选手传授竞赛经验，帮助学生理清思路，增强学生参赛信心。

（三）精心组织赛事，全力以赴做好服务保障

为高效推进竞赛组织工作、保障学生所需，武汉大学党委研究生工作部和数学与统计学院全力为中国研究生数学建模竞赛做好服务保障工作。在校党委研工部的指导下，成立了以研究生为主体的武汉大学研究生创新实践协会，协会在每年赛季积极做好大赛服务保障工作，并充分发挥新媒体平台优势，扎实做好赛事全程宣传。

同时，数学与统计学院牵头成立了数学建模协调工作组。每年竞赛期间，学院为全校参赛学生全天候开放机房，提供相关物资，为参赛队伍自由交流、独立作业搭建平台。正式竞赛期间，学校在确保赛事顺利进行的同时，聚焦学生诉求，纾解学生困难，紧密联系、协同联动。例如，辅导员会在竞赛期间为选手提供相应的心理辅导，帮助选手缓解焦虑、减轻紧张情绪，让选手们在竞赛中心情放松、头脑清醒。这些工作为竞赛成绩的提升奠定了坚实基础。

（四）优化政策供给，建立健全竞赛激励机制

在赛事激励方面，为进一步鼓励广大研究生积极参与各类学术科技创新及学科竞赛，有效激发同学们的积极性、主动性和创造性，2016 年，武汉大学发布了《武汉大学学生学术科技创新及学科竞赛奖励办法》。同时，为保障奖励办法的有效实施，学校成立了武汉大学学生学术科技创新及学科竞赛评审委员会。

针对参加中国研究生数学建模竞赛并成功提交作品的学生，学校全覆盖承担团队的报名费用。针对参加中国研究生数学建模竞赛并获奖的学生，武汉大学有两种激励手段，分别是创新学分及科研成果认定和表彰奖励。创新学分及科研成果认定方面，获奖研究生自主申报，相关材料经研工部、研究生院核准后可给予相应的 2 个选修学分及对应科研成果认定。表彰奖励方面，对于在赛事中获奖的集体可申报校级Ⅱ类学科竞赛奖。同时，获得一等奖的研究生，在评定研究生国家奖学金时予以优先考虑。对于组织研究生参加赛事活动并获一等奖的研究生培养单位，在国家奖学金名额分配上给予适当倾斜。以上政策对研究生积极参赛具有良好的激励作用，在提升队伍质量、新老生互补、加强学科融合等方面展现出巨大优势。

（五）加强竞赛宣传，营造科研育人校园氛围

学校积极扩展中国研究生数学建模竞赛在全校研究生范围中的影响力。报名阶段，在武汉大学党委研究生工作部官网、“武大研究生”和“武大数院研会交流平台”微信公众号等多平台发布参赛通知。备赛阶段，制作视频介绍赛事、展播往届参赛成果。赛后宣传总结阶段，武汉大学新闻网、武汉大学党委研究生工作部官网、“武大研究生”微信公众号等新媒体平台积极宣传报道我校获奖情况，对于优秀典型进行宣传展播。

为确保赛事的可持续性，加强经验交流，增强获奖团队的荣誉感和自豪感，武汉大学党委研究生工作部、“明诚崇学”科创导航工作室于 2023 年 1 月共同举办武汉大学“创新与实践”主题征稿活动，面向参加过包括“中国研究生数学建模竞赛”在内的“中国研究生创新实践系列大赛”的研究生、指导教师、组织竞赛的研究生教育管理工作者征集参赛者背后的故事。最终，10 篇优秀作品脱颖而出，在校级相关媒体进行宣传展播。这些活动的开展进一步加强了赛事成果宣传推广，激发了更多研究生和研究生导师参与到数学建模赛事之中，为我校赛事成绩再创新高做出了积极贡献。

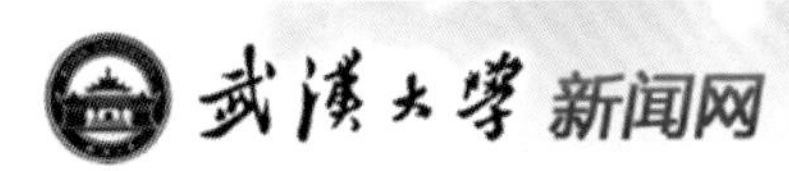

网站首页 武大要闻 媒体武大 专题报道 珞珈人物 国际交流 缤纷校园 校友之声 珞珈论坛
新闻热线 头条新闻 综合新闻 珞珈影像 学术动态 点击排行 珞珈副刊 校史钩沉 武大视频

2023年5月10日
星期三
癸卯年三月廿一

武大主页 | 武大校报 | 武大微博 | 珞珈山水 | 专题网站

位置导航>> 首页>>武大要闻>>正文

详细新闻

第十九届中国研究生数学建模竞赛我校一等奖获奖数居首位

发布时间：2022-12-20 09:38 作者： 来源：党委研究生工作部、数学与统计学院 阅读：1540

新闻网讯（通讯员刘泽庭、宋智祺）12月14日，在“中国光谷·华为杯”第十九届中国研究生数学建模竞赛决赛中，经过激烈角逐，我校共获得一等奖3项，二等奖40项，三等奖31项，一等奖获奖总数位列参赛高校第一。其中，来自测绘学院的“稀里糊涂”队、国家网络安全学院的“梦想开拓者”队、信息管理学院的“数模再爱我一次”队3支队伍获得一等奖。

“稀里糊涂”队由武汉大学测绘学院易旭憧、周宇轩、潘娟霞3位同学组成。该队针对移动场景调频连续波（FMCW）雷达超分辨定位这一问题，在阵列天线2-D MUSIC算法的基础上编写了低复杂度、高分辨率的FMCW-MUSIC信号处理算法，精确解算出了复杂情况下多邻近物体的位置和运动轨迹，并能在一定程度上克服天线阵列系统性误差的问题。同时，该队还获得本届大赛数模之星提名奖、华为专项奖。

武大视频 more>>

武汉大学2022年新年献词：共...
2020新年献词：以新的姿态向...
【武大新闻】20221118 学校...
【武大新闻】20221118 学校...
【武大新闻】2022111 我校博...
【武大新闻】20221118 武汉...
【武大新闻】20221118 学习...
【武大新闻】20221111 学校...
【武大新闻】20221111 学校...
【武大新闻】20221111 武汉...
【武大新闻】2022111 【大思...
【武大新闻】20221111 学校...
【武大新闻】20221111 最高...

专题网站 more>>

图3 第十九届中国研究生数学建模竞赛我校一等奖获奖数居首位

三、工作成效与经验

（一）协同联动成效显著

“研工部+学院”的合力共建、“理科+工科”的协同联动、“教练+学生”的同步腾飞，不断促进着武汉大学研究生数学建模指导工作和竞赛的扎实推进。在2023年4月14日中国学位与研究生教育学会主办的中国研究生创新实践系列大赛十周年总结大会上，武汉大学作为中国研究生创新实践系列大赛主要参赛单位受邀参加，并荣获“中国研究生创新实践系列大赛十年发展重要贡献单位”，综合贡献力位列全国第六。自2004年首次参加中国研究生数学建模竞赛至今，武汉大学取得了优异成绩，累计获得一等奖32项，二等奖208项，三等奖190项，为科创项目实现产业转化提供了思路，为服务经济社会发展做出了积极贡献。

2021年，在“华为杯”第十八届中国研究生数学建模竞赛中，武汉大学共3支队伍获得一等奖，3支队伍的队员组成呈现了跨学院、跨专业的特点，凸显了资源与人才协同联动的显著成效。“数模摘星”队由数学与统计学院王何妍、白晓瑾，遥感信息工程学院余大文三位博士研究生组成。该队利用地理学第一定律“地理空间上的所有值都是互相联系的，且距离近的值具有更强的联系”，基于不同监测点的一次预报数据和实测数据进行克里格插值，建立区域协同预报模型以提高空气污染物二次预报模型的拟合优度和AQI预测结果的准确度，从定量的角度说明了在治理环境的过程中应加强对臭氧污染的预警与防治。

“202数学家寝室”队由武汉大学数学与统计学院王迈达、史懿玮，北京大学光华管理学院江金阳三位同学组成。该队利用自适应*K*-means聚类、非线性规划、卡尔曼滤波等技术方法实现了一套强鲁棒的室内UWB精准定位算法，解算出了靶点的三维轨迹。UWB技术的室内定位在很多领域都具有广泛的应用前景，如电力、医疗、化工、隧道施工、危险区域管控等。研究成果为UWB技术的应用提供了有效的数学模型和方法，为这些领域的发展提供了有力支持。

"天上掉馅饼"队由信息管理学院陈苗苗、孙冉，数学与统计学院王继莲三位同学组成，该项目综合利用多种机器学习和深度学习的相关方法，对抗乳腺癌候选药物的优化问题构建了定量预测模型和分类预测模型，并提出优化模型确定相关的分子描述符及范围。

2022 年，在第十九届中国研究生数学建模竞赛中，武汉大学的"稀里糊涂"队针对移动场景调频连续波（FMCW）雷达超分辨定位这一问题，在阵列天线 2D MUSIC 算法的基础上编写了低复杂度、高分辨率的 FMCW-MUSIC 信号处理算法，精确解算出了复杂情况下多邻近物体的位置和运动轨迹，并能在一定程度上克服天线阵列系统性误差的问题。该队获得当届大赛"数模之星"提名奖、华为专项奖。"数模再爱我一次"队的队员陈苗苗已经连续两年斩获竞赛一等奖。众多获奖成果在工业、医疗等领域都具有重要的应用价值。

（二）育人质量高位提升

人才培养质量是检验"竞赛育人"的重要指标。自 2004 年首次参加中国研究生数学建模竞赛至今，武汉大学的历届参赛选手在毕业后积极投身各行各业，成长为行业中的优秀人才，在服务社会主义现代化国家建设方面发挥重要作用。

在 2006 年第三届全国研究生数学建模竞赛中，我校研究生何兆剑获得一等奖。何兆剑于 2010 年博士毕业于武汉大学物理学院，在《物理评论快报》（*Physical Review Letters*，*PRL*）、《物理评论 B》（*Physical Review B*，*PRB*）、《物理评论 E》（*Physical Review E*，*PRE*）、《应用物理快报》（*Applied Physics Letters*，*APL*）等国际顶级期刊发表学术论文五十余篇。曾获全国优秀博士学位论文提名奖、湖北省自然科学优秀学术论文一等奖。主持并完成国家自然科学基金 1 项。现主持国家自然科学基金 1 项、省自然科学基金 1 项。

在 2008 年第五届全国研究生数学建模竞赛中，电气工程学院硕士研究生贺元康荣获二等奖，现就职于国家电网有限公司，是西北电网调度运行、电力交易工作方面的专家。

在 2011 年第八届全国研究生数学建模竞赛中，数学与统计学院彭聪获得二等奖，2022 年博士毕业后他签约武汉大学国家网络安全学院特聘副研究员，累计在《IEEE 物联网杂志》（*IEEE Internet of Things Journal*）、《美国计算机协会互联网技术会报》（*ACM Transactions on Internet Technology*）、《密码学报》等国内外知名期刊上发表学术论文 10 篇，应邀担任《IEEE 物联网杂志》、《IEEE 信息技术专业杂志》（*IEEE IT Professional*）等国际重要学术期刊审稿人。同年，参加竞赛的硕士研究生沈宇为获得三等奖，毕业后考取清华大学博士研究生，目前在全国顶级高中华中师范大学第一附属中学担任高中数学教师，扎根基础教育。工作期间，沈宇为为高中生开展数学建模相关讲座，帮助学生较早形成数学建模思维，增强创新能力。

在 2016 年和 2017 年的第十三届、第十四届中国研究生数学建模竞赛中，我校资源与环境科学学院硕士研究生夏畅连续两年获得二等奖。2022 年，他在香港大学获得博士学位，2022～2023 年任职香港大学博士后研究员。现就职于湖南大学城乡发展与环境治理研究所，被聘为副教授、岳麓学者，以第一作者或通讯作者身份发表 SCI/SSCI 论文 15 篇，其中两篇入选 ESI 全球排名前 1%高被引论文，授权国家发明专利 3 项，参与出版著作一部。

多年来，武汉大学始终坚持落实立德树人根本任务，对标国家战略和产业创新对高层次人才的需求，秉持"以赛促教、以赛促创、以赛育人"的理念，以中国研究生创新实践大赛为主阵地，搭建政产学研用协同平台，坚持将教育、科技、人才三大核心要素有机融合，不断提升研究生创新实践能力，为培育堪当民族复兴大任的时代新人、为解决经济社会发展中的实际问题做出积极贡献。

2023 年是中国研究生数学建模竞赛的 20 周年，恰逢武汉大学 130 周年校庆，百卅峥嵘砺初心，赓续前行启新航，武汉大学将以奋斗姿态笃定向前，不断提升赛事质量，推动赛事发展，争取创造更加优异的成绩！

数学改变世界　创新驱动未来

——第九届“华为杯”全国研究生数学建模竞赛承办组织工作回顾

上海交通大学　张立强　徐恒敏　虞国富

图1　第九届“华为杯”全国研究生数学建模竞赛颁奖盛典合影

上海交通大学是中国高等教育改革和发展的领军者之一，也是大学生数学建模竞赛的重要参与者和推动者。2012年，上海交通大学承办了第九届“华为杯”全国研究生数学建模竞赛，参赛单位数和参赛研究生数均取得重大的突破，是往届竞赛中规模最大、覆盖面积最广、参与人数最多的一次，多所研究生培养单位首次组队参赛，影响力得到显著提升。

一、背景与理念

上海交通大学是我国历史最悠久、享誉海内外的高等学府之一，是教育部直属并与上海市共建的全国重点大学，经过120多年的不懈努力，已经建设成为一所“综合性、创新型、国际化”的国内一流、国际知名大学，为国家和社会培养了逾40万名各类优秀人才，包括一批杰出的政治家、科学家、社会活动家、实业家、工程技术专家和医学专家，为祖国的建设和发展做出了巨大贡献。

数学建模立足于工程、技术、管理等领域的实际问题，注重学生理论知识的实际应用和创造性地解决问题。数学建模竞赛在促进数学学科建设，发挥数学教学在提高人才培养质量过程中的功能等方面作用巨大。上海交通大学一贯重视各类研究生的数学教育和教学，并建有数学一级学科博士点和博士后流动站；学校也非常重视工科研究生数学素养和应用能力的培养，专门开展了“工科专业博士学位论文数学含量”的调研课题；在研究生公共数学课建设方面，上海交通大学也走在全国的前列，曾经多次召开研究生公共数学课建设经验交流会。

中国研究生数学建模竞赛在上海交通大学拥有广泛的群众基础，学生参与的积极性和获奖率均很高。从2006年组织参赛以来连续17年都有一等奖队伍，截至2022年共有一等奖40队，二等奖688队，三等奖551队，成功参与奖900队。

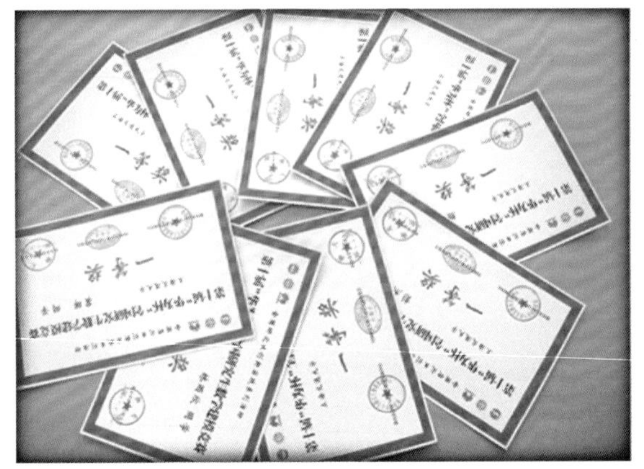

图 2　上海交通大学学子在历届中国研究生数学建模竞赛中斩获佳绩

二、举措与特色

（一）筹备动员

2011 年 12 月 22 日，在第八届全国研究生数学建模竞赛颁奖典礼上，上海交通大学从东北大学手中接过了承办第九届竞赛的赛旗，并从全国研究生数学建模竞赛组委会、东北大学等的负责同志处学习到了宝贵的经验。上海交通大学组织研究生院、理学院数学系和校团委、学联研究生总会等相关单位的师生专门前往东南大学就第九届竞赛筹备的具体事宜进行了商讨。

图 3　在第八届全国研究生数学建模竞赛颁奖典礼上接过第九届承办的赛旗

2012 年 5 月 26 日至 27 日举办“数学改变视界”上海交通大学博士生学术论坛第九期暨第九届“华

为杯”全国研究生数学建模竞赛启动仪式。在启动仪式上，上海交通大学研究生院常务副院长杜朝辉和华为技术有限公司上海研究所所长王文剑分别代表承办方和赞助方签署冠名赞助合作协议。签约仪式后，伴随着代表汇聚各界力量的四海之水注入启动冰雕，杜朝辉、王文剑与上海市教委高教处副处长束金龙、东南大学研究生院常务副院长兼党委研工部部长金保昇、上海交通大学理学院数学系系主任金石共同为第九届“华为杯”全国研究生数学建模竞赛的全面启动揭幕。

图 4 启动仪式四海之水注入启动冰雕

图 5 启动仪式上签署冠名赞助合作协议

2012 年 5 月 29 日，第九届“华为杯”全国研究生数学建模竞赛工作委员会向全国 900 多所研究生培养单位发出参赛邀请。

图 6　秘书处办公室的师生加班加点封装参赛邀请函

（二）培训辅导

上海交通大学注重提高参赛研究生的数学建模能力和水平，为此开展了系统的培训辅导工作。2011 年和 2012 年，上海交通大学针对竞赛历史、参赛流程、赛事培训等几个方面为参赛研究生做了系统的介绍和培训，邀请数模竞赛相关专家为参赛学子作专题讲座，提供赛前辅导。为全面备战第九届“华为杯”全国研究生数学建模竞赛，鼓励广大在校研究生积极参赛，上海交通大学专门在 2012 年夏季学期中开设“研究生数学建模竞赛辅导课程”，邀请全国研究生数学建模竞赛组委会委员、东南大学数学系教授朱道元，上海交通大学理学院数学系教授宋宝瑞和周国标等通过 4 堂课为报名参赛的研究生答疑解惑，开展系列培训讲座。

授课专家	授课时间	授课内容
宋宝瑞（上海交通大学数学系教授）	2012年6月20日星期三下午14:00-17:40	数学建模竞赛论文写作的技巧和方法
周国标（上海交通大学数学系教授）	2012年6月27日星期三下午14:00-17:40	2011年第八届全国研究生数学建模竞赛试题（B题）实战讲解
朱道元（东南大学数学系教授）	2012年7月04日星期三下午14:00-17:40	2008年第五届全国研究生数学建模竞赛试题（A题）实战讲解
宋宝瑞（上海交通大学数学系教授）	2012年7月11日星期三下午14:00-17:40	数学建模竞赛中的数据统计、处理技巧和方法

图 7　2012 年 6 月 20 日至 7 月 11 日，上海交通大学开设夏季学期中研究生数学建模竞赛辅导课程

2012 年 6 月 20 日下午，“研究生数学建模竞赛辅导课程”第一讲在上海交通大学闵行校区陈瑞球楼 507 室拉开序幕，由宋宝瑞教授主讲，结合 2005 年第二届、2010 年第七届全国研究生数学建模竞赛的试题为上课学生细致地讲解了数学建模竞赛的论文写作技巧和方法。共有来自上海交通大学、华东师范大学的 80 余名研究生报名上课。

图 8 "研究生数学建模竞赛辅导课程"第一讲

（三）组织和发动工作

1. 成立竞赛工作委员会

针对本届竞赛，上海交通大学专门成立了竞赛工作委员会，下设秘书处（主要由研究生组成），做好竞赛的筹备、组织等日常工作，并为各参赛研究生培养单位提供必要的服务，并且专设工作委员会秘书处办公室，从场地、经费和人员上给予大力支持。

2. 利用媒体广泛宣传发动

专门设计、制作和开发第九届"华为杯"全国研究生数学建模竞赛官方网站，开放官方邮箱和新浪官方微博，依托网络的便捷第一时间为参赛单位和参赛队伍提供帮助和服务；在人人网、中国大学生在线、上海市学位与研究生教育创新网、上海交通大学官网、上海交通大学研究生院网站等网络平台做不定期的信息发布和宣传发动。

图 9 专门开发的第九届"华为杯"全国研究生数学建模竞赛官方网站

3. 成立竞赛志愿者服务队

上海交通大学学生联合会研究生总会主席牵头组建专门的竞赛志愿者服务队，安装专用咨询电话，每天均安排工作人员上岗值班，于 2012 年 9 月 9 日至 10 日在研究生新生报到的迎新现场及学生活动主要开展地等地方设摊宣传报名动员，以各项综合措施确保竞赛工作顺利进行。

图 10　上海交通大学校内广泛宣传和动员

（四）命题和评审相关工作

1. 关于命题工作

2012 年 8 月 24 日至 26 日在上海交通大学徐汇校区召开第九届"华为杯"全国研究生数学建模竞赛命题工作会议，竞赛组委会邀请相关单位的数学建模专家（含华为技术有限公司委派的专家）共同研讨命题工作。

2012 年 9 月 21 日至 25 日开放正式竞赛，全国各地报名参赛的研究生通过第九届"华为杯"全国研究生数学建模竞赛官网、中国数学建模网、数学中国社区、中国教育和科研计算机网等组委会授权的 4 个网站下载试题，并选择各参赛队伍适合的试题，撰写相应的论文，在规定时间内按要求提交电子版和纸质版参赛论文。

2. 关于收卷工作

各参赛队伍须在网上提交电子版参赛论文并将纸质版参赛论文寄送至上海交通大学。为方便上海交通大学和华东师范大学闵行校区报名参赛的研究生提交纸质版论文，秘书处与上海交通大学闵行校区邮局协商，开设专门接收纸质版论文的窗口。

秘书处联合组委会和国防科技大学（提供网上评审的平台）就电子版论文进行了统计汇总和多次核对工作，确保网上评审的顺利进行。秘书处为确保收到的纸质版参赛论文不出任何差错，组织了多名工作人员轮流到纸质版论文保密室工作，按学校进行纸质版论文的整理并每天给出统计数据，将纸质版论文的统计数据和电子版论文的统计数据进行多次核准后，2012 年 10 月 15 日完成参赛论文的整理工作，确定 2507 支参赛队伍的论文进入网上评审阶段。

3. 关于评审工作

评阅工作分为网上评审和线下集中评审两个阶段。根据网上评审的规则，选出近 70%的论文进入下一轮的线下集中评审。

第一阶段，由全国研究生数学建模竞赛组委会和评审委员会邀请和组织近百名数学建模专家对电子版论文进行网上评审，由国防科技大学提供网评的技术平台和技术支持。

第二阶段，在收到组委会和评审委员会提供的进入线下集中评审的论文名单后，秘书处组织专人进行线下集中评审论文的分类整理和密码编制工作。抽掉网上评审中淘汰的参赛论文；对进入集中评审的纸质版论文按要求进行密码编制，制作专门的密码表；根据组委会提供的集中评审的专家名单按要求做分类整理和论文分配。

2012 年 11 月 2 日至 6 日，竞赛组委会和评审委员会邀请来自全国各地的 86 位数学建模专家（含华为技术有限公司委派的专家）来到上海交通大学闵行校区进行线下集中评审工作，秘书处安排专人接待并配合专家评审，做好论文的分发、签收及成绩的统计、核对等工作。

4. 关于成绩计算

每份论文由三位老师分别进行评阅，尽量做到自己学校的老师不评阅自己学校学生的论文。卷面分数实行百分制，为了体现公平，通过统计方法，将评审专家所给分数转换为标准分，如果标准分的最高分与最低分相差 20 分以上，则再请评审专家进行复议。论文成绩按三位专家的标准分计算出平均分，即为学生的最终参赛成绩。

（五）赛事概况

1. 参赛情况

此次竞赛参赛单位数和参赛研究生数均取得重大的突破，是历届竞赛中规模最大、覆盖面积最广、参与人数最多的一次，影响力得到显著提升。共有全国 29 个省、自治区、直辖市的 251 家研究生培养单位的 2507 支参赛队伍（共 384 名博士研究生，7134 名硕士研究生，3 名本科生）成功提交论文。其中，985 高校共 36 个单位单独组织 686 支队伍，211 高校共 88 个单位单独组织 1275 支队伍，其他高校共 153 个单位单独组织 1195 支队伍，跨校组队共 37 支队伍。

2. 获奖情况

2012 年 11 月 17 日至 27 日发布评审结果公告并公示。按竞赛章程，评选出一等奖 75 支队伍（获奖比例为 2.99%，队数已经随竞赛规模扩大而增加），二等奖 439 支队伍（获一、二等奖队数总和占总参赛队数的 20.50%），三等奖 590 支队伍，总计 1104 支队伍，获奖比例 44.04%，其他队伍获成功参赛奖。另，根据全国研究生数学建模竞赛章程，评出优秀组织奖 31 个、终身成就奖 2 名和杰出贡献奖 10 名。

本届竞赛，由上海交通大学理学院数学系牵头，组织发动了上海交通大学 59 支队伍的 174 名研究生成功参赛（其中跨校组队 3 支队伍），获得一等奖 3 支队伍，二等奖 21 支队伍，三等奖 17 支队伍，获奖队数比例高达 69.49%，其他 18 支队伍获得成功参赛奖；共有 120 名研究生获奖，获奖研究生比例高达 68.97%，获奖比例较 2011 年大幅提高。上海交通大学也连续三年获得此项赛事的优秀组织奖。

3. 颁奖典礼

2012 年 12 月 8 日上午，第九届“华为杯”全国研究生数学建模竞赛颁奖盛典在上海交通大学闵行校区隆重举行。教育部学位与研究生教育发展中心主任李军，上海市教委高教处副处长束金龙，全国研究生数学建模竞赛组委会主任委员单位东南大学副校长沈炯，第九届竞赛承办单位上海交通大学副校长黄震，第十届竞赛承办单位中南大学副校长田红旗，第九届竞赛赞助单位华为技术有限公司上海研究所所长王文剑，全国研究生数学建模竞赛组委会主任委员单位东南大学研究生院常务副院长兼党委研工部部长金保昇，第九届竞赛承办单位上海交通大学研究生院常务副院长杜朝辉，以及来自全国百余家研究生培养单位的老师和获奖研究生代表近 500 人出席了颁奖盛典。包括《新闻晨报》《东方早报》《新闻晚报》和中央人民广播电台、新华网、解放牛网等在内的十余家社会媒体记者前来颁奖盛典进行了现场报道。

2012 年 12 月 8 日下午，与会的研究生代表和部分老师代表按照本届竞赛 A、B、C、D 四套题目进行了分组研讨，并特邀中国研究生数学建模竞赛评审委员会专家进行了现场点评；其他与会老师代表统一组织参观了钱学森图书馆。12 月 9 日上午，与会的老师和研究生代表受邀前往华为技术有限公司上海研究所参观学习。

（六）赛事效益

上海交通大学在举办第九届“华为杯”全国研究生数学建模竞赛的过程中，充分发挥了其在数学建模教育方面的优势和特色，为参赛学生提供了一个锻炼能力、展示才华、交流经验、增进友谊的平台。通过参加竞赛，参赛学生在竞赛中面对来自各个领域的实际问题，需要运用数学知识和方法，结合相关专业知识和背景资料，进行分析、建模、求解和评价，不仅提高了自己的数学建模能力和团队合作能力，也拓宽了自己的视野和思维，增强了自己的创新意识和实践能力。同时，参赛学生也受益于竞赛对其升学和就业的促进作用，许多研究生或是选择国内外名校继续深造，或是签约诸如华为、微软等国内外优秀企业。

三、工作成效与经验

（一）目标明确

中国研究生数学建模竞赛是面向全国在读研究生的群众性科技竞赛活动，目的在于激发研究生群体的活力和广大研究生学习的兴趣，提高研究生建立数学模型和运用计算机解决实际问题的综合能力，拓宽知识面，培养创新精神及团队合作意识，促进研究生中优秀人才的脱颖而出、迅速成长，推动研究生教育改革，增进各高校之间以及高校、研究所与企业之间的交流与合作。

（二）组织到位

上海交通大学高度重视第九届竞赛的承办和组织工作，分管校领导给予了全过程的关心和指导，研究生院、理学院数学系与团委、学联研究生总会组成专门的工作组（即第九届“华为杯”全国研究生数学建模竞赛工作委员会），师生齐参与，部门强联动。

（三）培训辅导

上海交通大学利用自身的数学建模教育和研究优势，为参赛研究生提供了多种形式的培训辅导。一是开设了数学建模专题讲座，邀请了国内外著名的数学建模专家和教授，从理论和实践两方面，介绍了数学建模的基本概念、方法和技巧，以及一些典型的数学建模案例和经验；二是在夏季学期中开设“研究生数学建模竞赛辅导课程”，培训辅导包括数学建模的基础知识、常用软件和工具、数据处理和分析、论文撰写和展示等方面。

（四）赛事保障

上海交通大学充分发挥了自身的硬件设施和软件服务优势，为竞赛的顺利进行提供了全方位的保障。一是提供了先进的网络平台，包括竞赛官网、报名系统、题目发布系统、论文提交系统、评审系统等，实现了竞赛的信息化管理和运行；二是提供了高效的工作团队，包括竞赛秘书处、技术支持组、志愿者服务组等，负责竞赛期间各项事务的协调和处理。

（五）赛事亮点

本届赛事呈现“三新一高”的亮点：“三新”即三个首创，一是推动华为技术有限公司自第九届开始冠名赞助全国研究生数学建模竞赛；二是首次设立和颁发终身成就奖和杰出贡献奖；三是协同推动从2013年开始纳入教育部学位与研究生教育发展中心的“全国研究生创新实践系列活动”（2017年改名为“中国研究生创新实践系列大赛”）。“一高”即通过赛事举办为推动研究生教育创新改革和高质量发展打下坚实的基础，上海交通大学由此创立了研究生交叉学科论坛（已成功举办逾100期）和大师讲坛（已成功举办逾180期）等两个学术品牌项目，形成规范化管理模式和长效推进机制，在校内研究生中形成广泛关注和良好影响，两个品牌项目均获得上海交通大学校园文化建设优秀项目。大师讲坛开创了学分认证、大师午餐、与大师同行、《大师文集》等一系列的品牌活动。基于大师讲坛成熟的组织模式，受浦江创新论坛（由科学技术部和上海市人民政府共同主办）组委会委托，团队承办了2013年第六届浦江创新论坛之未来（科学）论坛，成为历届论坛中全部由学生主导成功举办的活动，受到组委会和社会各界的一致赞扬，以创新举措凸显协同育人成效。

以赛促培提高研究生数学建模能力和创新实践能力

中南大学　刘光连　刘新儒　唐小玲　曾　佩

中国研究生数学建模竞赛（简称“数模竞赛”）是由教育部学位管理与研究生教育司指导，中国学位与研究生教育学会和中国科协青少年科技中心共同主办的“中国研究生创新实践系列大赛”16项主题赛事之一，2023年迎来了数模竞赛20周年。在此，我们对数模竞赛取得的巨大成绩表示热烈的祝贺！对为此付出过辛勤劳动的领导、老师和研究生表示诚挚的感谢！

中南大学是2004年“首届全国部分高校研究生数学建模竞赛”26所发起和参赛高校之一，2013年承办了首届全国研究生创新实践系列活动之“华为杯”第十届全国研究生数学建模竞赛。我们在2019年4月对2018年研究生参加数模竞赛的情况进行了分析，发现存在参赛人数较少、高等级奖较少、获奖比例较低等问题。同时，分析发现存在组织力度不够、对指导教师和研究生的支持激励政策不够等问题。我们坚持价值引领和创新驱动双导向，提出了“提高思想认识，完善参赛政策，扩大参赛规模，加强赛前组织，锻炼学生能力，提高竞赛成绩”的工作思路。以数模竞赛等赛事为创新人才培养平台，组织研究生参加数模竞赛，通过加强赛前全过程教育管理，提高了研究生参加学科竞赛重要性的认识，提高了研究生应用数学和相关学科知识解决实际问题的能力和创新实践能力，取得了显著的成绩。

一、重视研究生的教育引导

我们深入贯彻落实习近平关于“研究生教育在培养创新人才、提高创新能力、服务经济社会发展、推进国家治理体系和治理能力现代化方面具有重要作用”[①]的重要指示精神，不断深化研究生教育综合改革，完善创新人才培养体系。教育研究生爱党、爱国、爱社会主义，心怀科学梦想，树立创新志向，坚守学术道德规范，服务国家战略需求，勇攀科学高峰，为实现中华民族伟大复兴的中国梦作出更大的贡献。

我们高度重视学科竞赛在研究生培养中的重要作用，教育引导研究生通过参加数模竞赛等赛事提高自己的综合素质能力：①提高组织领导能力，参赛团队成员在数学建模、编程计算、写作等方面各具特长，优势互补，集体协商决定参赛项目，分工合作，持续推进项目工作。②提高自主学习能力，根据竞赛项目需要，学习相关的先进理论和技术。③提高解决问题能力，选择最合适的先进理论和技术解决赛题中的实际问题。④提高创新实践能力，通过实践—认识—实践不断提高赛题的解答水平，体会创新研究实践中否定之否定、研究水平螺旋式上升的乐趣，促进知识发现、技术发明、集成创新等成果涌现。⑤练就攻坚克难精神，在赛题解答过程中要知难而进，勇毅前行，百折不挠，这样才有可能到达胜利的彼岸。⑥提高竞争意识和能力，竞赛就是“竞争比赛，争取优胜”，强烈的竞争意识是竞赛取胜的精神力量，通过完成赛题培养、提高自身的竞争能力。

研究生们充分认识到参加数模竞赛等赛事对提高自己的综合素质能力有很大的帮助，是不可多得的锻炼机会，从而进一步提高了参加竞赛的主动性和积极性，增强了争取优异成绩的信心和决心。

---

① 习近平对研究生教育工作作出重要指示强调 适应党和国家事业发展需要 培养造就大批德才兼备的高层次人才 李克强作出批示[EB/OL].（2020-07-29）[2023-11-10]. http://jhsjk.people.cn/article/31802887.

二、重视数模竞赛宣传动员

我校虽是研究生数模竞赛发起高校之一，持续组织研究生参赛，并于2013年承办了全国研究生数学建模竞赛，数模竞赛在我校有较长的发展历程和一定的影响。但是，到2018年我校研究生参加数模竞赛的参赛队和参赛人数分别为102支和305人，说明数模竞赛在研究生中的影响力不够。从2019年开始，我校加大了赛事的宣传工作力度，在《中南大学研究生手册》中增加了“中国研究生创新实践系列大赛简介”，介绍了系列大赛等学科竞赛，并支持鼓励研究生参赛；在学校官网、研究生院网页、有关二级培养单位网页，以及“中南大学研究生教育”微信公众号及时发布数模竞赛参赛通知；使用研究生院手机信息平台发送参赛通知等。每年都举办数模竞赛参赛宣讲动员会，为研究生参加数模竞赛释疑解惑。同时在导师中宣传，要求导师支持研究生参赛。承办各级数模竞赛营造竞赛氛围，对在竞赛中取得优秀成绩的研究生团队利用各种媒体平台进行广泛宣传。

引导研究生组建交叉型参赛团队，跨学科专业、跨年级、跨层次（博士研究生和硕士研究生）和跨类别（学术型和专业型）组建交叉型参赛团队。3名研究生组成参赛队，可以是工学各专业（工程各领域）、数学专业、物理专业、经济学专业、管理科学专业、公共卫生专业等学科专业研究生组建交叉型参赛团队。队长根据研究生的特长和性格融合情况组队，以实现参赛团队研究生能力组合最大化为目标。交叉型参赛团队促进了各学科专业研究生的交叉融合，催生创新成果。

三、做好数模竞赛培训工作

研究生院和数学与统计学院共同谋划，努力做好年度数模竞赛的培训工作。

加强数模竞赛指导教师团队建设。扩大指导教师队伍规模，每一支参赛队伍都有指导教师。组织指导教师开展专题研讨，不断提高指导教师团队水平。每名指导教师通过建立自己的“数模竞赛指导QQ群”，对参赛研究生在QQ群中提出的问题及时进行答复。

建立QQ群。组队QQ群只用于研究生参赛组队，研究生入群描述自己的优势，如数学建模、编程计算、写作和学科专业等。队长负责组建各有特长、优势互补、多学科融合的3名研究生组成参赛团队。“数模竞赛参赛QQ群”用于通知发布、问题讨论和交流。

完善竞赛条件。2020年研究生院组织立项编写《科学与工程中的数学方法及应用》参考书，为参赛研究生提供一份有关知识较全面、案例性较强的自学资料，免费发放给参赛研究生。此外，还购买安装了Origin网络版客户端软件。

组织赛前培训。数模竞赛是适应学科专业广、参赛研究生较多的竞赛。有的研究生只学习过《科学与工程中的数学方法及应用》中的部分内容，有的研究生没有参加过数模竞赛，研究生院和数学与统计学院共同制订了数模竞赛线上线下培训计划，包括竞赛规则、重要数学方法及建模教学、优秀论文解析、模拟训练等。讲授新知识自学方法，在参赛时能做到学得快用得好，提高理论联系实际解决问题的能力和效率；数学方法及建模教学包括微分/差分方程模型、最优化模型、综合评价模型、时间序列模型、随机方法模型、离散数学与图论模型、大数据挖掘、人工智能技术及应用等在数学建模中的应用与实现；要求各参赛队赛前做一道参赛题，完成内容写作，并由指导教师提出修改意见。模拟竞赛有利于练就一个高效协同、配合默契、合作顺畅的参赛团队，提高了参赛研究生的竞赛技能。

四、不断完善学科竞赛政策

学科竞赛的主体是研究生，竞赛项目和技术难点的方向性指引需要教师的指导，合适的参赛政策才能调动发挥研究生和教师两者的积极性，保证学科竞赛的持续发展。我们坚持调查研究，听取指导教师、参赛研究生的意见、建议，结合参赛情况进行分析，发现问题，及时提出针对性强的解决措施，不断修订完善研究生学科竞赛的有关政策。

鼓励教师指导研究生参赛的激励政策有：①成功参赛每队计算 4 学时工作量；②提供参加培训和颁奖大会的差旅费；③获得全国性竞赛二等奖以上的计算绩效；④获奖项目作为评价考核内容，体现在年终考核、评奖评优、教改项目和教改成果奖、职称评定等方面。

鼓励研究生参赛的激励政策有：①鼓励研究生结合学位论文项目参加学科竞赛；②学校承担成功参赛研究生的报名费；③参加颁奖大会研究生享受职工待遇；④等级奖认定为“研究生国家奖学金”等各类奖学金的创新成果之一；⑤等级奖视级别作为申请学位的创新成果之一；⑥给予数模竞赛成功参赛研究生适当的食宿补助，酌情调整补助标准；⑦给予有发展前景的获奖项目自主探索创新项目立项、创业经费和场地支持、持续指导等。

这些政策符合国家教育评价改革的要求，调动了广大教师和研究生参加学科竞赛的积极性，为取得更好成绩奠定了基础，提供了保障，促进了学科竞赛的蓬勃发展。但是，也存在个别学院对学校政策落实不到位的情况。

五、以赛促培取得突出成绩

研究生数模竞赛的理念创新和组织创新应用于实际工作取得了优异成绩。

2019～2022 年中国研究生数学建模竞赛中南大学参赛队和参赛人数以及获奖情况如表 1 和表 2 所示；2004～2022 年参加中国研究生数学建模竞赛中南大学获奖情况如表 3 所示。

表 1 2019～2022 年中国研究生数学建模竞赛中南大学参赛和获奖情况

年份	参赛队/队	参赛人数/人	获奖人数/人	参赛队增长比例/%	参赛人数增长比例/%	获奖队增长比例/%
2019	235	678	220	130.4	122.3	110.8
2020	340	1013	288	44.7	49.4	25.6
2021	357	1172	423	5.0	15.7	46.9
2022	478	1412	663	33.9	20.5	56.3
共计	1410	4275	1594			

表 2 2019～2022 年中国研究生数学建模竞赛中南大学获奖情况

年份	一等奖/队	二等奖/队	三等奖/队	获奖队数/队	获奖队比例/%	一二等奖占比/%	获奖队数全国排名
2019	2	26	50	78	33.2	35.9	10
2020	2	45	51	98	28.8	48.0	8
2021	3	70	71	144	40.3	50.7	5
2022	3	114	108	225	47.1	52.0	1
共计	10	255	280	545			

注：获奖队与参赛队的比例简称为获奖队比例，中国研究生数学建模竞赛一等奖和二等奖获奖队数占总获奖队数的比例称为一二等奖占比。

表 3 2004～2022 年中国研究生数学建模竞赛中南大学获奖情况

年份	一等奖/队	二等奖/队	三等奖/队	总获奖数/队	获奖队增长比例/%
2004	1	2	1	4	—
2005	2	1	4	7	75.0
2006	1	0	4	5	–28.6
2007	1	1	1	3	–40.0

续表

年份	一等奖/队	二等奖/队	三等奖/队	总获奖数/队	获奖队增长比例/%
2008	0	3	5	8	166.7
2009	2	8	4	14	75.0
2010	1	5	9	15	7.1
2011	1	9	12	22	46.7
2012	1	12	18	31	40.9
2013	3	12	28	43	38.7
2014	2	14	8	24	−44.2
2015	2	9	11	22	−8.3
2016	1	4	8	13	−40.9
2017	1	6	6	13	0.0
2018	2	10	25	37	184.6
2019	2	26	50	78	110.8
2020	2	45	51	98	25.6
2021	3	70	71	144	46.9
2022	3	114	108	225	56.3
共计	31	351	424	806	

（一）培养了更多具有较突出创新实践能力的研究生

中国研究生数学建模竞赛一等奖和二等奖获奖队数占成功参赛队总数的比例为 14.5%，说明获奖研究生创新能力较突出。从表 2 看出，我校 2021 年以来一等奖获奖队数达到上限 3 支，二等奖获奖队数稳定增加。2022 年首次获得 1 个“数模之星”提名奖和 1 个“中兴专项奖”。2019～2022 年获一等奖、二等奖人数分别为 30 人和 743 人，表明通过数模竞赛培养了更多具有较突出创新实践能力的研究生。

（二）参赛研究生创新实践能力和竞争能力显著增强

为了通过参加高水平竞赛锻炼提高研究生的竞赛精神和竞争能力，我校不组织校内选拔赛，研究生没有参加校内培训也可以参加全国数模竞赛。

从表 1 看出，2021 年和 2022 年的获奖队增长幅度分别高于参赛队增长幅度 41.9%、22.4%；从表 2 看出，一二等奖占比逐年提高，2022 年达到 52.0%，2020 年后获奖队比例逐年提高，2022 年达到 47.1%，都创新高。表明我校研究生参赛作品的水平逐年提高，参赛研究生的创新实践能力和竞争能力显著增强。

因为重视研究生的学术道德教育，20 年来我校参赛研究生未出现学术不端行为。

（三）成功参赛研究生人数保持较快增长

从表 1 得到，2019 年的成功参赛人数较上年增加 122.3%，2020～2022 年参赛人数年增加率均在 15% 以上，到 2022 年成功参赛研究生达到 1412 人，表明近 4 年我校组织的研究生数模竞赛宣传动员工作成效显著，参加数模竞赛得到锻炼的研究生越来越多。

（四）近 4 年数模竞赛成绩突出

从表 3 看出，2004～2018 年中国研究生数学建模竞赛我校的年总获奖队数呈波浪线趋势，15 年的总获奖队数为 261 队，其中一等奖和二等奖共计 117 队，2013 年承办数模竞赛获奖队数最多为 43 队。2018～2022 年，数模竞赛我校的参赛队和获奖队情况如图 1 所示，两者都呈现持续增长态势，2019～2022 年 4 年的总获奖队数为 545 队，其中一等奖和二等奖共计 265 队，年获奖数全国排名稳步上升。

2022 年获奖队数位列全国第一，取得最好成绩，说明近年来我校在研究生数模竞赛的教育引导、政策激励与组织创新等方面改革取得了突出成绩。

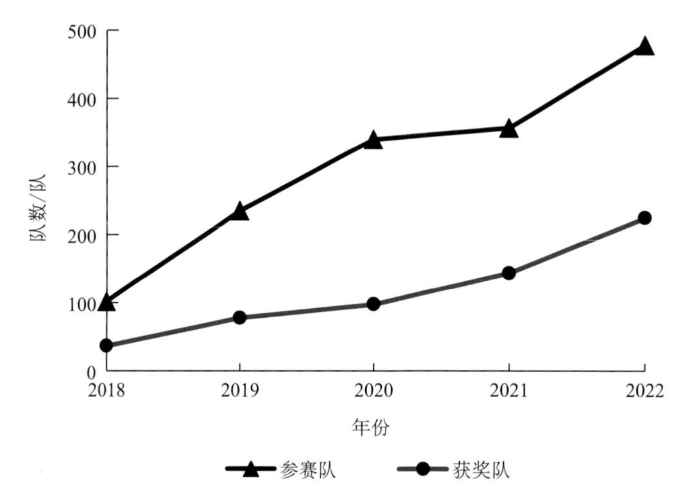

图 1　2018～2022 年中国研究生数模竞赛中南大学参赛队和获奖队情况

（五）推进了研究生数学教学改革

我校通过开展研究生数模竞赛，促进了研究生数学教学内容和教学方式的改革，根据有关工学学科专业前沿交叉技术的发展需要改进了教学内容，教师们更加重视采用建构式教学、案例教学等有利于培养提高研究生应用数学知识解决实际问题能力的教学方式，有效提高了研究生数学教学的实际效果。

六、组织模式在湖南高校推广成效显著

为了提高湖南高校研究生的创新能力和竞争能力，2022 年湖南省教育厅支持将我校研究生学科竞赛的组织措施向湖南高校推广，首先在数学建模竞赛中推广。为此，我校主要做了以下工作：一是主动承办 2022 年第七届湖南省研究生数学建模竞赛，没有限制各单位的参赛研究生队伍数，并于全国赛之前举行，为全国赛练兵；二是牵头组建了由湖南高校研究生院（处）负责人组成的湖南省研究生数学建模竞赛组织委员会，修订了《湖南省高校研究生数学建模竞赛章程》；三是组织各培养单位研究生院（处）分管负责人开展交流研讨，共同探讨中国研究生数学建模竞赛的有关政策，以及中南大学研究生学科竞赛政策和组织工作，研讨了培养单位加强赛事组织工作、完善参赛政策等方面的工作；四是中南大学组织的数学建模竞赛培训，免费向省内高校开放，提高研究生的数学建模竞争能力。

第十九届中国研究生数学建模竞赛成绩公布后，分析湖南高校研究生参赛成绩得到：一是湖南高校成功参赛队数量比上年增加 30.4%，达 935 支，创新高，位列全国第六，比 2021 年提升 4 个位次；二是获奖队数量创新高，达 416 支，比上年增加 46.5%，为最快增长，获奖队占全国的 7.01%，2021 年为 4.81%；三是获奖比例创新高，达 44.5%，比上年增加 4.9%，表明参赛研究生的竞争能力和水平有进一步提高；四是参加了省赛的研究生成绩明显高于未参加者。参加省赛的 858 名研究生中，继续参加全国赛者有 451 人获奖，获奖比例为 52.6%，明显高于未参加过省赛的 40.8%；省赛获奖研究生中 428 人继续参加全国赛，有 271 人获奖，获奖比例为 63.3%。可见，湖南高校在 2022 年第十九届中国研究生数学建模竞赛中取得了参赛以来的最好成绩，进步显著，获得了 4 个优秀组织奖和 4 个先进个人奖。

七、问题和展望

我校研究生数模竞赛还存在高等级奖项不多、部分二级单位领导和研究生认识不够等问题。因此，我们要努力解决存在的问题，推进研究生数模竞赛更好地发展。

数模竞赛对提高研究生应用数学知识解决实际问题能力的培养具有重要促进作用，期望有更多的研究生参加数模竞赛。

我们要坚守初心，继续努力，以新的要求争取新的更好成绩！为国家培养更多优秀的拔尖创新人才和创业实践人才！

山城创新　桥接八方

——师生鼎力协同承办第十三届全国研究生数学建模竞赛

重庆大学　冯　斌　李薛玲

一、背景与理念

2003 年，重庆大学创办研究生创新实践基地，全面开展研究生创新创业实践教育，确立了“培训引导、研发实训、项目培育、竞赛提质、空间孵化”的工作主线，推动研究生积极开展高水平学科竞赛，成为我校提升研究生创新实践能力的关键举措。2013 年，全国研究生创新实践系列活动全面启动，我校研究生教育找到了竞赛提质的关键依托平台。全面响应和做大做强中国研究生创新实践系列大赛，成为我校研究生创新创业实践教育的工作目标。

作为综合性研究型大学，我校学科门类较为齐全，中国研究生数学建模竞赛是一个适应多学科背景研究生参加的高水平学科竞赛平台，受到了全校师生的热情支持与高度认可，成为我校中国研究生创新实践系列大赛中重点支持的研究生高水平学科竞赛平台。为中国研究生数学建模竞赛的发展壮大贡献重庆大学力量，成为我们的工作追求。2015 年，重庆大学黄宗明副校长带队参加第十二届全国研究生数学建模竞赛颁奖典礼，并接旗承办第十三届全国研究生数学建模竞赛。

二、举措与特色

（一）先期学习调研，凝练专项工作，备战赛事承办

1. 成立赛事工作小组，策划竞赛承办工作

2016 年 2 月，研究生院成立专门的四人工作组，依托研究生院教育服务中心，多次召开工作组会议讨论赛事的整体规划与具体推进计划。3 月，工作组成员三人赴东南大学调研，向教育部学位与研究生教育发展中心、竞赛秘书处、北京交通大学学习赛事承办经验及讨论其他相关事宜，并重点了解竞赛管理信息系统的特点，为赛事的全面开展与赛事推进提前做好管理信息系统的沟通交流工作。

2. 成立专家工作小组，策划竞赛承办专家事务工作

2016 年 3 月，由数学与统计学院成立专门的五人教授专家工作小组，会同赛事工作小组，商议讨论赛事的整体规划与具体推进计划，帮助重庆大学竞赛承办工作组全面理解赛事的宗旨与赛程要求，为办好数模竞赛打下坚实基础。

3. 成立研究生事务工作小组，构建坚实的赛事承办人力支撑平台

依托从重庆大学研究生创新实践基地抽调的 20 余名研究生骨干，在赛事工作小组的直接指导下，积极投入竞赛承办相关事务。

（二）成立竞赛承办领导小组及工作组，全面开展竞赛承办各项工作

重庆大学高度重视第十三届全国研究生数学建模竞赛的承办工作，整合全校各相关部门资源，成立竞赛领导小组。重点依托重庆大学研究生创新实践基地及重庆大学研究生教育服务中心，成立数模竞赛工作组，全面统筹赛事工作小组、专家工作小组、研究生事务工作小组的各项工作，在领导小组的支持指导下，正式启动第十三届全国研究生数学建模竞赛赛事承办工作。

（三）服务需求、提高效率，研讨策划数模竞赛承办工作实施方案

认真分析研究，明确竞赛主办方、承办方、学校、参赛研究生、评审专家等竞赛参与各方的需求，确立了“全力扩大办赛规模，科学规划竞赛节点，整合优化竞赛流程，可持续构建参赛单位信息交流平台，高效开展赛事承办”的工作目标。会同主办方、秘书处、评审专家初步形成了《第十三届全国研究生数学建模竞赛承办工作实施方案》。

（四）成立执委会，召开执行委员会会议，讨论竞赛关键节点等重大问题，确定竞赛实施方案

2016 年 3 月 15 日，第十三届全国研究生数学建模竞赛第一次执行委员会会议在重庆大学召开，多位领导及相关工作人员出席了本次会议。会上，重庆大学副校长、研究生院院长黄宗明首先表示，重庆大学高度重视此次全国研究生数学建模竞赛，本次竞赛对提高研究生的教育质量，培养新形势下广大研究生的创新精神具有非常重要的意义，同时对教育部学位与研究生教育发展中心和竞赛组委会的信任、对华为技术有限公司的大力支持表示感谢，要求学校竞赛工作组一定要精心准备，周密安排，全力举办好此次竞赛，并预祝竞赛取得圆满成功。同时，与会人员商议并确定了此次竞赛执行委员会名单，并就竞赛相关事宜进行了充分讨论，通过了《第十三届全国研究生数学建模竞赛承办工作实施方案》。

图 1　第十三届全国研究生数学建模竞赛第一次执行委员会会议

（五）着力扩大宣传范围，深入开展宣传动员

按照“稳定存量、扩大增量、立体宣传、重点突破”的宣传思路，通过多种渠道进行数学建模竞赛的宣传动员工作。对北京、上海、江苏等数学建模竞赛普及度较高的地区继续加大宣传力度，以保证报名数量的稳定增长；对云南、贵州、四川等数学建模竞赛普及度较低的地区进行重点宣传，以增强研究生数学建模竞赛在全国范围内的认知度；对香港、澳门、台湾等地区进行针对性宣传，以扩大全国研究生数学建模竞赛在港澳台地区的知名度；对 2015 年参赛的国外高校，继续发出参赛邀请，以增加赛事在国际上的影响力。2016 年 3 月中旬，教育部学位与研究生教育发展中心正式发文致函各研究生培养单位通知第十三届全国研究生数学建模竞赛相关事宜。为了使宣传动员的范围更加广泛，在历年参赛培养单位数据的基础上，工作组重点统计整理出 1039 个高校（其中包括 22 个港澳台地区的高校）、研究所的通信地址、邮箱、联系方式。4 月初给 1039 家培养单位邮寄出 1688 封参赛邀请函（部分高校同时通知了研究生院与研究生工作部），同时通过邮箱给各个高校竞赛联系人推送了电子版参赛邀请和宣传海报，其中为 600 个重点宣传高校邮寄了纸质海报。发出邀请后，工作组持续跟进参赛邀请的收悉情况，针对未发出参赛邀请回函的单位，再次通过电话和邮件发出参赛通知。参赛报名截止前，共收到了 453 个培养单位反馈的参赛回执。为了扩大赛事在学生群体中的知名度，工作组通过 2015 年参赛的 6355 支参赛队伍队长的邮箱与手机号推送第十三届全国研究生数学建模竞赛的相关信息，也获得了良好的反馈效果。

（六）改进关键服务流程，不断完善竞赛的组织策划与管理

在与竞赛秘书处和上届承办单位的交流中，我们发现组织数模竞赛过程中几个反映突出、亟待解决的问题。

1. 培养单位与组委会仅通过邮件或者电话进行一对一沟通，沟通渠道不是很完善

针对该问题，工作组开拓思路，开创性地用 QQ 群组织培养单位联系人。通过 QQ 群与培养单位联系人进行多对多的沟通，极大地提高了沟通效率。同时工作组可以在群中发布重要的文件和通知，培养单位联系人如果有问题可以在群中提问，管理员及时进行答疑，一举多得。QQ 群的开创性使用得到了各培养单位联系人老师的一致好评。

2. 报名截止时间为暑假开学后不久，暑假开学前参赛队集中报名，有大量报名问题咨询，但是暑假期间工作组值班压力大，无法充分满足参赛学生的问题解答需求

针对该问题，工作组成员勇于担当，大力加强“研究生事务工作小组”的培训指导，加大研究生暑假轮流值班力度，为参赛的老师和学生答疑解惑。同时，在暑假期间为 50 个 2015 年报名但 2016 年还未报名的培养单位及时发送通知，提醒这些培养单位尽快报名。

3. 一部分参赛队所在培养单位无联系人老师负责审核

针对这一问题，2016 年 8 月下旬，工作组首先将无联系人老师的培养单位的参赛队筛选出来，然后发送通知，让这些参赛队加入我们指定的专项 QQ 群，加群并发送审核所需的材料后，由工作组帮助进行审核，工作组共审核通过 87 支无培养单位审核的参赛队。

4. 上传论文流程较复杂，容易操作失误造成竞赛成绩无效

针对该问题，2016 年 9 月开学前，工作组在竞赛官网、QQ 群提前发布竞赛以及上传论文流程，通过联系人老师提醒参赛队仔细阅读。同时，将报名审核、缴费、竞赛、上传论文的截止时间发布在 QQ 群、竞赛官网，通知各位老师及参赛队。在截止日期前一天，工作组通过系统给参赛队发送短信通知，以免其错过时间节点。希望通过科学合理的安排与帮助，将学生操作失误的概率降到最低。

三、工作成效与经验

在全国研究生数学建模竞赛组委会的科学指导与布置下，在工作组成员的努力工作下，第十三届全国研究生数学建模竞赛取得了显著的工作成效。

（一）参赛规模创历史新高

第十三届全国研究生数学建模竞赛官网参赛注册数为12270队，培养单位审核数10019队，参赛人数29016人，较第十二届增长58%；培养单位参赛453家，较第十二届增长16%。

表1　2013～2016年全国研究生数学建模竞赛参赛情况

年份	2013	2014	2015	2016
研究生培养单位/家	332	371	390	453
参赛团队数/支	3884	5370	6335	10019
总人数/人	11642	14700	21700	29016

（二）创建赛事QQ群，提高沟通服务效率

工作组通过创建QQ群，长期保持与培养单位联系人及赛事承办单位之间的有效沟通与联系，通过多对多的沟通，显著提高沟通服务效率，为参赛培养单位的稳定交流与可持续服务打造基础信息交流平台。同时，通过建立“数模竞赛参赛团队”“数模集中评审会”“颁奖大会教师代表”“颁奖大会学生代表”等6个QQ群和微信群，加强沟通与管理，提高传递竞赛信息效率。

（三）均衡需求、流程再造，大力提高赛事服务效率

认真分析竞赛参赛各方需求，确立“全力扩大办赛规模，合理规划竞赛关键节点，整合优化竞赛流程，可持续构建参赛单位信息交流群，力争赛事承办工作高效开展”的工作目标，会同主办方、秘书处、评审专家形成科学合理的赛事流程再造实践方案。

（四）办赛经验总结

1. 策划与管理

数学建模竞赛是涉及多个领域的综合性竞赛平台，能够展现学校的综合实力和学生的综合素质。当一所学校决定承办数学建模竞赛时，就意味着学校需要承担起竞赛的组织策划、宣传推广、场地布置、志愿者招募等各种任务。因此，要想办好数学建模竞赛，学校就必须高度重视竞赛本身，认识到竞赛对于学校的推广和影响力的重要性，并积极参与竞赛，还应组织一支专业的策划团队，负责竞赛的各项工作。竞赛的成功举办需要各个环节的协调和配合，学校应该深度参与并协调各方，确保竞赛的顺利进行。学校应组织志愿者协助竞赛的举办，为参赛选手和观众提供优质的服务。总之，承办学校的重视、支持和配合将为竞赛的成功举办提供强有力的保障。

2. 争取地方政府支持

2016年，第十三届全国研究生数学建模竞赛在重庆大学成功举行，成为重庆大学研究生教育发展过程中的一件大事。重庆市教委也以此次大赛为契机，高度重视此届数学建模竞赛的承办工作，先后作出重要批示，专门拨款30万元支持此次数学建模竞赛的举办，并全程参与大赛的筹办、协调和组织，同时在赛事圆满举办之后总结办赛经验，继续大力支持各项在渝举办的高水平赛事，不断借鉴其他地区的好经验、好做法，创新工作方法，释放潜在活力，继续深化重庆市研究生教育教学改革，引导和助力重庆

市研究生创新创业实践教育的蓬勃开展。

（五）竞赛总体成效

1. 参赛流程规划

2016 年第十三届全国研究生数学建模竞赛的举办主要分为以下六个阶段。

第一阶段：启动（2015.12.11～2016.3.15）。

第二阶段：参赛宣传与报名（2016.3.16～2016.9.10）。

第三阶段：征集赛题（2016.7.14～2016.7.15）。

第四阶段：学生参赛（2016.9.16～2016.9.20）。

第五阶段：赛题评审（2016.10.1～2016.11.8）。

第六阶段：颁奖典礼与竞赛交流（2016.12.10～2016.12.11）。

图 2　2016 年在重庆大学召开第十三届全国研究生数学建模竞赛第三次执行委员会会议

2. 办赛工作流程

2016 年第十三届全国研究生数学建模竞赛承办工作流程如下。

启动（2015.12.11）：黄宗明副校长带队参加第十二届全国研究生数学建模竞赛颁奖典礼并接旗。

第一次执委会会议（2016.3.15）：成立执委会、领导小组及工作组，讨论竞赛关键时间节点等问题，确定竞赛实施方案。

参赛宣传与邀请（2016.3.16～9.10）：宣传单位由上届的 870 家扩大至 1039 家，邮寄参赛邀请函 1688 封。

命题工作会议（2016.7.14～7.15）：专家委员会主任朱道元教授等 17 位命题专家参加了会议，确定了 2016 年赛题。

正式比赛（2016.9.16～9.20）：注册报名团队数 12270 支，提交论文团队数 8894 支，较上届增加 40%；第十三届竞赛参赛单位共计 453 家，较上届增长 16%。

集中评审（2016.11.5～11.7）：近 100 名评审专家，在重庆大学研究生院进行专家集中评审工作。

第二次执委会会议（2016.11.8）：讨论“奖项设置”“竞赛颁奖大会会议日程”等多项议题。

第三次执委会会议（2016.12.10）：讨论“竞赛颁奖大会会议执行办法”等议题。

竞赛组委会会议（2016.12.10）：听取竞赛组织、评审工作和竞赛经费使用情况汇报，并审议通过竞赛获奖名单、组委会委员名单。听取 2017 年竞赛承办方汇报工作方案并确定 2018 年竞赛承办单位。

竞赛颁奖大会（2016.12.11）：召开“第十三届全国研究生数学建模竞赛颁奖大会”及 6 个分会场“竞赛赛题学术交流会”，现场颁发一等奖、华为专项奖、优秀组织奖荣誉证书。

图 3　2016 年在重庆大学召开第十三届全国研究生数学建模竞赛组织委员会会议

3. 赛事概况

重庆大学作为重庆市高等教育的一面旗帜，始终重视研究生的创新创业实践，积极推动广大研究生培养学术创新思维，不断完善研究生学术创新和实践创新培养体系与体制建设。为成功举办第十三届全国研究生数学建模竞赛，重庆大学先后举办了执委会会议（三次）、命题工作会议、竞赛组委会会议等多次会议，详细讨论赛事细节，听取各方意见，确定各项议程，确保大赛工作顺利推进，并且通过创建赛事 QQ 群，提高沟通服务效率；认真分析需求，整合再造流程等举措，将往届大赛承办工作的不足之处进行完善，促进大赛宣传推广，提升师生的参赛体验。第十三届全国研究生数学建模竞赛在各方的大力支持与通力合作下圆满落下帷幕，本届竞赛参赛单位与参赛团队数量均创历史新高。2016 年 12 月 11 日，在重庆大学召开“第十三届全国研究生数学建模竞赛颁奖大会”及“竞赛赛题学术交流会”。参会人员共计 680 人，其中参赛单位代表 450 人、一等奖获奖研究生代表 150 人、领导及嘉宾代表 80 人。教育部学位与研究生教育发展中心主任王立生、教育部学位与研究生教育发展中心主任助理赵瑜、教育部学位与研究生教育发展中心编辑部主任关长空、重庆大学校长周绪红、重庆大学副校长王时龙、东南大学副校长金保昇等领导出席颁奖大会，现场颁发一等奖、华为专项奖、优秀组织奖等签章荣誉证书。对获一等奖的参赛团队给予赞助企业提供的 2000 元奖金，共计 30 万元，对企业命题专项奖，给予一定的奖金或奖励。第十三届全国研究生数学建模竞赛参赛研究生培养单位达 453 家，较上届增长 16%；成功报名缴费团队 10019 支，提交论文团队 8894 支，较上届增长 40%。经专家评审，选出一等奖获奖团队

150 支（获奖比例为 1.7%），二等奖获奖团队 1582 支（获奖比例为 17.8%），三等奖获奖团队 1898 支（获奖比例为 21.3%），成功参赛奖获奖团队 5264 支，其中一、二、三等奖获奖团队总计 3630 支，获奖比例 40.8%。

图 4　2016 年由重庆大学承办的第十三届全国研究生数学建模竞赛颁奖大会现场

重庆大学始终秉承“研究学术、造就人才、佑启乡邦、振导社会”的办学宗旨，在培养人才、服务重庆地方经济社会发展上做出了重要贡献。第十三届全国研究生数学建模竞赛在重庆大学成功举办，是对重庆大学研究生教育教学改革的一次肯定和鼓励，也是重庆市研究生教育发展中的一件大事。总之，重庆大学高度重视第十三届全国研究生数学建模竞赛的承办工作，以办赛为契机，大力支持研究生参加高水平学科竞赛，以赛促教，为重庆地区研究生创新创业实践教育发展贡献力量。

重实效、强素质、求创新，以数模竞赛赋能研究生实践教育

——第十四届中国研究生数学建模竞赛承办工作案例

西安交通大学　颜　佳

“中国研究生数学建模竞赛”是由教育部学位管理与研究生教育司指导，中国学位与研究生教育学会、中国科协青少年科技中心主办的“中国研究生创新实践系列大赛”主题赛事之一，是面向国内外在校研究生进行数学建模应用研究的学术竞赛活动，也是广大在校研究生提高建立数学模型和运用互联网信息技术解决实际问题能力，培养科研创新精神和团队合作意识的大平台。

中国研究生数学建模竞赛起源于2003年由东南大学发起并主办的“南京及周边地区高校研究生数学建模竞赛”；2004年更名为“全国研究生数学建模竞赛”；2013年被纳入教育部学位与研究生教育发展中心主办的全国研究生创新实践系列活动；2017年由于参赛范围扩大到国外高校，其再次更名为“中国研究生数学建模竞赛”。赛事目前已从地区性活动发展成为全国性甚至是国际性活动，受到了广泛的关注，为推动研究生的创新能力和实践能力培养，进一步推动研究生教育教学改革与发展做出了重要贡献。

第十四届中国研究生数学建模竞赛于2017年在西安交通大学举办，在承办工作中，我校在上级单位的正确领导下，在学校的高度重视下，在教育部学位与研究生教育发展中心的关怀信任下，在东南大学、重庆大学的鼎力支持下，圆满完成了各项承办任务。现将第十四届中国研究生数学建模竞赛承办工作情况介绍如下。

一、赛前承办准备

（一）成立竞赛承办工作领导小组及工作组

在第十三届全国研究生数学建模竞赛颁奖大会上，我校从重庆大学手中接下了竞赛会旗，这一刻标志着这项光荣而艰巨的工作正式启动。经过组委会的授权，我校组建了第十四届中国研究生数学建模竞赛执委会，由西安交通大学分管校领导牵头，成立了以研究生院（党委研工部）、数学学院、国际处等相关部门负责人为核心成员的竞赛承办工作领导小组及工作组。

（二）讨论制定竞赛实施方案，细化承办事务

西安交通大学对这项赛事承办工作高度重视，思想集中统一，从上至下全力以赴做好竞赛各项承办事务。竞赛第一次执行委员会会议在西安交通大学召开，会议上执委会讨论通过了《“华为杯”第十四届中国研究生数学建模竞赛实施方案》，为顺利开展竞赛承办工作打下了坚实基础。

（三）加强调研学习与专题培训，优化竞赛流程

为了能够更好地做好各项工作，保证大赛的顺利开展，西安交通大学邀请了东南大学委托的技术公司到学校进行专题培训，随后组织了专人分别到重庆大学、北京交通大学进行调研学习，通过面对面座谈、交流、培训等，更为细致地分析了竞赛各关键环节与节点，优化竞赛流程，进一步明确了大赛每一项工作的流程和细节。

（四）开展广泛宣传动员工作，扩大社会影响力

在校内校外开展宣传动员，进行广泛的宣传发动。在线上渠道，除了官方网站的宣传以外，在2017年第六期《中国研究生》杂志的首页、扉页、封底对大赛进行宣传，西安交通大学研究生院官方微信平台也对大赛进行了系列宣传。在线下渠道，工作组在学校校园内印发张贴了大批海报进行宣传，营造出浓郁的竞赛氛围。同时，也面向社会各界宣传竞赛的重要性和意义，争取得到社会各界的关注和支持。

二、赛事承办管理

（一）扩大邀请范围，确定参赛队伍及领队

竞赛启动后，我校向全国近九百所高校邮寄参赛邀请函，并通过推送电子邮件、发送短信、打电话等方式，对包括香港、澳门在内的中国各地研究生培养单位进行了全面的宣传，同时也向丝绸之路大学联盟发出英文版邀请函。

（二）举行网上评审，举办颁奖大会

9月经过为期一周的激烈竞赛，专家委员会进入网上评审阶段。我校于11月4～7日组织本届大赛专家集中评审会议，初步确定了一等奖名单。经过组委会审核、网上公示，最终确定一等奖150支（其中华为专项奖10支）、二等奖1383支、三等奖2085支，成功参赛奖6697支。12月16日，我校举办本届大赛的颁奖大会，华为专项奖和一等奖的学生代表以及各参赛单位代表出席大会，领取了获奖证书与优秀组织奖奖牌，本届大赛宣告闭幕。

（三）多次组织重要会议，做好优质的会务服务

整项大赛经过前期准备、宣传报名、专家命题、集中评审、网上公示等阶段，前后历时10个月，我校也组织了各类重要会议，并为会议做好优质的会务服务工作。其中，4月召开第一次执委会，7月召开专家竞赛命题会议，11月进行为期三天的专家集中评审会议，12月召开颁奖大会。几个会议的规模逐一扩大，到12月颁奖大会时接待量达到了500人以上。

三、竞赛承办特色

（一）竞赛主题鲜明专业，激发学生的兴趣

西安交通大学作为承办单位成功组织了专家命题会议，在本次会议上经命题专家组研究论证和精心准备，最终确定了“无人机在抢险救灾中的优化运用”“面向下一代光通信的VCSEL激光器仿真模型”“航班恢复问题”“基于监控视频的前景目标提取”“多波次导弹发射中的规划问题”“构建地下物流系统网络”六道具有重大国防与经济应用价值，实践性、挑战性、创新性突出的赛题，激发了学生们的创造力和思维能力。

（二）竞赛意义重大，立足人才培养发展需求

数学建模竞赛立足于国家发展需求，培养学生用数学解决实际问题的能力。“数学是科学之王”，数学作为我国高等教育的重要基础学科之一，在自然科学、工程科学、人文社会科学等方面发挥着越来越重要的作用，甚至在很多学科核心领域具有决定性作用。数学建模的过程是将错综复杂的实际问题简化、抽象为恰当的数学结构的过程，在解决实际工程技术与管理科学、自然科学研究等方面的问题中扮演着十分重要的角色。在高校实践育人模式中，研究生数学建模竞赛的创新培养的发展模式有着广阔的发展空间。构建高质量研究生培养体系是培养创新人才的前提，以数学建模竞赛为切入点，以赛促改，以赛促建，有助于高校推进研究生培养体系改革。

（三）参与人数众多，参与学生热情较高

全国高校学生均可报名参加，参赛人数多，覆盖全国各大高校。报名为期 4 个月，本届竞赛参赛研究生培养单位达 437 家，报名参赛研究生近 4 万人，成功注册报名队伍高达 14817 队，相较上一年增长 20.76%；其中，通过审核的队伍有 12214 队，成功缴费的参赛队伍 11834 队，最终提交论文的为 10454 队，相较上一年增长 17.53%，整体数量均创历史新高。报名参赛的还有 2 所澳门高校（澳门大学、澳门科技大学）、2 所香港高校（香港理工大学、香港科技大学）共计 7 支队伍。在本届大赛参赛队员中，有 4 名海外大学研究生，分别来自谢菲尔德大学、伦敦大学、宾夕法尼亚州立大学、新加坡南洋理工大学。中国研究生数学建模竞赛参与性强，不同专业的同学参赛热情都很高。共有超过 130 个专业的学生成功参赛，其中工学占 70.61%，理学占 19.82%，这两个大类占据了参赛学生的绝大部分，但同时其他文科专业的学生对于数学建模的热情也很高涨。

（四）中国研究生数学建模竞赛社会影响力较大

中国研究生数学建模竞赛已成为国内外研究生最喜爱的学科竞赛之一，社会各界对数模竞赛给予了高度关注和积极评价，许多企业将数模竞赛作为企业招聘时的重要参考条件。如今，中国研究生数学建模竞赛已成为我国学位与研究生教育中最具影响力的创新实践品牌与学术竞赛系列活动之一，也成为各企业发现高水平创新人才、推广企业文化的重要平台。

（五）中国研究生数学建模竞赛人才培养成果有目共睹

在培养拔尖创新人才的过程中，数学建模是培养研究生创新能力和实践能力的有力抓手，数模竞赛为广大有科研兴趣、热爱建模的学生提供了提高逻辑思维能力、动手能力和创新能力的良好平台，为造就拔尖创新人才、加快实现高水平科技自立自强注入了“源头活水”。以我校为例，往届参赛获奖学生的毕业去向涉及国家电网、中电集团等著名央企、国企，华为、小米等大型科技公司，高校，研究所等。通过对参赛学生的跟踪回访我们发现，用人单位对这些学生在道德品质、工作态度与积极性、责任担当精神、工程实践能力、工作适应能力、学习与再创造能力等方面的满意度都很高。参赛学生的优异发展也正好说明了举办研究生数学建模竞赛的益处。

四、竞赛承办经验

在承办竞赛过程中，我校高度重视、积极参与，认真做好各项保障工作，积累了丰富的承办经验。

（一）强化全天候的沟通交流，提供全方位的优质服务

建立完善的沟通机制。竞赛过程中，我们通过 QQ 群、微信群、竞赛官方网站等多种渠道，为参赛

单位及师生提供全天候、一对一、点对点的沟通交流与优质服务，切实满足参赛师生的各种参赛需求，确保参赛团队顺利高效参赛，从而让他们更加专注于竞赛本身，发挥出更好的水平。与此同时，通过这些渠道，参赛单位和师生可以随时随地向我们提出问题、反馈意见，我们也可以及时地回复和解决他们的问题。此外，我们还可以根据参赛人员的反馈来不断完善服务，提高服务质量。

（二）尽早做调研谋划，及时调整承办方案

尽早做调研谋划，弄清本校承办工作的优势劣势，制定正确的竞赛承办方案，制定正确的宣传策略，从而提高竞赛的知名度和参与度。根据学校本身资源适当调整承办方案，针对具体问题进行解决，如可以通过增加宣传投入、加强与赞助商的沟通和合作、改进竞赛规则等措施解决问题，灵活变通，及时调整竞赛承办方案，以确保竞赛成功举办。

（三）建立科学组织架构，协同合作保证竞赛顺利

在竞赛的筹备和实施过程中，我们建立了科学的组织架构，制定了详细的工作计划和责任分工。尽早成立工作小组，确定核心成员的工作分配，这里也包括学生志愿者团队的组建、培训、表彰等。同时，我们注重资源整合，充分发挥了各方面的力量，协同合作，确保了竞赛的顺利进行。

（四）严格按照经费支出预算执行，同时保证资金到位

在做预算的时候要尽可能考虑周详，保障大赛的承办物资，本届赛事得到华为技术有限公司的大力赞助，在办会过程中我校严格按照签订的经费支出预算执行，预算是经过认真计算和审核后确定的，按照预算执行可以避免过度的支出和浪费，也有利于促进公平竞争、提高竞赛的公正性和透明度，同时也可以保护每位参赛选手的利益。

（五）不断学习汲取经验，提升大型承办竞赛熟练度

数模竞赛组织工作是一项非常庞大、系统、复杂的工作，包括计划、组织、执行和管理等多个方面。工作小组在过程中牢抓大方向，紧盯小细节，不断向组委会、秘书处以及竞赛系统学习，不断从已办会议中汲取经验，提升办会的熟练度。

五、竞赛承办不足

数模竞赛承办能够取得圆满成功，离不开教育部学位与研究生教育发展中心、组委会各位领导和专家的鼎力支持和热心帮助，但也存在诸多不足之处。

（一）大赛国际化探索还需进一步完善

从承办地竞赛的经验来看，我们进行了国际化的初步探索和尝试，但未能圆满完成，主要原因在于当时缺乏英文版的官方网站，国外学生对竞赛的权威性有所质疑，同时报名渠道也不够通畅，没有开辟出专门针对国外学生的报名途径。后续承办单位可以在这方面进一步探索完善，从而加强大赛的国际交流和合作，增加海外选手和团队的参与度，提高大赛的全球知名度和影响力。同时，进一步完善大赛的竞赛规则和评审标准，使其更加符合国际标准和行业要求。

（二）竞赛宣传与影响力有待进一步提升

由于参赛学校地区性分布的不均衡，有的地区特别重视，所以参赛高校多，参赛人数也多，但有的

地区存在政策不完善、不到位的问题，参与的学校非常少。由此导致了“散队”的现象，即每届大赛都会有很多没人管的队伍，其是指研究生不是通过学校下达的竞赛通知参赛，而是通过官网浏览参赛，缺少所在学校研究生培养单位的支持，因此，只能求助于承办单位，所以我们的大量时间用于处理这些工作。后续应加强对参与不积极地区的宣传工作，将中国研究生数学建模竞赛的影响力进一步扩大。

（三）大赛成果的宣传展示有待进一步丰富

由于各种人力、场地、资金的限制，未能把大赛成果展示做得更丰富，比如路演这一类的宣传形式还有待探索。未来，应充分利用新媒体手段，优化展示形式，依托微博、微信、抖音、B 站等新媒体渠道进行宣传，采用短视频、图片、漫画等多种形式，生动直观地展现大赛成果，让受众更加深入地了解大赛所取得的成就。另外，丰富展示内容，以吸引更多人关注。竞赛成果展示不仅要突出成绩，还需要展现团队协作、创新思维以及实践能力等方面。比如，可以通过策划有趣的活动、制作精美的海报、设计有特色的展台等形式，增强宣传效果。

创新人才是国家与民族发展的重要基石，党的二十大报告指出，深入实施科教兴国战略、人才强国战略、创新驱动发展战略，开辟发展新领域新赛道，不断塑造发展新动能新优势。[①] 中国研究生数学建模竞赛正是助力基础学科高层次创新人才培养的有效抓手。中国研究生数学建模竞赛自 2004 年开展至今，已连续成功举办二十届，自 2013 年纳入教育部学位与研究生教育发展中心主办的“全国研究生创新实践系列活动”后，得到了全国各研究生培养单位的大力支持与广大师生的热烈响应和积极参与。二十年砥砺奋进，二十年铸就辉煌！希望中国研究生数学建模竞赛不断创新拓展协作方式，实现高校间的资源共享、优势互补，培养大批具有创新能力和合作精神的高端创新人才，为教育高质量发展挥臂助力！

① 习近平. 高举中国特色社会主义伟大旗帜 为全面建设社会主义现代化国家而团结奋斗——在中国共产党第二十次全国代表大会上的报告[EB/OL].（2022-10-16）[2023-08-08]. https://www.gov.cn/xinwen/2022-10/25/content_5721685.htm.

海纳百川，数见未来

——“华为杯”第十五届中国研究生数学建模竞赛工作总结

中国海洋大学　崔　琪　谢杉杉　苏婧雯

中国海洋大学作为“华为杯”第十五届中国研究生数学建模竞赛的承办方，以“海纳百川，数见未来”为主题，在竞赛的各个环节发挥重要作用，保障了竞赛的顺利进行，高质量完成各项承办工作。

一、背景理念

中国海洋大学是一所以海洋和水产学科为特色，包括理学、工学、农学、医（药）学、经济学、管理学、文学、法学、教育学、历史学、艺术学等学科门类较为齐全的教育部直属重点综合性大学，是国家“双一流”A类建设高校之一，是国务院学位委员会首批批准的具有博士、硕士、学士学位授予权的单位，肩负着造就国家海洋事业的领军人才和骨干力量的特殊使命。历史上，学校有一批如闻一多、梁秋实、老舍、赫崇本等学界名流在此治学育人。他们用激情和理性为后辈学人树立了一座座仰之弥高的丰碑，他们在学术上孜孜不倦的钻研精神引领了一代又一代的海大学子，他们是学校永恒的荣誉。学校聚焦国家战略性人才需求，面向国际、立足本土，优化完善研究生培养类型和结构，形成了以重构奖助体系为保障、以一级学科硕博贯通培养方案暨学位授予标准为统领、以高水平科学研究为支撑、以提升创新能力为重点的学术学位研究生培养体系，致力于培养基础深厚、学术精湛，具备团队精神、全球视野和国际竞争力的高水平人才。

在学校研究生院、数学科学学院以及大学生数学创新实践活动基地的共同指导下，学校不断加强研究生实践应用能力。自2008年至今，中国海洋大学已连续15年积极组织学生参加研究生数学建模竞赛，做好指导工作，并取得了不错的成绩，此外在校内积极开展数学建模相关活动，连续14年举办中国海洋大学数学文化节，已成功举办14届中国海洋大学研究生数学建模竞赛，提高学生对数学建模的积极性。数学科学学院鼓励学生将建模应用于实践，例如建立超市供需模型与水库防洪模型等，不断将校内外社会实践项目与数学建模更好结合，促进研究生创新培养。

二、举措与特色

中国海洋大学作为“华为杯”第十五届中国研究生数学建模竞赛的承办方，在竞赛主办方教育部学位与研究生教育发展中心、中国科协青少年科技中心以及组委会秘书处东南大学的指导下，在赞助方华为技术有限公司以及各参赛高校的大力支持下，在竞赛的赛前筹备、竞赛宣传、组织竞赛、集中评审、颁奖大会等环节中发挥了非常重要的作用，顺利完成本次承办工作。学校以“海纳百川，数见未来”为主题指导各项竞赛相关工作，激发参赛研究生无限的创新潜能，去改变世界的未来，正是此次竞赛的核心理念，大赛坚持立德树人的方向，坚持服务国家战略需求的导向，坚持发挥社会各方作用，坚持以赛促教学、以赛促改，助力研究生教育内涵式发展。

（一）创新策划赛制升级版，打造新环节

在教育部学位与研究生教育发展中心赵瑜老师的建议下，第十五届中国研究生数学建模竞赛首次评选“最佳数模报告奖”，该奖项是竞赛举办 15 年来的一项重大创新，旨在鼓励研究生积极参与数学建模竞赛，不断提升研究生的科研实践能力和学术水平。希望能增加竞赛的可观赏性，活跃竞赛的气氛，同时让所有参加颁奖仪式的获奖选手不仅仅是参加了传统的颁奖仪式、上台领奖，而且感受到了更浓厚的学术氛围。

当然在具体实施过程中也遇到了不少的问题，如“奖项的名称如何确定”“候选人如何选取”“如何增强观众参与度”等，学校工作人员逐一征集专家意见，最终确定奖项名称为“最佳数模报告奖”，由专家委员会从每题前十名的队伍中，分别推荐 2 支队伍参与答辩，介绍论文中的创新创意、闪光点，回答评审专家和同学质询，推动学术沟通交流，进一步展示推荐队伍的优异建模能力与独特思路，为其他队伍提供更好的参考，展示优秀队伍的可学习之处。

（二）助力推动系统升级版，迎接新挑战

为进一步提高研究生数学建模竞赛工作管理水平，优化赛事流程和资源配置，在第十五届中国研究生数学建模竞赛“报名—审核—缴费—作品提交—评审”环节，学校研究生院联合中国海洋大学研究生数学建模竞赛组委会秘书处、东南大学研究生数学建模竞赛办公室首次使用“中国研究生创新实践系列大赛管理平台”，实现了赛事管理从“人工线下管理”到“线上线下管理”的转变，实现了赛事流程从“手工操作”到“信息化管理”的转变。这对于教育部学位与研究生教育发展中心、秘书处东南大学、系统方以及中国海洋大学都是初次尝试。

平台主要是为各位参赛选手和相关工作人员服务，所以在系统建设过程中充分考虑了大赛管理的实际需要。“中国研究生创新实践系列大赛管理平台”由大赛组委会和各高校共同使用，用于收集、统计、分析和展示中国研究生数学建模竞赛的各项信息。系统运行稳定，操作流畅，可以满足大赛组委会和各高校对竞赛信息数据统计分析及竞赛数据发布等多方面要求。

系统中“学生板块”通过学生参赛账号登录系统进行注册登记，获得参赛资格。“秘书处板块”主要是有效地分析数据，助力科学决策；多方面多渠道地加强宣传工作，重点将“中国研究生数学建模竞赛”微信公众号打造成参赛学生温馨之家；建立传承创新机制，保证秘书处工作和历届承办单位工作的延续性和创新性；制定相关文件，不断推动数模竞赛各项工作规范化、制度化。“专家评审板块”由专家评审委员会统一负责赛题评审、答辩组织和结果发布等工作。“查重板块”由教育部学位与研究生教育发展中心统一负责相关事宜。多方专门针对四大板块多方面细节召开协调会和线上沟通会，在不断摸索中完善系统建设。

（三）强化创意视觉升级版，构筑新体验

第十五届中国研究生数学建模竞赛初次尝试设计一整套 VIS 视觉识别系统，希望通过最外在、最直接、最具有传播力和感染力的设计，让大众对第十五届中国研究生数学建模竞赛产生固有的视觉印象。这个视觉识别系统不仅包括标志、字体、颜色等基本元素，还涉及整体的排版设计和视觉感受，透过视觉符号设计出建模竞赛的理念与精神，以期有效地提升建模竞赛的知名度和推广其形象。

为了更好地传达竞赛的精神和特色，学校特别为本届竞赛设计“十五届”专有徽标。徽标采用了蓝色为主色调，代表着智慧和科技，同时也象征着海洋和未来；徽标中央是一个抽象的数学模型，代表着建模竞赛的核心内容，而在徽标的周围，则是一些简洁而富有现代感的线条和图案，这些元素既能凸显竞赛的主题，又能给人带来美感和愉悦感；在徽标（logo）中彩色圆点的基础上加以渐变，增添理性的柔和，有规律地排列常见的数学符号，使之富有节奏感并增添数学氛围，符号点阵排列，由点及面，更具空间感。

图 1　第 15 届中国研究生数学建模竞赛徽标

图 2　第 15 届中国研究生数学建模竞赛创意元素

（四）激发青年干事热情，注入新活力

第十五届中国研究生数学建模竞赛离不开学校志愿者团队的严密组织和热情投入。学校依托研究生数学建模协会、研究生 Si 路学生社团组织志愿者团队，共招募涵盖 8 个学院的 40 余名志愿者全程参与到建模竞赛的组织工作中，志愿者主要分为新闻媒体组、后勤保障组、外宾接待组等 6 个组别。

为保障竞赛各个环节顺利进行，学校专门聘请管理学院教师、资深礼仪专家对志愿者开展岗前培训，对志愿者的基本素质、工作要求和行为规范做出了详细说明。对所有志愿者提出三点要求，一是提高政治站位，二是甘于担当奉献，三是展现精神风貌，深刻领会学校承办国家级竞赛的重要意义，以高度的责任感和使命感参与到此项志愿服务当中，用心用情用力开展志愿服务。

三、工作成效与经验

学校自 2017 年底从西安交通大学接过赛旗起，就进入了紧锣密鼓的准备阶段，通过策划新环节完善赛制、接受新系统带来的挑战、设计新的视觉效果带来不同的视觉体验、激发青年热情给建模竞赛注入新的活力，经过一年的不懈努力，圆满完成第十五届中国研究生数学建模竞赛的承办工作。

（一）参赛人数实现突破性增长

2018 年 5 月 15 日开始了全面宣传工作，学校向国内 873 个培养单位寄出正式邀请函，并在线上线下同步宣传，接受参赛回执；通过往届竞赛的 QQ 群，向各参赛单位和队伍发送本届赛事的相关信息；借助因学校事务访问香港各高校的契机，向香港大学、香港城市大学、香港理工大学等高校宣传竞赛。

第十五届竞赛共有 13784 支队伍注册报名，12211 支参赛队伍提交论文成功参赛，与上届相比，参赛人数增长约 16.8%。成功参赛队伍共涉及 488 个研究生培养单位、36633 名在校研究生，其中包含 34 名来自新加坡、美国（华盛顿、康奈尔）等地的多个国外学校的研究生，以及来自我国香港、澳门地区学校的研究生。在参赛队伍中，硕一、硕二、硕三共占了参赛人数的 95%；学术性、专业性学位人员占比分别为 66%、34%，其中专业隶属工学的人数最多，约占 71%，其次理学占比 14%、经济学占比 9%；上海市参赛队伍数量最多，获奖队伍也最多，为 1492 支，遥遥领先于其他省（区、市），其中上海理工大学、同济大学、上海大学参赛队伍及获奖队伍在所有参赛学校里排名前列。最终，本次竞赛共评选出一等奖 184 支团队，其中包含华为专项奖 10 支、首届最佳数模报告奖 3 支。

图 3 竞赛组织精彩瞬间

（二）首届“最佳数模报告奖”收获人心

参加首届“最佳数模报告奖”答辩的 12 支队伍是由专家委员会从每题前十名的队伍中，分别推荐 2 支队伍组成，评选结果由现场 12 位专家评审投票结果和现场持有投票券的 200 余名观众投票结果共同组成，每位评委专家选择三支队伍进行推荐；每位观众选择一支队伍投票。其中评委投票权重占 80%，观众投票权重占 20%。

“最佳数模报告”的首次举办受到了参会选手、嘉宾、观众的一致好评，此次答辩会的举办，不仅充分展现了获奖选手的时代风采，发挥了高水平研究生的示范作用，更重要的是让各赛题参赛者在学科交互、思路创新等方面有了更深入更广泛的交流，提供思想碰撞平台，产生更多创新火花，同学们的学术研究兴趣得到了激发，学术思维得到了锻炼，论文写作能力也得到了提升，进一步落实了大赛提升研究生培养质量的目标。

（三）氛围营造提升沉浸式体验

整个 VIS 视觉识别系统的设计与创作过程是充满活力与创新的，每个细节都经过了反复的斟酌和调整，在专家评审大会、茶歇区、颁奖大会、路旗、引导牌以及相关服饰等建模大赛的各个环节中，都能看到主题设计元素被巧妙地融入。其中设立主题展板 10 余类，路旗形象 4 个，引导牌 20 余个，在校园内形成统一而协调的视觉风格。通过这样的设计，学校希望能够打造一个独特的形象符号，使竞赛过程更加有序和美观，让所有研究生、培养单位教师都对竞赛形象产生深刻的印象；设计作为有效的推广手段，吸引了更多的人参与到竞赛中来，提高了竞赛的知名度和影响力；帮助参赛选手更好地理解和把握竞赛的主题和要求，从而更好地展示自己的技能和才华。

（四）志愿服务得到高度评价

整个竞赛过程中，学校全面细致的准备以及工作人员认真的态度和饱满的热情赢得了各方的高度赞扬。

“一个人的力量是有限的，一群人的潜力是无限的”，40 名志愿者在学校的带领下，在评审会议、颁奖大会的前期准备、中期对接、后期实施的重要环节中，积极参与讨论和策划，不断推陈出新、提升服务规范化水平，全程对接所有专家和各培养单位教师代表以及获奖研究生代表，负责现场组织和协调工作，为专家、师生营造良好的环境和完善的后勤保障，保证评审会议、颁奖大会等的顺利进行。

志愿者们用最细致的服务、最温暖的笑容、最饱满的热情获得了专家、评委的一致好评。在颁奖大会现场，专家委员会专门书写感谢信，众多参会教师、同学在群内热情接龙反馈，对学校细致周到的服务表达感谢，对学校严密的组织给予高度的评价。

图 4　VIS 视觉识别系统融入各个环节

国防科技大学

十五届华为杯中国研究生数学建模竞赛举办得非常成功，这其中海大志愿者团队做出了重要贡献。你们细致、周到的服务保障工作，以及热情投入的工作态度，受到了参会师生的一致称赞，也给他们留下了深刻印象，谢谢海大志愿者团队！

吴孟达

南京大学

2018年的中国研究生数学建模大赛在中国海洋大学主办期间，海洋大学的志愿者团队展现出了充分的热情、奉献和专业精神，是本人过去几年参加过的类似活动所见识到的最佳志愿者团队，希望团员们把这种精神传播下去，扩展到社会！

陆学华

解放军理工大学

你有春风般温暖，春风没有你的坚忍；你有太阳般热情，太阳缺少你的耐心。
你用笑脸美丽了海大，你用真情生动了数模。在“华为杯”中国第十五届研究生数学建模竞赛举办期间，你们用耐心周到细致的服务保障了会议的和谐顺畅高效，给代表们留下了深刻而美好的记忆，也使本届大赛的服务水平达到了新的高度。谢谢你们！

岳振军

山东大学（威海分校）

去年在海大举行的研究生数学建模竞赛是最成功的一次，这是共识，除了学校、研究生院、研工部、数学院的领导与老师的努力之外，一个重要的原因是志愿者的辛勤劳动，你们这个团队当之无愧是优秀的。

张承进

北京交通大学

海大数模志愿者团队在中国第十五届研究生数学建模竞赛过程中服务贴切、细致，使我们有在家的感觉！谢谢你们，祝海大数模志愿者团队的每个同学在今后的学习中取得更好成绩！

王兵团

图 5　专家反馈信息

创新办赛模式，服务竞赛全程
——第十六届中国研究生数学建模竞赛承办工作特色与经验

福州大学　梁飞豹

福州大学于2019年承办第十六届中国研究生数学建模竞赛，现将承办过程中一些特色和经验分享如下。

一、竞赛基本情况

（一）报名情况

第十六届中国研究生数学建模竞赛报名参赛的研究生培养单位500个，报名参赛队伍15584支，报名参赛研究生46752人，其中境外研究生48人。

（二）成功参赛情况

486个研究生培养单位的14014支队伍成功提交论文，相较上年增长14.77%。成功参赛人数达42042人，其中，境内42005人，涉及472个培养单位；境外37人，涉及14个研究生培养单位。港澳台地区参赛学生合计27人，涉及5个研究生培养单位；国外高校合计10人，涉及5个国家的9个研究生培养单位。报名人数、成功参赛人数均创历史新高。

（三）参赛队伍获奖情况

本次竞赛评选出一等奖188支，其中华为专项奖10支，“数模之星”奖3支，“数模之星”提名奖9支；二等奖1903支；三等奖2823支；总计4914支队伍获奖，获奖比例35.1%；9059支队伍获成功参与奖，其他41支队伍被认定有雷同抄袭现象，取消获奖资格。

二、赛事回顾

我校成立了“华为杯”第十六届中国研究生数学建模竞赛执委会、领导小组及工作组，确保竞赛组织工作有序、顺利进行。3月，赴组委会秘书处（东南大学）及上届承办单位（中国海洋大学）进行调研，得到东南大学研究生院（研工部）、中国海洋大学研究生院的大力支持与协助；4月27日，本次竞赛执行委员会第一次全体会议在福州大学召开，竞赛工作正式拉开帷幕。5月，我校向内地（大陆）高校、港澳台高校和部分国外高校发出参赛邀请函并得到了积极响应；6月开始正式发布竞赛报名通知，我校派员赴省外重点高校进行竞赛动员宣传；5～6月开展了命题征集工作，在全国范围内征集竞赛题目；7月，在我校举行竞赛命题会议，与会的专家对本届竞赛题目进行了深入研讨，确定了竞赛试题；9月19～23日正式开赛；10月份进行竞赛网络评审，11月初，在我校举行现场评审会，来自全国各高校、科研院所的115位评审专家参加现场评审工作。11月20日正式公布获奖名单；11月30日～12月1日举行“数模之星”答辩会和竞赛颁奖大会。

三、承办特色

（一）境外高校学生参与度增加

利用福建与港澳台地区密切联系的优势，我校专门制作繁体版的参赛宣传册，委托在港澳台地区高校访学、交流的学生、教师，带着竞赛参赛通知及参赛宣传册，在港澳台地区各高校进行宣传、宣讲，取得较好效果，报名参赛的境外学生共计 48 名，涉及 17 个研究生培养单位，境外报名参赛人数比上年增加了 41.18%。港澳台地区参赛学生合计 39 人，涉及 7 个研究生培养单位，其中台湾地区 11 人，涉及 4 个研究生培养单位；澳门地区 27 人，涉及 2 个研究生培养单位；香港地区 1 人，涉及 1 个研究生培养单位。

（二）首次由学院（教学单位）承担承办任务

往届研究生数学建模竞赛，承办任务多数由学校管理部门承担，如研究生院（处）、学生工作部（处）、研究生工作部等，但福州大学的承办任务由教学单位（原数学与计算机科学学院，现为数学与统计学院）承担，这是中国研究生数学建模竞赛承办工作首创。

（三）首次举办“华为之夜”，并设立“数模之星”奖

承接承办任务后，承办团队及时与竞赛赞助方华为技术有限公司沟通，商讨赞助事宜，并一致确定首次在本届举办“华为之夜”，即在竞赛最后阶段（颁奖大会期间），举办晚宴加抽奖环节（奖品由华为技术有限公司提供），既活跃颁奖气氛，又起到正面宣传效果，受到参会代表热烈欢迎。

为进一步增强颁奖大会学术性，更好地促进学术交流，充分发挥获奖学生的示范作用，本届设立了“数模之星”奖现场答辩，优中选优，首次评选出“数模之星”奖 3 支队伍，“数模之星”提名奖 9 支队伍。

（四）首次现场直播

为了使更多的学生、教师身临其境，感受“数模之星”现场答辩会及颁奖大会的氛围，学习优秀代表队的精彩表现，经组委会秘书处同意，我校首次在“数模之星”现场答辩会及颁奖大会上进行现场直播，取得良好效果。

（五）首次发放电子版的获奖证书

为方便获奖学生查询和领取证书，经与秘书处和赛事系统开发商（山东五思信息科技有限公司）协商，首次发放电子版获奖证书，获奖学生及获奖单位均可从竞赛官方网站自行下载电子版获奖证书。

四、承办经验

（一）组建强大的承办团队

经承办学院组织领导，由学院数学建模指导团队及学工组骨干成员组成承办团队，专门负责承办工作，形成一支强大的承办团队。

（二）学习借鉴经验

承办伊始，我校就组织 2 支队伍，分别于 3 月中、下旬到上届承办单位（中国海洋大学）、组委会秘书处（东南大学）学习调研，了解承办细节及注意事项，探讨改进、改革方案，为后续成功承办起到很好的学习借鉴作用。

（三）广泛宣传

为广泛宣传中国研究生数学建模竞赛，除了“竞赛参赛通知”外，我校还专门制作了参赛宣传册（简、繁体）电子版，经组委会秘书处同意，首次取消邮寄纸质参赛通知，改为电子版形式，取得良好效果，主要有以下措施。

（1）收集所有研究生培养单位的联系方式（电话、邮箱），通过邮件发送参赛通知及参赛宣传册；

（2）通过研究生数学建模联系人 QQ 群，以及中国研究生数学建模竞赛微信公众号发布参赛通知及参赛宣传册；

（3）选派 2 支队伍，于 5 月初到高校比较集中的城市（除北京、上海、南京外）进行宣讲，我们选择了成都和广州；

（4）利用福建与港澳台密切联系的优势，委托在港澳台高校访学、交流的学生、教师，带着竞赛参赛通知及参赛宣传册（繁体版），在港澳台高校进行宣传、宣讲。

（四）积极筹措承办经费

（1）积极与赛事赞助商华为技术有限公司协商，争取更多的经费支持；

（2）积极与组委会秘书处协调，争取补助款；

（3）竞赛承办团队及时向学校申请配套经费，学校专门召开会议讨论承办事宜，对承办工作给予大力支持，最终拨出承办工作的配套经费。

（五）校内营造承办氛围

（1）校内广泛宣传。通过校内征集承办口号、承办徽标，承办标语等，在校内广泛宣传中国研究生数学建模竞赛，为承办赛事营造良好氛围。

（2）充分发动本校研究生参赛。2019 年我校共有 150 支队伍参赛，是历届参赛队伍最多的一届。

（3）校内征召志愿者。在校团委的协助下，承办团队在全校范围内征召承办志愿者，为后续各项承办工作做准备。

（六）积极为组委会提供命题

在校内广泛征集竞赛命题，由来自数学与计算机科学学院、机械工程及自动化学院、电气工程与自动化学院等 6 位专家提供了 6 道题目，经承办团队组织专家进行评选，选择机械工程及自动化学院的彭育辉教授提供的研究项目及实测数据，经承办团队的梁飞豹共同修改、完善，形成命题，参与组委会的命题征集与评审，最终入选第十六届中国研究生数学建模竞赛 D 题：汽车行驶工况构建。

（七）做好竞赛服务

竞赛承办工作时间长、任务杂，需要承办单位高度重视，多部门通力合作，特别要有服务意识，努力为参赛单位、参赛队员提供便利条件，主要工作体现在以下方面。

（1）专门成立承办工作办公室，配备专用电话、邮箱，由承办团队成员及学生志愿者在工作日内轮流值班，收集、解答参赛单位、参赛队员的意见、问题和建议，同时与赛事系统开发商（山东五思信息科技有限公司）配合，及时解决参赛单位、参赛队员在赛前、赛后出现的各种问题。

（2）虚心学习，及时与组委会秘书处、专委会、赞助方及赛事系统开发商（山东五思信息科技有限公司）协调沟通。

（3）做好 4 次会议（执委会、命题会、现场评审会、颁奖大会）的会务及后勤保障工作。

本届承办工作取得圆满成功，受到组委会秘书处、参赛单位、参赛队员的高度评价。

凝心聚力，共克时艰，以赛促建，共谋发展

华东理工大学　杨　晶　戎思淼

2020～2021年，第十七届中国研究生数学建模竞赛在中国学位与研究生教育学会、中国科协青少年科技中心、组委会秘书处、上海市学位委员会办公室、上海市学生事务中心、华为技术有限公司的大力支持下，在全国上下共同抗击新冠疫情的背景下进行，华东理工大学不畏困难和挑战，积极调整赛事部署，努力为营造安全、公平、高效的竞赛环境创造各种条件，为保障赛事的顺利完成付出了辛勤的努力。总结办赛经历，我们感慨万千，从以下四个方面介绍我们的做法，希望能为今后相关赛事的举办提供一些有借鉴意义的建议。

一、共克时艰，应对突发疫情，从细从实定方案，万众一心保成功

（一）疫情突发，以线上线下结合形式召开执委会会议

第十七届中国研究生数学建模竞赛的举办期间，突如其来的新冠疫情席卷全球，给我们赛事的组织和举办带来了前所未有的挑战。2020年1月20日，国家卫生健康委员会发布1号公告，将新型冠状病毒感染的肺炎纳入《中华人民共和国传染病防治法》规定的乙类传染病，并采取甲类传染病的预防、控制措施。全国各地高校春季学期转为线上教学，校园封闭管理，原定于开学初举办的执委会会议因此延期。

2020年5月16日，随着全国和上海新冠疫情得到有效控制，在华东理工大学的不懈努力下，第十七届竞赛执委会第一次会议采用了线上线下相结合的形式顺利召开。中国科协青少年科技中心、数模竞赛组委会秘书处东南大学、华为技术有限公司的领导、部分专家委员会成员、第十六届竞赛承办单位福州大学、系统开发商山东五思信息科技有限公司相关人员通过线上形式参会，在沪的上海市学位委员会办公室、上海市学生事务中心、华东理工大学等单位人员在我校线下参会，华东理工大学信息化办公室为会议提供网络保障和技术支持。会议审议并通过了本届竞赛执行委员会名单、竞赛命题和评审工作方案、竞赛整体工作方案和竞赛实施方案，交流了竞赛系统相关功能等。

（二）落实管控，严格措施保障命题开赛顺利举行

2020年7月4日，命题工作会议在上海园林宾馆举行，上海市学生事务中心王涛副主任等、华东理工大学辛忠副校长等领导，以及中国研究生数学建模竞赛专家委员会彭国华、王开华等15位专家参加会议。考虑到当时全国各地新冠疫情形势向好，但依然偶有散发病例的状况，执行委员会华东理工大学工作组严格按照教育部关于学校新型冠状病毒感染防控工作方案的要求，结合华东理工大学实际，做好参会人员的健康观察，保障了命题会议安全、顺利举行，与会专家委员对本届竞赛题目进行了深入研讨，确定了竞赛试题。

经过紧锣密鼓的筹备，第十七届中国研究生数学建模竞赛在9月17～21日成功按照原定计划如期举办，共有来自523个研究生培养单位的17105支参赛队伍报名参赛，覆盖51315名研究生，相较上一届

图 1 "华为杯"第十七届中国研究生数学建模竞赛执委会第一次会议

增长 9.7%，其中还有来自英国、美国、新加坡等地的国外研究生和来自我国港澳台地区的研究生 68 人。最终有 14436 支队伍成功提交论文，较上一届增长 3%，本届竞赛无论是报名人数，还是成功参赛人数均创历史新高。

图 2　华东理工大学辛忠副校长讲话

图 3　“华为杯”第十七届中国研究生数学建模竞赛命题会议合影

（三）迅速反应，及时调整评审专家确保线下评阅赛卷

2020 年 10 月 20 日，本届竞赛执行委员会发出评审会议参会通知，邀请了 113 名专家于 11 月 12～16 日从全国各地赴华东理工大学徐汇校区现场评审会议。然而，就在 11 月 10 日，上海浦东连续出现多例散发新冠病例，此后受疫情影响，部分专家陆续告知无法参会，评审会议面临评委缺席导致无法举办的风险。

万分紧急的情况下，华东理工大学相关组织者与赛事专家委员会负责人朱道元先生、刘力维教授等紧急举行线上会议商讨对策，一致决定迅速调整评审专家名单，邀请有关高校数学建模专家充实评审委员会。在经过紧张的协调，最终紧急补充了三十余位评审专家的情况下，线下评审会议按原计划举办，学校为评审会议提供了场地和设备，安全稳定有序地保障了评审赛卷工作。最终评选出“数模之星”提名奖 13 支，一等奖 188 支，二等奖 1926 支，三等奖 2896 支和成功参与奖 9249 支。

图 4 评审专家在进行评阅工作

图 5 “华为杯”第十七届中国研究生数学建模竞赛现场评审会

（四）把握时机，克服各种困难成功举办线下颁奖仪式

每届数模竞赛的“数模之星”答辩环节和颁奖大会都是赛事中的精彩一笔。根据既定的竞赛日程，第十七届中国研究生数学建模竞赛“数模之星”答辩暨颁奖大会原定于2020年12月12～14日举行。但是，2020年11月，上海已陆续出现多个中风险地区，其他地区也陆续出现新冠感染，根据上海市教委非必要不举行大型聚集性活动的要求，赛事工作组认为此时举行“数模之星”答辩暨颁奖大会风险很大。

第十七届赛事执行委员会迅速响应，以线上会议方式召开了第二次工作会议，时任我校党委常委、副校长辛忠，研究生院院长龚学庆，上海市数学建模竞赛组委会主任鲁习文，研究生院副院长、研工部部长钱嫦萍，理学院党委副书记王莉等同志参加会议。中国学位与研究生教育学会专职副秘书长、办公室主任赵忠升，中国科协青少年科技中心院校合作处处长季士治，东南大学研究生院常务副院长金石，中国研究生数模竞赛专家委员会主任朱道元，以及赞助单位华为技术有限公司叶国华等人通过网络参与会议。

会议讨论了两套方案，方案一：会议如期举行，但需要缩小规模，仅邀请相关单位领导、组委会嘉宾、评审专家、“数模之星”入围队员、优秀组织奖单位代表150人左右参会，其他人员通过线上直播形式参会。优点是可以在2020年内为第十七届中国研究生数学建模竞赛画上句号，不足之处是竞赛影响力、活动展示效果大打折扣，且沪外地区参会代表受本地区和本单位疫情防控要求可能无法参会。方案二：会议延期，推迟到次年举行。执委会会议经过充分讨论，一致同意将“数模之星”答辩会暨颁奖大会延期至2021年3月后举行。

华东理工大学认真筹备、精心谋划，积极寻找合适的时间，做好疫情防控常态化下本届中国研究生数模竞赛的各项收尾工作。

2021年4月23～25日，随着全国新冠疫情形势趋缓，赛事工作组积极把握疫情平稳的窗口，最终在大家的共同努力下，“华为杯”第十七届中国研究生数学建模竞赛颁奖大会系列活动在上海成功举行。

图6 为获奖团队颁奖

4月24日，由华东理工大学承办的“华为杯”第十七届中国研究生数学建模竞赛在上海落下帷幕，包括上海理工大学、东南大学、同济大学、上海海事大学、中南大学、上海大学、华东师范大学等在内的全国100多所高校及科研院所的200余名获奖研究生代表和250余位专家教师代表参加了颁奖大会。中国学位与研究生教育学会副会长、东华大学副校长舒慧生，中国学位与研究生教育学会研究生创新实践系列活动负责人、教育部学位与研究生教育发展中心原主任助理赵瑜，上海市学位委员会办公室主任束金龙，上海市学生事务中心副主任王涛，华南理工大学副校长李正，华东理工大学副校长朱为宏，竞赛组委会秘书长、东南大学研究生院常务副院长金石，赞助单位华为技术有限公司上海研究所招聘调配部部长李溪等领导和嘉宾出席大会。颁奖大会上，华东理工大学研究生院院长杜文莉汇报了本届竞赛的承办工作，本届赛事历时11个月，克服了突发新冠疫情给竞赛的进行带来的困难和挑战，积极筹措各方力量，及时调整工作方案，实施了切实有效的防疫措施，顺利完成了各项赛事任务。

图7 颁奖大会现场

事实证明，颁奖大会系列活动定在2021年4月底这一窗口期举行极其正确，一方面，经过一个月的控制，春节过后疫情反复的局面得到了改善；另一方面，当五一假期之后，全国范围内新冠疫情形势又趋于复杂，选择4月举办是最佳时机。

二、思政融入，承继百年荣光，科创报国贯始终，青春逐梦跟党走

（一）有机融入，以各种赛事元素为载体开展思政育人

2016年12月，在全国高校思想政治工作会议上，习近平总书记强调：“高校思想政治工作关系高校培养什么样的人、如何培养人以及为谁培养人这个根本问题。要坚持把立德树人作为中心环节，把思想政治工作贯穿教育教学全过程，实现全程育人、全方位育人，努力开创我国高等教育事业发展新局面。”① 第十七届中国研究生数学建模竞赛执委会华东理工大学工作组认真贯彻习近平总书记的要求，在赛事举办的各个环节融入“大思政课”的理念，不断在竞赛中融入思政元素，让广大师生在参赛过程中感受到科创报国的巨大感召力。

为了能够更好地发挥本届竞赛在思想引导中的重要作用，工作组精心设计了赛事口号和赛事徽标。

本届竞赛的赛事口号为“大道至简，万物皆数”，这句口号中西合璧，充分体现了数学建模的精髓。

---

① 习近平：把思想政治工作贯穿教育教学全过程[EB/OL].（2016-12-08）[2023-11-06]. http://jhsjk.people.cn/article/28935836.

图 8 “华为杯”第十七届中国研究生数学建模竞赛赛事口号

“大道至简”是《老子》的重要论述之一，其含义是一切问题都可以寻找其规律，并且进行简单化、简约化的面对和处理。解决问题的过程，既是“大道至简”的实践和落地过程，也是自身能力与智慧施展的过程。

“万物皆数”是毕达哥拉斯学派提出的观点。数是万物的本原，事物的性质是由某种数量关系决定的，万物按照一定的数量比例而构成和谐的秩序。数字在建筑、机械制造、计算机技术、商业贸易、生物学、音乐、哲学、宗教、美术等学科中都有着重要的地位，它是几乎所有科学艺术法则中不可或缺的重要成员。以“万物皆数”为口号，勾勒出了人们认识数字，运用数字来认知世界，改造自然，改善生活，创造历史的进程。

本届赛事徽标设计思路来源于数学中的无穷大符号“∞”，它代表了数学给人们带来无限的想象，开启未来无限的可能。

老子认为万物之始，大道至简，衍化至繁。这与数学中的“∞”所蕴含的意义有异曲同工之处，以一个符号概括了万千数字，也是对老子“大道至简”思想的传承。徽标中的“∞”还抽象为黄色的“1”和“7”两个数字，意为本届赛事的数字“17”。

图 9 “华为杯”第十七届中国研究生数学建模竞赛赛事徽标

（二）不忘初心，将建党百年伟大成就融入竞赛各环节

2021 年是伟大的中国共产党成立 100 周年。本次竞赛受疫情影响最终的“数模之星”答辩会暨颁奖

大会延期到了 2021 年 4 月举行。就在全国上下以极高的热情迎接建党百年的这个春天，华东理工大学和本届竞赛的组委会决定将“数模之星”答辩会暨颁奖大会办成一场引导广大青年研究生科创报国的盛会，向建党百年献礼。

图 10 “数模之星”答辩会向建党百年献礼

华东理工大学在会场布置中集中体现建党百年的元素，在颁奖环节展示了近几年来在党中央的英明领导下广大研究生投身科技创新、投身疫情防控、投身社会治理现代化建设的生动实践和丰硕成果，以实际的案例感染着在场的所有师生。在闭幕仪式上，由我校大学生合唱团表演的《不忘初心》，唱出了全体参会师生投身科研创新的担当与使命，彰显了新时代青年研究生的时代责任。

图 11 华东理工大学大学生合唱团献唱《不忘初心》

（三）律动青春，借科创赛事展示青年研究生朝气风采

年轻的力量在这里绽放，青春的心灵在这里闪光。中国研究生数学建模竞赛是青年人展现青春魅力的舞台，这次竞赛中涌现出一大批在数学建模中锐意创新、孜孜不倦的青年佼佼者，在颁奖仪式上，他们的风采让我们见证了新时代新青年不畏困难、勇于创新的英姿勃发。

竞赛场上，来自全国各地的莘莘学子，用他们的知识解决着中国式现代化建设路途上遇到的各种复杂难题，用他们的智慧为实现中国特色社会主义的经济建设、科技发展与治理能力和治理水平现代化出谋划策；竞赛场下，他们是祖国未来前沿领域的栋梁之材，践行着将论文写在祖国大地上的誓言，在不同专业、不同领域发挥着青年人的引领作用，为祖国的现代化建设发光发热。在颁奖大会现场，青春的笑脸随处可见，仪式育人作用充分彰显。

“这里是上海，梦开始的地方，我们都是年轻的力量，志愿青春，书写新时代华章，我们在上海，拥抱明天的太阳。”在建党百年的征程中，“华为杯”第十七届中国研究生数学建模大赛颁奖大会在歌声中落下帷幕，同时也永远地铭刻在每一位参赛的师生心中，成为他们成长路上一段珍贵的记忆。

三、以赛促建，激发参赛热情，全体动员造氛围，人人参与创未来

（一）全员参与，积极推荐相关领域专家投身竞赛组织

一场科技创新竞赛的成功举办，需要主办方、承办方的共同努力。同时也对提升承办单位办赛经验、提升在校师生参赛热情具有极强的促进作用。作为本届赛事的承办单位，华东理工大学研究生院积极号召全校数学建模领域的专家学者投身到竞赛的组织和谋划当中。学校先后举办多场专家座谈会，邀请我校多个二级研究生培养单位的相关专家开展多次研讨。

学校积极鼓励专家们参与本届数学建模大赛的命题工作，努力形成切合时代脉搏、适应社会需要、解决现实问题的好题目，不断推动研究生创新教育改革和人才培养模式的创新，为广大研究生参与科技创新提供平台。最终我校化工学院欧阳福生教授的“汽油辛烷值建模”、信息科学与工程学院顾幸生教授的“面向康复工程的脑电信号分析和判别模型”成功入选第十七届中国研究生数学建模竞赛赛题，药学院唐赟教授的“抗乳腺癌候选药物的优化建模”入选第十八届中国研究生数学建模竞赛赛题。

（二）主动作为，积极为参赛学生提供有用有效的辅导

承办科技创新竞赛对于学校鼓励研究生参与科技创新是一次非常重要的契机，华东理工大学牢牢把握承办“华为杯”第十七届中国研究生数学建模竞赛的机会，积极发动广大研究生认识数学建模竞赛、参与数学建模竞赛，并积极地为有兴趣参赛的研究生提供专业的参赛辅导，2020 年 7～8 月，研究生院（党委研究生工作部）对报名参赛研究生进行了 8 场培训讲座，参加讲座的同学有近 2000 人次。

培训分为专家讲座、团队交流、模拟竞赛 3 个板块。专家讲座板块邀请了中国研究生数学建模竞赛专家委员会副主任、国防科技大学吴孟达教授，中国研究生数学建模竞赛专家委员会副主任、西北工业大学彭国华教授，以及来自上海市的数学建模专家——华东理工大学鲁习文教授、复旦大学蔡志杰教授、同济大学陈雄达教授、上海交通大学高晓沨教授，分别就数学建模赛题特点、赛题分析思路及分类解析、理解赛题要求及撰写论文、往届赛题分析及优秀论文评讲等进行了专题辅导。在优秀参赛团队交流板块中，来自我校的 2 支在上届中国研究生数学建模竞赛中获得一等奖的团队与同学们进行了参赛经验的交流分享。此外，本次数模竞赛培训还组织同学们进行了模拟竞赛，通过对真实竞赛的模拟来锻炼团队合作精神与创新思维。

研究生院（党委研究生工作部）打出了鼓励参赛的组合拳，在前期充分调研的基础上，专项设立针对参加研创系列竞赛的奖学金，对积极参赛、成绩优异的团队给予重奖，同时在国家奖学金名额分配中对获奖团队所在学院进行奖励。

在这些政策的鼓励下，我校参加第十七届中国研究生数学建模竞赛的研究生比上一届翻一番，并以此为起点让更多的研究生参与到各项竞赛中。

四、校地协同，积极整合力量，科教融合搭平台，对接国家大战略

（一）政策导向，建立鼓励研究生参与科创竞赛的政策

当前，我国业已成为研究生教育大国，上海作为中国研究生教育的高地，支撑了上海加快建设具有

世界影响力的社会主义现代化国际大都市的重要要求。上海市学位委员会办公室历来高度重视中国研究生创新实践系列大赛的各项赛事活动，专门委托上海市学生事务中心负责各项赛事的组织工作，并成立各项赛事的专家委员会，由各高校、企业、学会的学科专家组成；成立各项赛事的执委会，由高校的研究生职能部门相关负责老师组成，负责校内赛事的宣传、发动和培训工作，其中研究生数模竞赛执委会由我校鲁习文教授牵头成立；每年设立专项经费给予赛事承办单位专项支持；同时上海市针对参赛学生出台了一系列的政策，将多项研究生创新实践竞赛奖励纳入上海市应届毕业生非上海生源落户加分范围，据统计 2020 年共有 3393 人通过研创竞赛加分顺利落户上海。

（二）营造氛围，鼓励研创助力人才培养服务创新发展

近几年，上海市已明确“以赛促学、以赛促教”的创新实践人才培养体系，完善人才培养模式，为进一步深化研究生教育综合改革做出贡献。依托中国研究生创新实践系列大赛的举办，积极推进行业、企业在高校的研究生培养中发挥积极作用。华东理工大学也积极支持企业深度挖掘合作点，在科技创新、应用型人才培养、科研合作等方面加强合作，助力科技发展。同时，为研究生搭建创新创业成果展示、交流推广平台，让产学研用协同育人持续推进，为国家高精尖技术储备合格人才，为上海市服务国家创新发展战略做出应有的贡献，为上海市建设具有全球影响力的科创中心提供坚强的人才支撑。

青春力量，共襄盛事

华南理工大学　邹　敏

图 1　第十八届竞赛视觉主画面

一、背景与理念

中国研究生数学建模竞赛走入第 18 个年头，接力棒交到了华南理工大学的手上，接棒之初，我们就感到了深深的压力。2019 年，我们在福州大学正式确认了第十八届的承办权，而 2020 年一场始料未及的新冠疫情让学校的诸多工作都面临疫情模式下的新形势与新情况，疫情下办赛必然要经历一场疫情的大考。第十七届承办单位华东理工大学卓越的赛事组织工作为我们提供了很好的工作示范，打开了我们的工作思路，但也是从第十七届赛事开启的跨年模式，让我们从办赛之初就树立了随时应变、积极筹备、努力适应疫情环境下的办赛信念。

中国研究生数学建模竞赛作为中国研究生创新实践系列大赛的重要组成部分，一直秉承着助力创新人才培养的宗旨，在中国广大研究生心目中也有着良好的声誉和口碑，接过赛事的承办权，我作为校内赛事筹备的主要负责人之一，我和同事们对于赛事的理解和期待可以归纳为四个进一步：进一步推动华南地区学生参与研究生数学建模竞赛的积极性；进一步提升赛题在聚焦国家重大战略需求和前沿科技上的使命；进一步发挥赛事育人的作用；进一步提升赛事的国际影响力。

二、举措与特色

（一）办一届有影响力的大赛

积极联系广东省学位办，争取让省学位办主任吴宝榆同志担任第十八届中国研究生数学建模竞赛执行委员会的副主任。与赛事主办单位中国学位与研究生教育学会副秘书长赵瑜积极联动，推动在广州地区开办赛事推介会，虽然因为疫情管控原因当时会议最终未能成功举办，但是赛事在华南地区还是得到了较之以往更大的关注。华侨大学在全国参赛指导单位中参赛队伍增速位列第十一，华南理工大学自身参赛队伍也是首次超越百支，并最终首次捧得“数模之星”冠军奖杯，在参赛队伍数量上和质量上都有了极大跃升。

借助地缘优势，加大了对港澳台地区高校的宣传力度，制作了英文海报定向宣传，仅澳门科技大学就有 8 支队伍报名参赛。赛事在全国范围内进一步扩大了影响，得到了全国各研究生培养单位的大力支持与广大师生的积极参与，共吸引了来自全国 34 个省级行政区以及国外共 535 所高校和部分研究院的 20525 支队伍、60861 名研究生报名参赛，较往年参赛规模有了大幅度提升。本次赛事成功提交论文的队伍共 17692 支，较上届增长 22.6%，在延迟竞赛的情况下，成功参赛率高达 90.09%，较上届增长 3%。

在赛题征集上持续发力，不仅向校内顶尖学术团队宣传赛事征集题目，还与创新型企业积极互动，聚焦国家重大战略需求，较早就完成了赛题的征集工作，其中赛题 50%来自高校，50%来自企业。我校就贡献了四道赛题，两道来自学校的科研团队，两道来自企业。经过赛事命题专家的认真评选，最终选出的六道赛题中由我校命题的赛题有两道。

（二）办一届有温度的大赛

由华南理工大学学生原创了大赛主题曲《少年的数学猜想》，并由我校学生演绎和拍摄了歌曲 MV。歌词中采用了大量的数学元素，以及从参赛学生的视角表达了对数模竞赛的理解。正如歌曲 MV 最后打出的字幕：谨以此歌献给所有数模路上的追梦人，用所学贡献青春力量，为你们点赞！回应和贯彻了本届大赛的口号“青春力量，共襄盛事”。该作品同时获得了第六届全国大学生网络文化节“优秀原创奖”。

图 2 竞赛主题曲 MV 截图

图 3　竞赛吉祥物形象及表情包

此外本届大赛还特设了吉祥物，是一只奔跑着、积极向上、活泼可爱的小精灵，蕴含了数学建模竞赛勇攀高峰的精神，同时又体现了贴近生活、深受欢迎的特质。小精灵采用了橙、黄两种暖色调构成，看起来亲切、可爱，同时也代表着如阳光般积极向上的精神。

吉祥物取名为“数魔”，与“数模”谐音，又含“数学与魔方”的意义。魔方的初始形态很简单，却可以千变万化，构建出各种复杂问题。大道至简，表面看似简单的东西其实蕴藏深意，也体现了数学建模参与门槛低但可研究性强的特点。魔方又是玩具与数学的完美结合体，表现出数学的无穷魅力，选用魔方作为吉祥物原型，寓意本次大赛也在追寻数学建模的乐趣。

数魔身上有大量的数学符号。胸口的“∞”，一方面代表莫比乌斯环，是非常经典的数学图案，被人赋予永无止境的寓意，用在这里代表着数学建模人永无止境的探索精神；另一方面代表无穷大，寓意数学建模的影响力无穷大、创造力无穷大以及数学建模的研究领域无穷大。

吉祥物眼框是数学符号“δ”，同时在不同场合，可以用“>，<，=，∩，ε，⊙，∪”等多个数学符号组合成表情，将吉祥物与数学紧密联系起来。吉祥物领口和脚腕处以基础数学的符号“+”“–”点缀，表现吉祥物与数学密不可分的关系。

三、工作成效与经验

（一）充分沟通，多方协同

本届大赛从开赛起就面临着疫情管控的各项挑战。原定的几个重要时间节点都面临着无法正常执行的困境，尤其在进入 2021 年秋季学期之后，由于部分地区学校开学时间延迟，全国各地疫情多发，给大赛的组织工作带来了极大的挑战。根据形势的需要，本届赛事前后共召开了三次执委会，每次都对赛事的筹办工作征集各方意见。尤其是最后一次执委会确定采用全线上方式召开第十八届中国研究生数学建模竞赛颁奖大会以及开展“数模之星”答辩会等，各方与会代表对于第一次采用全线上的方式进行这两项赛事的重点活动从如何保证大赛效果、安全性、公平性等方面提出了颇多问题和建议，这些都对赛事最终的成功举办起到了至关重要的作用。

此外，多年来中国研究生数学建模竞赛也凝聚了一批在各个培养单位长期关心赛事的专家和老师，与他们保持密切的沟通也是本届数模竞赛准确研判形势的一个重要保证。记得 2021 年 9 月 16 日是原定的开赛时间，既往这个时间各培养单位应该都已经开学，但是当时部分地区受疫情影响，很多学校尤其是赛事主要参赛的东南沿海地区的学校都延迟至 10 月开学，对于这个情况，一开始作为承办方的我们并没有留意到，后来各个学校的联系老师陆陆续续反馈，我们才得以知晓。老师们同时还表达了因为学校未开学，参赛团队没有办法聚到一起会严重影响学生的参赛积极性和效果的担心。收到这些反馈后，经过与主办单位、秘书处、专家委员会等多方商议，我们最终决定将开赛日期及时进行调整，才保证了后续大赛的各项工作圆满完成。

（二）因时制宜，不惧变化

回顾第十八届中国研究生数学建模竞赛的承办过程，“变化”绝对是一个重要的关键词。几乎在原定的所有时间节点都会因疫情而给赛事组织带来某方面影响。

2020 年，我校承办了第六届中国国际“互联网+”大学生创新创业大赛，应该说对于疫情下办赛我们有一定的经验，作为“互联网+”赛事组织工作的参与者，我们在接手第十八届数学建模竞赛后就做好了充分的应对准备，根据数模竞赛和每个环节的特点都做了几套方案的设计，所以保证了在遇到疫情冲击时能使赛事正常推进。

犹记得最大的挑战出现在集中评审环节，本身前面开赛的延期导致后面的评审基本已经没有太多可以延期的空间，经多次与专家委员会商议，根据当时的具体情况及时调整了工作方案，采用了设置分会场等多种举措保证了评审的顺利进行。

同样的情况出现在了最后的颁奖大会上，此前根据疫情形势我们制定了三套工作方案，包括全线上召开、线上线下同步召开以及线下召开。最初还是希望尽量能邀请所有的选手、指导老师到广州来相聚，酒店都已经落实，就在准备签约之际，广州突发新冠疫情。竞赛再次被推到了一个要临时启用全线上方案的境地。虽然之前已经做了全线上开会的方案，但是事情进入实际操作层面还是遇到了很多细节上的困难，尤其是大赛历史上没有举办过全线上的颁奖大会以及“数模之星”的评审会，可供借鉴的其他大赛经验也很少，我们只能通过充分与各方请教，尽可能地将每一个工作细节考虑到位，在以往颁奖大会的每一个流程环节上根据线上的特点做了设计，所以有了颁奖环节的颁奖词、云会旗交接仪式、专门的“数模之星”大众评审投票系统等。

图 4　云交接会旗视频截图

虽然这些变化在活动的当时给我们带来了莫大的压力，但是回看赛事的历程，也正是因为这样的压力让大赛收获了很多相较往届没有的特色和效果。

全线上活动加强了选手与观众的互动，也扩大了受众面。全天入场观看了“数模之星”答辩会以及颁奖大会的观众达三万人次，并且我们在互动区开启了参赛选手和观众的互动模式，很多学生观众表示今后也会参加大赛。我们同时也在互动区挖掘了很多选手参赛背后的故事，记忆深刻的是在上海大学一支队伍答辩的时候，互动区里有观众提到在这支学生队伍所住的宿舍楼里因为出现了阳性病例，所以他们已经被封控在宿舍楼里有一段时间了。在这种情况下，这支队伍仍然坚持完成了答辩的各项准备，这些背后的故事让我们的赛事更加有温度和激励人心。

（三）因势而新，完善规则

进一步完善了赛事的评审规则，尤其是对于“数模之星”的评选，经过与专家委员会的充分讨论，多次修改，最终确定了《第十八届中国研究生数学建模竞赛数模之星评审要求及规则》。随着赛事举办的进一步深入，我们也面临着一些新形势。比如随着赛事规模的扩大，关于诚信参赛的问题应该进一步引起赛事承办方的关注，第十八届数学建模竞赛继续沿袭了将不诚信参赛情况通报培养单位的好做法，但是对于买卖题目答案、抄袭等日益频出的赛事乱象的整治从大赛规则层面也应进一步有所体现。此外，对于“数模之星”的评选规则也有待完善，第十七届、第十八届相继出现参赛队伍主动申请退出“数模之星”评选的情况，虽然部分是受新冠疫情影响，但是个别现象出现的深层次原因也值得关注，应该在规则层面上予以完善和明确。

协同育人、产学研相融合，追“光”逐梦、服务经济发展

——“中国光谷·华为杯”第十九届中国研究生数学建模竞赛承办案例

华中科技大学　王佳恒　梁媛媛

图 1　颁奖大会现场

一、背景与理念

2022 年 4 月 29 日，由教育部学位管理与研究生教育司指导，中国学位与研究生教育学会和中国科协青少年科技中心共同主办的 2022 年中国研究生创新实践系列大赛正式开赛。大赛以“智汇青春，有梦当燃”为年度主题，旨在鼓励参赛研究生创新激扬青春智慧，实践点燃梦想未来；踔厉书写时代之志，奋发尽显使命担当。其中，第十九届中国研究生数学建模竞赛由华中科技大学、武汉市人民政府相关部

门联合办赛，华为技术有限公司提供赞助。大赛促进了研究生教育人才供给与产业需求的对接和融合，形成政产学研用协同育人、协同创新的办赛特色。本届竞赛举办期间，正值华中科技大学建校 70 周年华诞，华中科技大学作为主要承办单位，胸怀“国之大者”，秉持“为党育人、为国育才”的责任使命用心办赛。

此次赛事设执行委员会，执行委员会主任由承办单位主管校领导担任，副主任由组委会秘书处主管领导及承办单位部门主管领导等担任，执委会负责本届竞赛的竞赛组织工作。自 2022 年 5 月 31 日召开第一次执委会会议，到 2023 年 3 月 19 日大赛颁奖典礼落下帷幕，历经近 10 个月。其间，华中科技大学围绕着参赛报名、赛事命题、竞赛阶段、专家评审、“数模之星”答辩会、赛题交流、颁奖典礼等各个阶段的赛事工作进行了精心的组织。全方位、多角度展示了大学生的精神风貌以及政府、高校、校企的合作创新模式。

华中科技大学以举办中国研究生创新实践系列大赛为牵引，围绕激发研究生的创新意识，提升研究生的创新实践能力，充分发挥产学研协同育人作用，搭建起“需求导向、平台支撑、项目支持、政策激励”为一体的研究生创新实践平台，为研究生教育改革发展、质量提升带来新的动力。

二、举措与特色

（一）举措

1. 做好组织保障工作，确保赛事顺利进行

2022 年，学校成立第十九届中国研究生数学建模竞赛华中科技大学筹备工作领导小组，由分管校领导担任组长，研究生院领导、数学与统计学院领导担任副组长，其他相关职能部门领导担任小组成员，小组下设办公室、联络部、竞赛部、会务部、后勤部，统筹推进赛事各项准备工作，领导小组多次召开工作会议，委派专人负责与组委会、专家、企业、参赛相关高校和学生等沟通协调，逐项落实各环节。

图 2 “中国光谷 · 华为杯”第十九届中国研究生数学建模竞赛华中科技大学校内动员会

2. 以竞赛为媒介，发挥学研产协同育人作用

通过承办此次大赛，华中科技大学与地方政府、企业积极探索协同育人的新模式。本届大赛一是积极推进武汉市委组织部、武汉市人才工作局、武汉东湖新技术开发区管委会等政府部门参与，在大赛期间共同承办了人才集市暨专场人才交流会，通过产品和文化展示、就业信息发布、校园人才招聘等形式，提供更人性化、多样化的人才供需服务平台，让学生沉浸式体验招聘，让校企交流零距离。二是开展各类分论坛，如赛题交流会暨企业主题论坛，六个分会场同步开展；华中科技大学研究生会以颁奖典礼为契机，邀请中国地质大学（武汉）、武汉理工大学、华中农业大学、华中师范大学、湖北大学、中南财经政法大学以及南昌大学等研究生会代表，交流研究生学风建设和科技创新工作，为促进互学共建努力。

图 3　人才集市暨专场人才交流会现场

图 4　赛题交流会现场

图 5 华为武汉研究所走访

（二）特色

1. 政府参与

2021 年 8 月，中国学位与研究生教育学会与武汉市委组织部签署协议，将长期合作举办研究生创新实践大赛。武汉市政府为第十九届中国研究生数学建模竞赛提供政策、资金支持和服务保障；利用大赛在高校和科研院所研究生群体的强大号召力，助力武汉市科教资源的挖掘，吸引全国优秀研究生来武汉创新创业，助推武汉加快打造“五个中心”建设。

2. 注重赛事宣传推广

此次大赛在宣传推广方面进行了创新，融文创宣传、平面宣传、媒体宣传等多种形式，主要通过新媒体方式宣传，并邀请了国家及地方主流媒体进行专题报道，包括央视网、新华网、中国新闻网、《光明日报》、《中国教育报》、《湖北日报》、湖北电视台、《长江日报》、武汉电视台、长江云等。

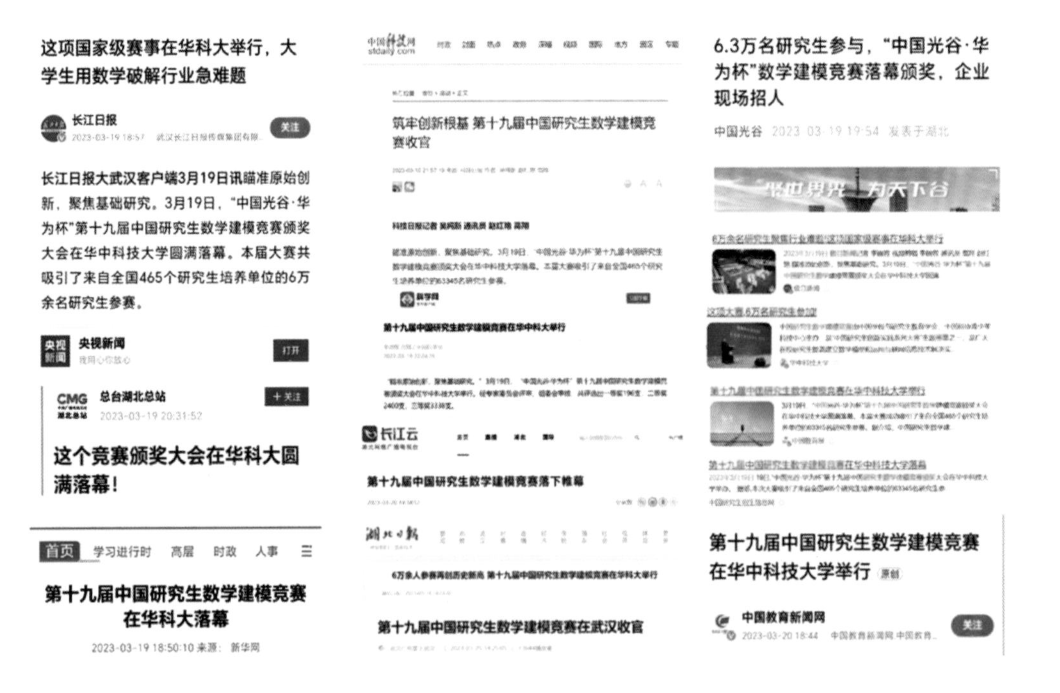

图 6 各大媒体报道

在赛事筹备初期，结合 2022 年中国研究生创新实践系列大赛“智汇青春，有梦当燃”的年度主题，确定了本次大赛的口号“数说梦想，有模有 YOUNG”，推出了赛事吉祥物“数小魔”，并为此次赛事制作宣传视频 3 条，在重要时点发布预热。

图 7 本次大赛口号及视觉主画面

图 8 本次大赛吉祥物“数小魔”

三、工作成效与经验

（一）参赛数量和质量创新高

“中国光谷·华为杯”第十九届中国研究生数学建模竞赛的参赛队伍数量和质量均创新高，共吸引了来自全国 34 个省级行政区以及国外等 524 所高校和部分研究院的 21322 支队伍注册报名，较上届增长 3.88%；其中 20674 支队伍成功缴费；最终 465 个研究生培养单位的 17970 队研究生成功提交竞赛论文，较上届增长 1.57%；成功参赛率 86.92%。

专家委员会全体委员和特邀专家经过网上和集中评审两个阶段，评选出获奖队伍一等奖 196 支，其中华为一等专项奖 4 支、华为二等专项奖 12 支、中兴一等专项奖 2 支、中兴二等专项奖 6 支，二等奖 2400 支，三等奖 3338 支。总获奖队数 5934 队，总获奖比例 33.02%，其余绝大多数队获成功参与奖。

最终，来自 11 家培养单位的 12 支队伍获“数模之星”提名并参加“数模之星”答辩会。“数模之星”答辩会于 2023 年 3 月 18 日在华中科技大学举行，评选出冠、亚、季军队伍各 1 支，其余 9 支队伍获“数模之星”提名奖。由我校电气学院林磊老师指导的研究生徐秋朦、刘旭华、王艺洁组成的“什么都会，什么都队”披荆斩棘，在总决赛中斩获“数模之星”亚军荣誉称号。这也是华中科技大学首次获得此项奖项！

（二）命题紧跟时代特点

坚持需求导向和创新引领，经前期竞赛工作命题会议充分讨论，科学设置赛题，六道赛题中有两题为华为专项赛题、有一道为中兴专项赛题，赛题覆盖移动场景超分辨率问题、汽车制造调度、芯片资源排布、草原放牧策略、疫情期间物资管理等方面的问题，紧跟时代特点，开拓思路，精益求精。此外，评审分为初评和集中评审两个环节，集中评审环节综合考虑疫情防控等诸多因素，采取线上线下相结合的方式进行评审，确保竞赛顺利进行。

（三）携手政府、企业，创新大赛形式

本次大赛积极引入政府作为承办单位之一，形成了政府、高校、企业三位一体的创新模式。创新校地企协同办赛，“政、产、学、研、用”深度融合。“数模之星”答辩会以及颁奖典礼在华中科技大学

举办。该校所处的武汉东湖新技术开发区，又称“中国光谷”，于1988年创建成立，是中国首批国家级高新区、第二个国家自主创新示范区、中国（湖北）自由贸易试验区武汉片区，并获批国家光电子信息产业基地、国家生物产业基地、央企集中建设人才基地、国家首批双创示范基地等。华为武汉研发中心、中兴武汉研发中心也坐落于此。本次竞赛赛题均聚焦于科技创新、社会发展中所遇到的情况，聚焦企业发展所需，有效促进“政产学研用”融合。颁奖典礼现场邀请多家企业举行较大规模的人才集市活动，将华为技术有限公司和东湖新技术开发区相关高新企业的产品、文化展示与就业信息发布、校园人才招聘相结合，采取“00后”大学生喜闻乐见的方式，让学生沉浸式体验招聘，让校企交流零距离。将人才招引、企业招聘、岗位推送、政策宣传等服务充分融合，搭建更人性化、多样化的人才供需服务平台。

4

其他单位组织工作优秀案例

竞赛中促成长，实践中长才干

——北京交通大学工作案例

北京交通大学 郭祎华 秦乐乐 桂文豪

一、案例综述

北京交通大学以习近平新时代中国特色社会主义思想为指导，以涵养学术精神为核心，营造创新氛围，不断提高研究生创新意识，依托学术竞赛涵养科技创新，有效增强研究生胸怀大局、科技报国的使命担当，助力研究生的全面发展和健康成长。

近年来，北京交通大学注重打造本研贯通、学科融通、产学相通和国际互通的四通人才培养模式，充分发挥学校系统科学等一级学科优势和学科专业特点，优先选择高影响力、高水平的项目竞赛进行重点建设，突显北京交通大学研究生理论联系实际、学术沟通交流、团队统筹合作等多方面能力，实现以赛促学，以赛育人。

北京交通大学积极组织千余名研究生参加中国研究生数学建模竞赛，在推进研究生数学建模竞赛项目组织实施中坚持问题导向、注重分析短板，进而找准三大着力点以深入推进，一在建章立制，二在强化激励，三在多维宣传，不断突出实用性、系统性、时代性、实效性，力求解决实际问题、促进科技创新、实现科产融合、服务国家发展。通过针对性强、方式新颖、广泛覆盖、机制成熟的竞赛组织管理培养，北京交通大学研究生的数学建模竞赛项目屡获佳绩，利于基础学科拔尖创新人才选拔培养，推进解决国家重大战略需求中的相关问题。

二、背景与理念

习近平总书记在中共中央政治局第三次集体学习时强调，切实加强基础研究，夯实科技自立自强根基。[①] 基础研究是科学之本和创新之源，是国家核心竞争力的重要组成部分，是提升原始创新能力的根本途径。[②] 数学学科正是基础研究的基础。培养研究生扎实的数学理论知识及应用能力，提升研究生将数学与其他学科交叉融合的本领，数学建模竞赛是重要的抓手。

1. 数学建模竞赛助力问题解决

数学建模竞赛作为一种将数学建模应用到实际问题中进行竞赛的形式，在培养研究生解决实际问题能力、提高创新能力、增强团队合作等方面具有独特的优势，着力发展数学建模竞赛有利于培养、输送更多符合未来社会需求的人才。

---

① 习近平在中共中央政治局第三次集体学习时强调 切实加强基础研究 夯实科技自立自强根基[EB/OL].（2023-02-22）[2023-11-09]. http://jhsjk.people.cn/article/32628987.

② 教育部关于印发《高等学校基础研究珠峰计划》的通知[EB/OL].（2018-08-11）[2023-11-09]. http://www.moe.gov.cn/srcsite/A16/moe_784/201808/t20180801_344021.html.

2. 数学建模竞赛促进科技创新

数学建模竞赛是一种促进研究生科技创新的途径。参加竞赛的学生需要运用数学理论和方法解决实际问题，并在团队中进行协作、沟通和创新，这有利于发挥自身的潜力，提升综合素质。

3. 数学建模竞赛促进科产融合

数学建模竞赛是一种促进科技与产业结合的方式。竞赛题目常常涉及工程、制造、经济等领域，可以引导研究生将数学理论应用到实际生产和管理中，使得研究生更好地适应未来的工作和生活。

4. 数学建模竞赛推动国家发展

数学建模竞赛是推动国家科技进步和经济发展的重要手段。参与竞赛的研究生可以通过研究竞赛主题提出创新性的解决方案，这些方案不仅可以解决实际问题，而且可以为国家的科技创新和经济发展做出贡献。

中国研究生数学建模竞赛为广大研究生提供了以应用数学解决实际问题的锻炼平台，为政府、企业、高校搭建了产学研用相互合作、共同发展的桥梁，为高校之间、师生之间、学生之间提供了切磋交流的机会。同时，有效组织研究生数学建模竞赛能够大力促进研究生创新创造能力的提升，对于推进研究生教育高质量发展具有重要意义。

三、逐步分析短板，坚持问题导向

学校坚持以问题为导向，凝心聚力提升研究生数学思维能力和数学建模水平。在前期开展工作过程中，总结发现存在的问题主要包括三个方面。一是研究生对于数学建模竞赛的认识不深入。不少研究生认为数学建模对于数理知识的要求有一定的标准，参与主体为数学专业学生，对于了解与自身专业相关性较低的竞赛兴趣较低。认知上的误区导致非数学专业学生的参与积极性不高。二是校内参赛宣传氛围不足。宣传的广度、力度和深度，与学生的参赛热情紧密相连，氛围不足，则参赛积极性不强。三是理论知识与解决实际问题联系不紧密，存在脱节情况。归其原因，主要是由于数学建模涉及的数学知识庞杂，培训时间有限，数学建模课程培养和实践训练平台较少。

四、工作举措

北京交通大学在推进中国研究生数学建模竞赛项目组织实施过程中，注重制度保障、机制建设、创新方法、影响力提升，构建起完善高效的研究生数学建模竞赛管理体系。

（一）高度重视，建章立制统筹规划

学校高度重视中国研究生创新实践系列大赛的组织管理及服务保障工作。着重以中国研究生数学建模竞赛为载体，推进创新创业课程建设、培训队伍建设及培养模式改革，打造更优质的学术创新实践平台，已将其纳入《北京交通大学“十四五”发展规划（2021—2025 年）》指标。为规范学科竞赛项目的运行管理，结合我校实际情况，制定了《北京交通大学研究生科技竞赛项目管理办法》，为支持研究生开展数学建模竞赛提供条件保障。

学校党委研究生工作部牵头统筹赛事的整体工作，将中国研究生数学建模竞赛纳入“北京交通大学研究生学术道德与学术创新能力提升工程”统一管理并支持建设，负责组织立项评审、成果验收和项目经费预算的审批。在中国研究生数学建模竞赛的组织实施过程中，以培养担当民族复兴大任的高层次人才为着眼点，遵循“坚持导向，公平竞争，突出重点，择优立项，严格管理，确保质量，开放共享”的原则，做到研究生思想政治教育与竞赛培养紧密结合，为培养研究生的自主创新能力和创新意识营造良

好的环境和氛围。

承办中国研究生数学建模竞赛的学院具体负责竞赛项目的运行，充分发挥学院、学科资源优势和特色优势，制定了健全的实施方案，建立项目可持续发展的政策、经费、人员等保障体制和运行机制，成立了由研究生主管副书记为组长、研究生辅导员一线协调、分赛事培训教师专人负责的中国研究生数学建模竞赛专项工作组，负责项目整体的实施。

北京交通大学部处函件

研通〔2019〕46号

北京交通大学研究生科技竞赛项目管理办法

第一章 总则

第一条 为全面落实高校立德树人的根本任务，提高研究生发现、探索和解决实际问题的能力，全面提高研究生人才培养质量，营造浓厚的学术和创新氛围，加快“双一流”学校与学科建设步伐，学校建立研究生科技竞赛项目管理机制，为支持研究生开展创新实践活动提供条件保障。为规范各竞赛项目的运行管理，结合我校实际情况，特制定本办法。

图1 印发《北京交通大学研究生科技竞赛项目管理办法》的通知文件

2022年第十九届中国研究生数学建模竞赛报名通知

中国研究生数学建模竞赛作为中国学位与研究生教育学会、中国科协青少年科技中心主办的“中国研究生创新实践系列大赛”主题赛事之一，是一项面向在校研究生进行数学建模应用研究的学术竞赛活动，是广大在校研究生提高建立数学模型和运用互联网信息技术解决实际问题能力，培养科研创新精神和团队合作意识的大平台。

第十九届中国研究生数学建模竞赛定于2022年9月22日8:00至2022年9月26日12:00举行。此次竞赛采取集中报名方式，由研工部会同数学与统计学院负责我校竞赛的组织工作，具体报名及参赛事宜如下：

一、报名安排

1、我校在读研究生（硕士生、博士生）及已获研究生入学资格的本科应届毕业生均可报名参赛，参赛者自由组队，每队3人，专业不限。除2022级研究生外，其他年级研究生不允许跨校组队参赛。

2、报名方式：通过腾讯文档在线报名，链接见附件。

3、校内报名截止时间：6月30日。

图2 第十九届中国研究生数学建模竞赛报名通知

（二）强化保障激励，多措并举动员师生参与

通过激励机制形成中国研究生数学建模竞赛的内生动力和吸引力，激发研究生的参赛热情。划拨专项经费提供充足的资金支持，为开展赛事培训的教师团队及承办学院提供绩效奖励，同时改革学校研究生奖助体系评价指标。

1. 面向主要承办单位，设立赛事组织项目并提供专项经费

专项经费的支持可以帮助学院更加高效地组织和实施研究生数学建模培训工作。年底学校对承办学院进行绩效奖励。不仅可以鼓励学院在学生培训方面取得出色的成绩，同时能够推动学院团队间的合作互促，促进学校数学学科的建设和发展，也能够增强学院在校内的话语权和影响力，为学院未来的发展提供更多的机遇和资源支持。此外，经费保障对于提高赛事组织工作的积极性和可持续性发展大有裨益，还能够增强学校培训团队的责任感和价值感，为建设稳定、持续的工作队伍打下坚实基础。

2. 面向优秀参赛学生，设立校级竞赛荣誉表彰和专项奖学金

（1）改革研究生奖助体系评价指标，加大对中国研究生数学建模竞赛等全国性研究生创新实践赛事获奖成果在奖助体系中评价计分的权重，在国家奖学金等奖项评选中，考虑中国研究生创新实践系列大赛竞赛成果的获奖情况。

（2）设立科技竞赛优秀团队和奖学金，获奖团队可获得相应的荣誉证书，团队成员按学生手册规定奖励相应的综合素质学分。

（3）就业推荐与引导，积极向优质用人单位推荐获得创新实践竞赛全国奖的毕业生，引导用人单位深入了解创新实践赛事对高层次人才培养的意义。

3. 面向优秀组织教师，设立优秀指导教师荣誉表彰和竞赛奖励绩效

为参赛学生提供数学建模能力储备、学术表达交流等支持的教师，及广泛动员和组织研究生参赛的赛事组织教师，学校予以优秀指导教师荣誉表彰和竞赛奖励绩效奖励。

喜报 | 我校在第十九届中国研究生数学建模竞赛中再获佳绩！

2023年3月19日，由教育部学位与研究生教育发展中心、中国科协青少年科技中心联合主办的“中国光谷·华为杯”第十九届中国研究生数学建模竞赛颁奖大会在华中科技大学正式落幕。我校参赛队共获得全国一等奖1项、全国二等奖11项和全国三等奖30项，获奖研究生达123人。获奖成绩再创新高，位居全国高校前列。我校再次获得优秀组织奖。迄今为止，我校已经连续五年获得优秀组织奖。同时，我校研工部郭祎华获得了先进个人奖。

图3 北京交通大学在第十九届中国研究生数学建模竞赛中获奖情况的报道

（三）多方力量深入宣传，提高学生的参与积极性

为提升广大研究生群体对竞赛的关注度、参与度，线上线下合力开展宣传动员，营造浓厚的学术创新实践氛围。注重从源头抓起，强化氛围营造和项目宣传，在研究生新生入学教育时即开展竞赛的宣讲及动员，让研究生从入学起就对竞赛项目有初步了解。每年专门组织召开“中国研究生创新实践竞赛激励政策解读”讲座，详细介绍竞赛的相关情况。通过学校新闻网、北京交通大学研究生微信公众号、研究生工作部网站等校院两级多平台、多渠道广泛发布竞赛参赛通知，让更多研究生了解中国研究生数学

建模竞赛并参与其中。通过校院两级多个平台做好获奖团队的经验和感悟分享，展示获奖团队分享和参赛心路历程，充分发挥榜样示范引领作用，提升研究生的关注度、参与度和积极性。

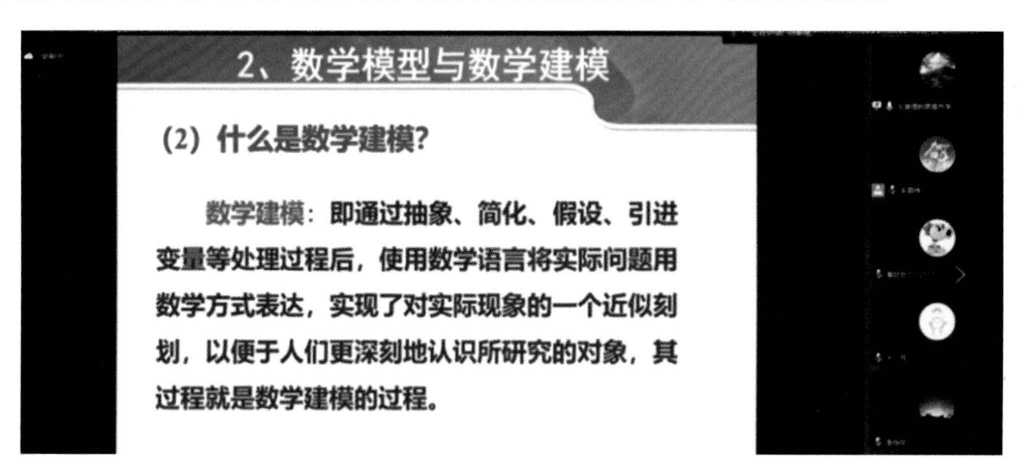

图 4　宣传与动员研究生参加中国研究生数学建模竞赛

活动小记 | 中国研究生数学建模竞赛获奖团队经验分享会

BJTU电信研究生　2021-09-30 09:00

2021年9月27日晚，IEEE北京交通大学学生分会邀请到在**2020年“华为杯”**中国研究生数学建模竞赛获全国三等奖的**马毅琰、郑家康、张广阳**学长，三位学长以参赛队员的视角，围绕整个竞赛过程为大家分享了诸多建议，电信学院、电气学院共10余名研究生参与了本场活动。

号外号外！第十九届中国研究生数学建模竞赛正式向你发起挑战~

北京交通大学研究生　2022-06-09 12:46

发表于北京

中国研究生数学建模竞赛作为中国学位与研究生教育学会、中国科协青少年科技中心主办的“中国研究生创新实践系列大赛”主题赛事之一，是一项面向在校研究生进行**数学建模应用研究**的学术竞赛活动，是广大在校研究生提高建立数学模型和运用互联网信息技术解决实际问题能力，**培养科研创新精神和团队合作意识**的大平台。

图 5　中国研究生数学建模竞赛相关宣传

五、案例特征

（一）应用性

学校注重数学建模的实际应用，不搞纯粹的理论研究教育。在开展培训过程中，将数学基础研究、数学建模锻炼与解决实际问题相结合，开展理论与实践相结合的、可落地的培训教育。

（二）系统性

1. 培训内容科学系统化

学校注重遵循研究生的教育教学规律，在培训过程中注重组织实施的科学系统性，每年专门制定学校的研究生数学建模竞赛培训工作方案，将理论知识提升与解决实际问题相结合，将课堂教学与创新实践锻炼相融合，将课程教材与丰富的电子资源整合，深入推进备赛参赛工作。

2. 学校组织管理科学系统化

对于数学建模竞赛，学校专门制定竞赛项目管理办法，研究生工作部负责竞赛项目的整体管理工作，承办学院具体负责竞赛项目的运行。校院两级联合抓好培训团队、优秀学生、行政管理人员等相关群体，做好竞赛的立项申报、过程管理、宣传推广等系列工作。

（三）时代性

数学建模竞赛的宣传推广工作紧密结合新时代的研究生特点，用研究生的话语体系，注重发挥新媒体平台的优势，通过身边的榜样事迹报告会、获奖团队风采展示等形式，充分做好宣传动员。

六、实施效果

北京交通大学在推进中国研究生数学建模竞赛项目过程中，取得了一定成效。

1. 获奖佳绩频传

2018 年至 2022 年，北京交通大学研究生在中国研究生数学建模竞赛中累计获得国家级奖励共 176 项，其中一等奖 6 项，二等奖 57 项，三等奖 108 项，优秀组织奖 5 项。

2. 教学资源丰富

开设数学类公共学位课程和数学建模创新实践类课程，编写学生容易理解与接受的讲义，收集整理历年学生优秀数学建模论文案例并汇编成册，产出数学建模教学和竞赛活动案例。例如，建设本研跨学科高级课程群以及中国大学 MOOC（慕课）国家精品课程在线学习平台的精品课程。

3. 竞赛氛围浓厚

校院两级采用研究生喜闻乐见的方式，遵循网络传播规律，用好网络新媒体平台和课程教学平台，坚持数量与质量建设两手抓。在创新传播方式、更新语言表达的同时，注重潜移默化地引导研究生积极参与数学建模竞赛。新媒体平台对中国研究生数学建模竞赛坚持全周期推广宣传，内容涵盖政策解读、竞赛进度、培训安排、成果展示等内容，在研究生中的影响力逐年扩大。

七、结语

未来，北京交通大学将继续以中国研究生数学建模竞赛为抓手，对标服务国家重大战略需求，加强基础学科拔尖创新人才选拔培养，面向国家重大需求和国际前沿研究，面向制约核心产业发展的瓶颈问题，针对重点领域、重大工程、国防安全等国家重大战略需求中的关键数学问题开展研究，为国家重大战略领域输送后备人才。

以学科竞赛促高水平人才培养平台建设

——北京邮电大学数学建模竞赛组织优秀案例

北京邮电大学 蒋珍妮 刘 畅 张 鹏

党的二十大报告指出：教育、科技、人才是全面建设社会主义现代化国家的基础性、战略性支撑。必须坚持科技是第一生产力、人才是第一资源、创新是第一动力，深入实施科教兴国战略、人才强国战略、创新驱动发展战略，开辟发展新领域新赛道，不断塑造发展新动能新优势。①研究生教育作为教育、科技、人才的关键结合点，是实现高水平科技自立自强、加快建设国家战略人才力量、赢得国际竞争主动的战略资源，强调“全面发展”、“创新能力”和“实践能力”已成为我国高等教育的重要目标。高校传统的研究生培养模式学科界限明显，与信息领域科技创新迭代、产业加速升级的需求出现脱节，存在教学内容陈旧、课程体系固化、缺乏先进真实的实践平台等问题，导致研究生知识结构单一、跨学科创新和应对复杂问题能力薄弱。北京邮电大学一直以来非常重视科研创新和人才培养相结合，牢固确立人才培养是高等学校的根本任务的思想，积极推进本科教育教学改革和研究生培养机制创新，实现了质量与规模的协调发展。中国研究生数学建模竞赛是数学领域中具有重要影响力的竞赛，学校已参加过共16届竞赛，并连续五年荣获“优秀组织奖”。在竞赛组织过程中，北京邮电大学大力拓展多元化的人才培养渠道，校院聚力，培育学生项目团队，增强学生将数学应用于实际问题解决的意识，提升学生的创新思维、创新能力和实践能力。

一、重视创新实践，谋划以赛促能的人才培养机制

全球科技创新已进入密集发生期，以交叉融合为特征的集成化创新渐成主流，以渗透辐射为特征的跨领域创新日益凸显。面向未来的科技创新不再是单一学科发展路径，亟须以数字经济产业发展为牵引，将科技和创新与教育教学深度融合，探索基础学科相互交叉的新型高层次人才培养模式，为国家储备拔尖创新人才和行业领军人才。学校深入贯彻落实全国教育大会和全国研究生教育会议精神，持续深化研究生教育综合改革，着力推进研究生教育内涵式发展，通过《北京邮电大学研究生教育“七大行动计划”》，建立了产教深度融合的教育教学体系，大力推动成果转化和产学研用融合，促进教育链、人才链与产业链、创新链有机衔接，开创了“搭平台、建架构、重实践、促发展”的多维研究生创新工作新格局。学科竞赛作为其中关键环节，是提升研究生创新能力的重要手段，学校设计“一院一赛”机制，鼓励二级学院在校内组织重要学科竞赛培育，保证研究生竞赛活动的规范化、科学化、制度化，促进人才培养与实践模式改革创新，提高研究生创新精神和实践能力。经过对高素质创新实践人才培养模式的不断探索，学校在创新实践教育中，形成了浓厚的创新实践氛围，实现了质量与规模的协调发展。

“中国研究生数学建模竞赛”是由教育部学位管理与研究生教育司指导，中国学位与研究生教育学会、

---

① 习近平. 高举中国特色社会主义伟大旗帜 为全面建设社会主义现代化国家而团结奋斗——在中国共产党第二十次全国代表大会上的报告[EB/OL].（2022-10-16）[2023-08-08]. https://www.gov.cn/xinwen/2022-10/25/content_5721685.htm.

中国科协青少年科技中心主办的中国研究生创新实践系列大赛主题赛事之一，随着参赛单位及参赛队伍的规模逐年扩大，赛事在全国研究生中的影响力也越来越大。在这样的背景下，学校高度重视竞赛队伍的培育，采取由研究生院统筹管理，理学院具体组织落实，学校其他部门积极配合的方式参与其中。学生经过有组织的赛前培训和实际问题的解决，增强了将数学应用于实际问题的意识和创新思维。

二、聚焦学科竞赛，组建力量雄厚的指导教师队伍

学校以“科教产教”双循环为路径，创建“卓越导向、需求牵引、真学真干、开放共享、复合多元”的育人生态。通过“科教融汇”“产教融合”，助推学科融合、中外融通、产学协同，改革人才培养要素。在研究生教育实践中，导师作为主导要素，对激发研究生创新活力有着重要意义。因此，本着术业有专攻的原则，学校根据学院学科设置和特点分类组织学科竞赛，以理学院数学系教师为主组建专业性研究生数学建模指导团队，指导团队遵循专业原则和稳定原则，既充分考虑每位教师的教学、科研水平，又着重考查教师的学科交叉背景、竞赛指导经验等关键因素，并注重不同年龄段教师的传承搭配，确保教学团队在一定时期内的稳定性。经过长期的工作配合，指导教师队伍各司其职，发现、优化、解决每个环节中遇到的问题，夯实建模数理基础，强化建模及数学应用意识，提升研究生创新实践能力，促进数学建模活动在研究生培养中的可持续开展。

指导教师团队的智慧汇聚体现在竞赛的培训之中，这也是学科竞赛取得好成绩的关键。一直以来，学校积极组织各类培训工作，通过“以课代训、基础+专业双指导”的模式开展数学建模能力指导。为了在数学建模竞赛中取得佳绩，我校从 2007 年开始就面向全校研究生开设“数学建模与数值计算方法”课程，从基础理论入手，精选工、农业，工程技术和管理科学等方面的实际问题案例讲解，引导学生在掌握数学建模的基本技巧和方法的同时开拓创新思维，为学科竞赛储备了卓越人才。此外，竞赛中试题所涉及的内容较广、专业性强，不但包含了较广泛的数学基础知识和各种数学方法技巧，而且联系到各种各样实际问题的背景，竞赛题目没有统一答案，没有固定的求解方法，没有规定数学工具和手段，具有很强的开放性，例如往年的赛题中就包含了基因识别、无人机协同任务规划、芯片相噪算法、移动场景定位、全球变暖等多领域多学科的前沿问题。解答这些问题只具备数理模型基础是远远不够的，我校的指导教师团队在基础指导上又增加了专业指导，吸纳其他专业对数学建模感兴趣的教师加入到竞赛专业指导队伍中，弥补了之前基础培训中对各学科前沿专业知识介绍的不足，并丰富了整体培训的层次和内容。

图 1　中国研究生数学建模竞赛校内培训

三、加强宣传力度，打通形式多样的宣传渠道

学校坚持服务国家战略需求的导向，以赛促学、以赛促教，提前甄别拔尖创新人才。疫情三年，面对严峻复杂的形势，学校主动寻求解决方案，采取多方式、多渠道、多时段的宣传模式，大大提升了研究生数学建模竞赛在我校研究生群体中的知名度和影响力。第一，学校采取线上线下相结合的宣传方式。以往线下宣讲会的宣传形式已不能适应新时代的发展要求，学校线上统一组织提交报名信息，在北邮人论坛开设中国研究生数学建模竞赛讨论板块，发布竞赛信息；指导教师团队统筹安排，确保人员配置合理，特别为需要组队的研究生提供帮助和指导。第二，学校采取海报、广告、论坛、公众号等多途径宣传。以往单一的线下宣讲会形式局限了研究生对数学建模竞赛的了解，打通线上线下多渠道宣传途径势在必行，除了通过微信公众号推送竞赛的相关通知，理学院制作了精美的竞赛海报张贴在学生经常出现的食堂、体育场和教学楼等地。与此同时，我校自 2006 年起建立的北邮研究生数学建模群截至 2022 年底已有 900 多人，成为竞赛队伍的大本营。第三，学校每年从固定时间开始到竞赛报名截止前，分三轮有针对性地发布竞赛宣传，每轮宣传都针对不同层次的在校生，如每年新生入学时，也会有针对性地面向新生发放竞赛宣传单以扩大竞赛在新生群体中的知名度。经过精准的宣传，中国研究生数学建模竞赛在全校研究生中的知名度大大提升，逐步形成了竞赛梯队。

四、激发师生内动力，搭建学术引领的竞赛平台

学校实施校院两级的竞赛组织管理，实行项目负责制，为竞赛提供充足的经费保障和条件保障，充分调动全校师生参与竞赛的积极性和主动性。通过《北京邮电大学研究生学科竞赛资助和奖励实施办法》，将学科竞赛指导奖励列入人才培养绩效额度，促进学科竞赛管理工作规范化、系统化，形成了工作有规划、进度有追踪、结果有考核、评价有依据的过程性、闭环式学科竞赛组织保障体系。这些实施办法一方面对指导教师的工作量和学生的努力给予认可，通过奖金和学分的方式在物质和精神上予以其认可，大大提升了教师参与竞赛指导和研究生参与竞赛的积极性，增强了竞赛的吸引力，促进了中国研究生数学建模竞赛的良性发展。另一方面，“以赛促学、以赛促练、以赛备战”，将竞赛融入专业教学，强化学科竞赛与相关课程建设的结合，围绕学科竞赛引导学生参加课题研究，为形成吸引、发现、应用、储备学科竞赛人才的全链条培养机制提供了有力支撑。

五、以榜样为力量，带动中国研究生数学建模竞赛快速发展

榜样的力量是无穷的，获得优异成绩的研究生团队证明，只要有坚定的理想信念、不懈的奋斗精神，脚踏实地把每件平凡的事做好，平凡的人就可以创造不平凡的成就。因此学校深度挖掘研究生获奖团队在参赛过程中的成长经历和收获，面向全校师生分享经验，希望同学们见贤思齐，勇攀科学高峰。

在“中国光谷・华为杯”第十九届中国研究生数学建模竞赛中，我校研究生获得了一等奖 3 项（获奖比例 3.95%）、二等奖 13 项（获奖比例 17.11%）、三等奖 20 项（获奖比例 26.32%）的佳绩，总获奖数 36 项，总获奖比例 47.37%，各项比例均高于全国平均值。竞赛结束的第一时间，学校就组织获奖团队总结经验，其中获得 C 题一等奖的团队成员具备广泛的数学知识和丰富的建模经验，能够熟练地运用各种数学工具和方法，快速而准确地完成问题分析和建模。针对汽车调度优化中约束条件多、问题复杂度高的问题，团队成员灵活运用数学知识和方法，在参赛的五天四夜的紧张竞赛中高效合作，充分发挥每个成员的专长和优势，共同完成困难的数学建模任务，提出独特的解决方案，有效地解决汽车生产中的实际问题。他们认为，赛前辅导让他们对竞赛有了充分的了解和准备，同时，参加数学建模竞赛也锻炼了他们的团队协作和沟通能力。

图 2 我校研究生参加中国研究生数学建模竞赛

另外三位同学则在建模竞赛中选择了一项充满挑战性的任务——草原放牧策略的研究。草原是一个复杂的生态系统，它受到自然因素和人类活动的影响，其环境变化具有不确定性和时空异质性。因此，在制定草原放牧策略时，需要考虑到生态、社会和经济因素的相互影响，建立综合的评估模型。为了应对这些挑战，他们进行了深入的文献研究，收集并整理了大量的生态、气象、土壤和放牧数据。在此基础上，采用先进的数学方法和技术，如微分方程、机器学习、聚类分析和 ARIMA 时序预测等，对数据进行建模和分析。通过这些工作，我校参赛队员揭示了草原放牧策略对土地物理性质和植被生物量的影响机理，并成功预测了土壤湿度和土地状态的变化趋势。虽然他们的专业方向是多媒体通信与模式识别，但是经过竞赛中大量的资料学习，他们在解决实际问题中开阔了视野，体验到了竞赛的乐趣。

图 3 竞赛团队讨论

党的二十大报告指出，坚持把发展经济的着力点放在实体经济上，推进新型工业化，加快建设制造强国、质量强国、航天强国、交通强国、网络强国、数字中国。[①] 建设一支规模宏大、结构优良、素质过硬的人才队伍成为人才培养的核心需求。学校统筹组织参加学科竞赛的做法，无论对教师还是对学生都起着重要的引领作用，激发了学生参加科研活动的热情，让学生感到学而知其用，研而感其趣，看到了以知识促进科技产业的发展，也为学生以后的就业、创业打下了坚实的基础。同时，借助中国研究生数学建模竞赛这个平台，每位教师在参与过程中都努力将自身的学术研究与竞赛活动结合起来，让数学建模竞赛的指导培训与科学研究真正起到相互促进的作用，从而实现数学建模活动助推解决学术研究中的部分数学问题，学术研究提升数学建模活动的深度和广度。实现了以提升导师作为主导要素的牵引力、以增强学科作为中介要素的支撑力、以激发研究生作为主体要素的活力，形成了有利于拔尖创新人才脱颖而出的育人土壤和环境，为培养符合国家需求的高层次人才探索了一条新路。

① 习近平. 高举中国特色社会主义伟大旗帜 为全面建设社会主义现代化国家而团结奋斗——在中国共产党第二十次全国代表大会上的报告[EB/OL].（2022-10-16）[2023-11-08]. https://www.gov.cn/xinwen/2022-10/25/content_5721685.htm.

“以理为本，薪火相传”，燕山大学数学建模团队与学生共成长

燕山大学　章　胤

中国研究生数学建模竞赛是广受全校师生欢迎的品牌赛事，是燕山大学认定并推广的研究生一类竞赛。从研究生数学建模竞赛开始的最初几年，燕山大学就开始组织研究生参加此项赛事。数学建模指的是运用数学的语言和方法，根据实际问题抽象、简化建立数学模型，对数学模型来进行求解，并根据结果去解决实际问题；数学建模竞赛则需要把上述过程在规定的时间完成，并形成一篇出色的数学建模论文。在研究生阶段初次或再次接触到数学建模时，仍然有大部分同学可能会出现感到迷茫与无助，不知从何下手的情况，或者认为中国研究生数学建模竞赛与自己的科研冲突，与自己的科研没有关系，从而不关心，不学习，不参与。燕山大学“以理为本，薪火相传”数学建模团队的建立初衷就是为了解决这一问题，通过介绍相关知识与竞赛内容让大家能更高效、更清楚地认识数学建模，进而提高同学们的建模能力及个人能力，提高科研水平和团队建设能力。

燕山大学每年于春季学期开始组织中国研究生数学建模竞赛赛事的各项活动，现在该竞赛在燕山大学由学校创新创业教育与指导中心统一指导，理学院数学建模团队承办，并同时获得了学校研究生院和各学院的大力支持。整个中国研究生数学建模竞赛赛事安排过程包括：竞赛通知和组织、春季学期专题讲座、学生团队建设和组织团队建设、暑假模拟练习和带课题模拟练习、组织参加竞赛、竞赛后期研究和总结等各个模块。

一、竞赛通知和组织

每年春季学期，在学校创新创业教育与指导中心指导和研究生学院的帮助下，理学院数学建模团队会制定《燕山大学中国研究生数学建模竞赛组织实施方案》，并首先通过学校官网发布通知的形式，将组织校内的中国研究生数学建模竞赛各个事项具体告知各学院研究生科和学生科，并一一传达到研究生个人，同时在后期直接通知到每年秋季要入学的研究生，团队还会通过学生导师的途径，来宣传中国研究生数学建模竞赛，同时在竞赛通知时就建立燕山大学中国研究生数学建模竞赛的专用 QQ 群，后期各个具体的信息由管理团队通过 QQ 群来一一落实信息的再次传达，同时给参与的研究生提供一个交流的通道。

二、春季学期专题讲座

燕山大学数学建模团队的指导教师们，会在理学院建模团队各个小组协调和安排下，于周末开展各种有针对性的研究生数学建模专题讲座，讲座的知识有：高等数理统计、大数据建模和计算、模糊数学和模式识别、数据模型与数值计算、规划和最优化、神经网络、数学建模论文写作等。

各个专题讲座还设有交流环节，为研究生提供交流和探索的渠道和场所，使大家集思广益，共同进步。

三、学生团队建设和组织团队建设

中国研究生数学建模竞赛，在研究生参与时，遇到的最大问题是参赛团队组建的困难或者参赛团队组建的同导师化、同课题组化。燕山大学数学建模团队，在组织中国研究生数学建模竞赛的整个过程中，从开始就给参与的每个研究生提供各种机会和与其他专业方向研究生接触、交流、协作和组队的机会，通过专题课题的学习和讨论，在事前，建模团队的组织者就把参与的研究生按照不同专业、不同方向、不同性别，临时强制分到一个大组或小组队伍中，让他们一起进行学习讨论，共同完成主题课题的研讨和学习过程；而且，在组队每一个主题课题的学习和讨论过程中，建模团队的组织者都会重新打乱参与的各个大组和小组，重新提前组建临时队伍，为每个参与者尽可能多地提供与不同背景同学交流学习的机会。在暑假模拟练习和带课题模拟练习时，由参加的同学自己自由组队，通过模拟练习发现问题、解决问题；通过带课题模拟，完善队伍建设，同时服务于自己的专业科研。

在研究生参赛队伍建设的同时，燕山大学数学建模团队建设也是同时进行的。向阳而生，逐光而行。燕山大学团队的学生成员都是对数学建模非常感兴趣并且愿意投入到数学建模这个过程中来的同学，大部分同学都曾多次参加过数学建模竞赛，故对竞赛过程中遇到的困难和问题有一定的了解。为防止同学们在竞赛时措手不及，学生团队每年都会有针对性地提出数学建模知识讲座信息需求，并且转达教师团队专题讲座内容，对专题讲座加以反馈；同时学生团队还会非常有针对性地组织个人经验分享会等，使同学们在遇到问题时能够有所准备。例如，在大赛开始前，团队会邀请数学建模竞赛领域的资深老师为大家预测竞赛中可能遇到的各种问题及应对策略；还会请曾经获奖的同学为大家讲解参加该赛的有关经验，热情地回答同学们提出的问题。此外，还为同学们提供互相交流、互相学习的良好环境，使同学们能更好地准备竞赛，进而取得优异的成绩。拨云见日终有时，守得云开见月明，许多同学受益匪浅，在接下来的讲座中也由“听讲者”变为“主讲者”，薪火相传，生生不息。同学们也在活动中结交了很多志同道合的朋友，互相交流经验，形成了“帮、传、带”的良好竞赛氛围。

数学建模团队以服务同学为己任。在中国研究生数学建模竞赛的推广和培训期间，数学建模团队协助老师对参赛队员进行专题课程培训和建模指导，加强老师与同学之间的联系，对同学进行数学建模各类知识的培训以及集体合作的团队精神的培养，方便同学们进一步掌握数学建模相关知识，加强数学建模能力，为竞赛做好知识储备，为自己科研夯实基础。团队成员也会热情地帮助备赛同学及时解决遇到的困难，回答他们在备赛过程中遇到的问题，督促备赛成员按时完成相关的专题讨论，提高自身的数学建模水平，学到更多的知识，以便在数学建模竞赛中取得优异成绩。

四、暑假模拟练习和带课题模拟练习

数学建模团队每年在进行中国研究生数学建模竞赛的推广时，就注重竞赛与研究、专业与研究相结合。每年在培训讲座期间，数学建模团队都会专门收集同学课题中的问题或者感兴趣的各类问题，将其作为模拟练习题目、小组练习题目、课程讲座攻关对象，从问题的来源、背景、目标出发，挖掘和发现问题背后内在联系，寻找问题所需要的理论知识结构，并对问题本身做出切实可行的研究探索，为研究生从事自己的课题研究做出一定的有益帮助。

最后在竞赛前，建议每个队伍从自己团队成员专业的课题研究方向和科研实际需求出发，根据团队的特点，选择一个或者多个课题问题方向，作为数学建模竞赛的课题模拟练习，从而促进自己对专业课题研究的认识和钻研；又通过利用中国研究生数学建模竞赛的机会，通过不同专业的团队建设，与各专业同学进行交流，拓宽自己的研究思路和研究手段，为解决问题提供更进一步的帮助。

在模拟练习结束时，数学建模团队会组织一个综合性的报告交流学习会，要求指导团队老师参与，请每个团队对模拟练习的问题做一个专题的报告。利用交流报告会的机会，与其他团队交流，发现自己团队的不足，促进交流，提升对问题的认识，同时可以与参与的指导团队老师交流，进一步提高自己的竞赛水平和科研能力。

五、组织参加竞赛

燕山大学数学建模团队会在中国研究生数学建模竞赛报名结束前，提醒每个参赛的团队完成报名工作和竞赛准备工作；在竞赛前，给出竞赛注意事项说明，拍合影留念；在竞赛期间，为需要的竞赛团队安排竞赛场所，做好竞赛的后勤服务工作，为每个团队做好后援，让其能安心静心参与竞赛，为在竞赛中发挥出团队应有的水平提供保障。图 1 是 2020 年“华为杯”第十七届中国研究生数学建模竞赛燕山大学参赛师生合影。

图 1　2020 年“华为杯”第十七届中国研究生数学建模竞赛燕山大学参赛师生合影

六、竞赛后期研究和总结

在中国研究生数学建模竞赛结束后，燕山大学数学建模团队，会收集每个愿意提供参赛论文队伍的论文，由数学建模团队指导教师给出相关建议；为愿意继续对赛题进行后期研究的团队提供帮助，并指导后期研究的团队把研究成果向相应的科研期刊投稿，形成自己的科研成果。

在中国研究生数学建模竞赛成绩公布后，燕山大学理学院数学建模团队和学校创新创业教育与指导中心会及时把中国研究生数学建模竞赛的成绩结果汇报给学校相关部门领导，并在学校校园网上进行宣传，为中国研究生数学建模竞赛在燕山大学研究生心目中加深烙印，为来年的数学建模宣传提前做好铺垫。同时总结本年的竞赛组织过程和参赛过程中的亮点和不足，保留优势，改进不足，为下一年度做好准备。

燕山大学为研究生参加中国研究生数学建模竞赛提供了丰富的支持，从最初开始参加中国研究生数学建模竞赛就把该赛事纳入校内研究生重点推广赛事，各学院都有在制定研究生奖学金评奖制度中加以体现，还有学院把参加中国研究生数学建模竞赛作为毕业参加学术竞赛条件可选之一，从各个政策和制度方面，引导研究生们参加该竞赛，从燕山大学近几年参加该竞赛研究生队伍的数量来看，学校的政策引导效果还是相对不错的。我校近年来参加中国研究生数学建模竞赛的情况统计如表 1 所示。

表 1 燕山大学 2013～2022 年参加中国研究生数学建模竞赛学生队数以及获奖队数表

年份	2013	2014	2015	2016	2017	2018	2019	2020	2021	2022
参赛队数/队	1	4	9	16	33	89	119	120	136	139
获国奖队数/队	1	2	2	7	14	17	25	19	34	33

从表 1 中可以看出，我校参赛队数和获奖队数总体呈上升趋势，并且从 2018 年开始，几乎每年都获得国家一等奖项。2018 年到 2022 年连续五年，燕山大学获得中国研究生数学建模竞赛的优秀组织奖，并且在 2019 年和 2020 年，燕山大学王敏老师获得赛事的先进个人，2021 年和 2022 年燕山大学章胤老师也获得赛事的先进个人。

燕山大学在中国研究生数学建模竞赛中，也为研究生数学建模的推广和竞赛做出了自己的贡献。每年都参与到赛事组委会举办的颁奖典礼，和省内外高校交流。并且于 2018 年，由河北省人民政府学位办公室主办，燕山大学承办，由燕山大学研究生院承接具体组织工作，燕山大学数学建模团队参与的“河北省首届研究生数学建模竞赛”成功举办。为了让更多的研究生参与到数学建模中来，首届河北省研究生数学建模竞赛就开始向省外研究生单位宣传，并邀请省外研究生参加，第一次组织河北省研究生数学建模竞赛赛事，获得了研究生的积极参与，整个赛事从组织、通知、准备赛题、赛事宣传、报名工作、竞赛和赛题发布，到论文评审、获奖公示和颁奖典礼均取得成功。

在燕山大学承办河北省首届研究生数学建模竞赛团队的努力和宣传下，河北省研究生数学建模竞赛第一届就走出省外，走向全国，获得其他院校的肯定，获得河北省教育厅和河北省理学研究生教育指导委员会的肯定。燕山大学研究生院和燕山大学数学建模团队，再次承办了 2019 年“河北省第二届研究生数学建模竞赛”和 2020 年“河北省第三届研究生数学建模竞赛”，即便 2020 年受新冠疫情影响，赛事也成功举办，并且产生了非常好的影响。

2018 年、2019 年和 2020 年，燕山大学组织研究生参加河北省研究生数学建模竞赛，分别获得河北省一等奖 14 项、9 项和 12 项（前三届河北省研究生数学建模竞赛没有评特等奖）；2021 年获得河北省特等奖 1 项，一等奖 10 项；2022 年获得河北省特等奖 1 项，一等奖 6 项。并且从 2018 年到 2022 年连续五年获得河北省研究生数学建模竞赛的“优秀组织奖”，每年都有多名参与导师获得“优秀指导教师奖”。图 2 是燕山大学首届数学文化节开幕式上，学校和学院领导为 2018 年度获得各类数学建模奖项代表颁发证书并留影。

图 2 燕山大学首届数学文化节学校和学院领导为数学建模获奖团队颁奖留影

除中国研究生数学建模竞赛和河北省研究生数学建模竞赛外，燕山大学数学建模团队还鼓励有能力的同学参加全国大学生“电工杯”数学建模竞赛、APMCM 亚太地区大学生数学建模竞赛、MathorCup 高校数学建模竞赛等一系列数学建模类竞赛，并且在竞赛报名开始期间，数学建模团队都会展开竞赛的主题宣讲会，主要讲述数学建模的意义、参赛事项等，并对同学们提出的问题进行针对性解答，便于同学们及时了解竞赛形式和内容，有利于提高同学们的创新能力，发挥高校学生的素质优势，提升数学建模的影响力和同学们的团队建设能力，提高同学们的科研水平。

在科教兴国和人才强国战略下，国家发展离不开数学人才，随着数学应用意识的不断增强，数学建模应受到广泛重视，并通过数学建模课程和数学建模竞赛，提高学生的数学素质和应用数学知识解决实际问题的能力，加强学生的应变能力，培养他们的团队精神和拼搏精神，增强学生对于现实社会现象的把握和适应，培养应用型人才。

在学校创新创业教育与指导中心的指导和学校研究生院的帮助下，在学校研究生、学生导师和指导老师以及数学建模团队的共同努力下，燕山大学数学建模团队近五年来在中国研究生数学建模竞赛中荣获国家一等奖 4 项、国家二等奖数十项，在河北省研究生数学建模竞赛中获河北省特等奖 2 项，河北省一等奖 30 多项。并且多年来，一直有研究生从事竞赛赛后研究，并发表相关的研究生论文数十篇。同时，连续五年都有参加竞赛的同学获得燕山大学年度大学生人物荣誉称号。“以理为本，薪火相传”燕山大学数学建模团队荣获燕山大学 2021—2022 学年“特殊事迹奖”（图 3）。

荣誉证书

燕山大学数学建模团队：

荣获 2021 － 2022 学年“特殊事迹奖”。特发此证，以资鼓励。

2023年3月

图 3　数学建模团队荣获燕山大学 2021—2022 学年“特殊事迹奖”

燕山大学数学建模团队，一直致力于数学建模的宣传、推广和应用工作，希望有越来越多的同学去了解数学建模并从中受益，也期盼有更多的人加入数学建模团队，帮助同学了解赛事等情况，进一步提升数学建模的影响力，为数学建模贡献一份力量。

以赛促建、赛建融合，提升研究生数学建模的水平和能力

同济大学研究生院

一、背景

如何提升研究生的数学水平和能力，一直是理工科院校研究生培养部门的关注点。参加数学建模竞赛是一种深受广大研究生欢迎的、能有力促进其提升数学水平和能力的好方式。作为中国研究生数学建模竞赛的发起单位之一，同济大学自 2004 年该赛事创办之初就积极参与。

然而研究生有着比较繁重的课程学习和科研工作任务，参加数学建模竞赛又需要花费大量的时间精力，两者之间似乎存在着矛盾，这成为摆在学校与研究生面前的一道难题。如何从研究生培养模式上探索这一难题的破解方法，使得研究生参加数学建模竞赛与专业学习研究之间相互促进、协同发展，是同济大学一直思考并探索解决的问题。为此，由研究生院牵头，包括数学科学学院等各学院共同参与进行立项开展研究，并不断对研究生数学建模学习与参赛等工作进行改进。通过边研究、边总结，边改革、边实施，边试点、边推广，走出了一条“以赛促建、赛建融合，提升研究生数学建模的水平和能力”的道路。

二、总体思路

采取将数学建模融入课程体系及培养方案、对参加数模竞赛予以实践类学分认定、加强师资力量建设等措施，构建了与培养方案深度融合的研究生数学能力提升模式。

以数学建模课程及竞赛为抓手，通过鼓励和指导研究生将在专业实践和科研上的问题转化为数学建模问题来求解，解决专业学习研究与参加数学建模竞赛两张皮的问题，并加强竞赛成果转化，推动了从以“知识传授为中心”向以“能力提高为中心”转变的学校教学改革进展，助力了学校创新实践人才培养体系的创建和创新创业平台的形成。

经过全校上下的共同努力，已经形成了一套成功的研究生参加数学建模竞赛的组织、保障与宣传体系，营造出一种专业学习研究与数学建模竞赛相融合的校园文化氛围。

三、主要举措

（一）构建赛建融合的长效机制

与培养方案相融合。数学能力的提升，不能与研究生的学习和科研相隔离，二者应该互相促进、协同发展。基于这一理念，同济大学修订研究生培养方案，从培养目标、课程体系、实践环节、学位论文等方面强化，使数学能力的提升不再是“课外活动”，而是将数模思想融入课程、实践环节和论文研究中，使得数学建模成为学校规定要完成的学习计划的一部分，保障了时间，并且能够得到自己导师的支持和指导，这就进一步激发了研究生的学习兴趣和热情，从而达到更好的提升效果。鼓励数学类课程与

专业课程融合的教改；开设“数学建模”通识课程，举办形式多样的数模讲座，为之配备热心和教学经验丰富的老师，深受欢迎；开发新课件和教学工具，搭建网络教学平台，建立数模课程网站。

与竞赛相融合。数学能力的提升不仅依靠课程，更要通过竞赛活动来促进。由于数模竞赛采取了头脑风暴式的相互启发、分工合作的方式，形式新颖、氛围轻松活泼，有利于激发学生的学习热情与创新灵感，有利于培养锻炼团队的合作精神。通过与竞赛相融合，将被动的学习转变为主动的研究和探索，能更好地提升研究生的数学能力。制定竞赛管理办法。对成功参赛的研究生予以实践环节学分认定；对竞赛获奖的研究生，学校再予以奖励，并且在评定奖学金、毕业要求（替代论文发表）等方面做出规定；鼓励导师介入，不支持盲目参赛。

加强师资队伍建设。构建了年龄和学科结构合理的数模教学团队，目前团队共有 20 人，老中青比例 3∶3∶4，中青年教师都具有博士学位和较好的学科背景。

（二）以数学建模为抓手，助力创新实践人才培养体系的创建

在创新实践中树立正确价值观。通过数学建模“实践—理论—实践”的过程，将专业实践及科研问题转化为数学建模问题来求解，引导研究生理解抽象的数学和科学问题背后所蕴含的社会意义、价值和责任，树立正确的价值观，从而把“专业精英”与“社会栋梁”的培养目标进行统一，解决科研与数模竞赛分割的问题。

从“以知识传授为中心”向“以能力提高为中心”转变。发挥数学建模课程及竞赛实践性、主动式、小规模、团队型、个性化的特点，以新颖的形式激发研究生的学习热情与灵感，使得数学建模类课程及竞赛与传统课堂教学既形成鲜明的对比，又相互成为重要的补充。

促进研究生创新能力的提升。利用数模竞赛跨学科、跨专业、跨层级的知识和团队合作的特色，以及这一赛事国际化带来的跨文化的思维，促进研究生创新和创造力的迸发，并向下带动本科生数模竞赛及相关的创新实践活动。

加强对竞赛成果的转化。加大政策和资金扶持，实现数模竞赛成果与创新创业项目的一体化贯通，对竞赛成果进行转化和推广应用，由此促进了学校本研学生创新创业平台的形成，实现与创新创业项目的一体化和贯通。

（三）参赛的组织、宣传及保障

学校重视，成立了竞赛工作领导小组，各部门分工明晰，通力合作：研究生院负责组织实施与保障，提供竞赛经费，设立教研课题；数学科学学院负责对团队进行指导；研究生会负责动员参赛；团委、宣传部负责宣传报道；创新创业学院负责竞赛成果的转化应用。

认真组织实施。每年正式竞赛前，先组织校内赛，培养和选拔选手；竞赛期间，悉心为参赛研究生做好包括报名、文印、教室、校车等各项服务与保障工作，竞赛期间安排专人每天 24 小时值班。

营造氛围。成立了校研究生数学建模协会，创立了协会会刊——《数学建模与研究》，中国研究生数学建模竞赛专家委员会主任朱道元教授题写发刊词；建立了网站和微信公众平台等宣传渠道。通过不同方式，点燃研究生的热情，进行科研与数模竞赛相融合的校园文化的熏陶。

四、主要成效

同济大学在研究生数学建模方面所做的工作取得了显著的成效，有力支持了学校的教育教学改革和“双一流”建设。

构建了融合式的研究生数学能力培养模式，有效提升了研究生的数学建模水平。充实了数学建模方面的师资，开设了 10 余门数学建模相关课程。历年来参赛取得佳绩，自 2014 年以来，获得一、二、三

等奖队伍总数位列全国高校第一。基于竞赛成果，研究生们共发表相关学术论文 11 篇，出版竞赛论文集 4 部（共含论文 100 余篇），申请专利 1 项，形成案例库 1 个。广大研究生的专业能力和数学建模能力同步提升，得到了导师们的普遍认可。这方面的成果也为学校的学科评估、专业认证、“双一流”建设等提供了支撑。

形成了数学建模校园文化氛围。通过融合式的培养、周密的组织、广泛的宣传和有力的保障，同济大学已经形成了浓厚的研究生参加数模竞赛的校园文化和氛围。

推动了从“以知识传授为中心”向“以能力提高为中心”的转变。通过对数模竞赛成果进行转化和推广应用，实现与创新创业项目的一体化和贯通，助力了学生创新创业平台的形成。研究生数模竞赛还为本校其他竞赛提供了好经验，例如中国研究生智慧城市大赛，同济大学也取得了好成绩。

促进了赛事本身的发展。自 2004 年该赛事创办起，同济大学作为发起高校之一就积极参与，获得了历年的竞赛优秀组织奖。同济大学利用在工科数学方面的优势和对这一赛事的影响力，与其他高校一道，将赛事发展为由教育部学位与研究生教育发展中心主办、规模和影响最大的全国性研究生创新实践系列大赛主题竞赛。

历经多年的探索和实践，同济大学构建了与研究生学习研究能力协同发展的数学能力提升的可借鉴、可推广的模式，培养了一大批具有扎实数学功底和专业素养的创新型人才，取得了大量结合专业的数学建模优秀案例、作品、程序、论文等创新性研究成果。提高了研究生培养质量，为同济大学的“双一流”建设提供了有力的支撑。

基于数学建模竞赛的“六位一体”创新人才培养模式实践研究

——以东华大学为例

东华大学　邵　楠

一、我校研究生数学建模竞赛开展的历史与现状

中国研究生数学建模竞赛作为中国研究生创新实践系列大赛主题赛事之一，是一项面向在校研究生进行数学建模应用研究的学术竞赛活动，是广大在校研究生提高建立数学模型和运用互联网信息技术解决实际问题能力，培养科研创新精神和团队合作意识的大平台。

东华大学认真学习贯彻习近平总书记关于创新、教育的重要论述，深入落实党中央、国务院关于深化高等学校创新创业教育改革的决策部署，始终坚持“扩大覆盖面，保证公正性”的指导思想，从组织领导、思想融入、指导帮扶、以赛促创、成果宣传、人文关怀等方面协同用力，不断培养学生创新思维，增强学生创新精神，努力造就东华大学数学建模竞赛生力军。2007～2022 年，为国赛输送了近 2000 支优质队伍，近六年，每年均有团队获得全国一等奖，有近 600 位同学获得了二等奖，近 700 位同学获得了三等奖。学校先后获得过 6 次优秀组织奖。

二、依托竞赛组织优势创新人才培养

（一）强化组织领导，持续完善数模大赛支持保障

中国研究生数学建模竞赛东华大学选拔赛是面向全校研究生的课外科技活动，目的在于激励学生学习数学的积极性，提高学生建立数学模型和运用计算机技术解决实际问题的综合能力，鼓励广大学生踊跃参加课外科技活动，开拓知识面，培养创造精神及合作意识，推动大学数学教学体系、教学内容和方法的改革。此竞赛也是我校每年参加全国研究生数学建模竞赛的选拔赛，在竞赛中获奖的队伍将择优录取，代表学校参加全国研究生数学建模竞赛。

此项竞赛开办以来得到了上海市学生事务中心的积极参与和大力支持，使竞赛章程基本完善，竞赛组织工作日益规范。竞赛由东华大学研究生院与共青团东华大学委员会合办，具体包括竞赛通知的发放、竞赛的举办、评奖、颁奖及工作总结等相关组织工作。

（二）强化思想融入，持续贯彻科技创新引领工程

学生是数模竞赛的参与者，是活动的主体，我校会在赛前在学生中间开展广泛而充分的宣传，调动他们参加数模竞赛的积极性。每年在固定的时间段会在学校中做各种宣传活动，宣传的形式体现出多样化的特点，比如建立数学建模学会、举办校级数学建模竞赛、向学生开设数学建模课程、开展数学建模

讲座等。通过开展这些活动，加深学生对数学建模的认识，调动学生参加数模竞赛的积极性。在赛前动员和鼓励学生报名，利用暑假对报名学生进行集中培训，主要培训学生未涉及和未学习过的相关知识。

（三）强化指导帮扶，持续提升创新创业教育水平

数学建模竞赛是一项团体竞赛，是应用数学、计算机等知识解决实际问题的竞赛。为了让我校学生通过参加竞赛来提高综合能力并取得好成绩，学校在竞赛前会对学生培训需求进行调研，针对普遍需求和项目推进过程中的现实困难，构建了课程教学、学科竞赛、创新能力培养为一体的“三阶段、四系列”的理论实践一体化的体系结构。

在培训体系中，培训内容分为三个阶段：基础阶段、强化阶段、综合阶段。与培训相协调的是四大课程系列：基础系列（计算机基础）、计算系列（数学类软件、程序设计、算法设计等）、建模系列（数学实验、数学建模、数值仿真等）、创新系列（大学生科研项目、创新实验项目等）。以课程系列为基础，以三阶段的培训为补充，以学科竞赛为抓手，形成数学建模培训体系的内容。

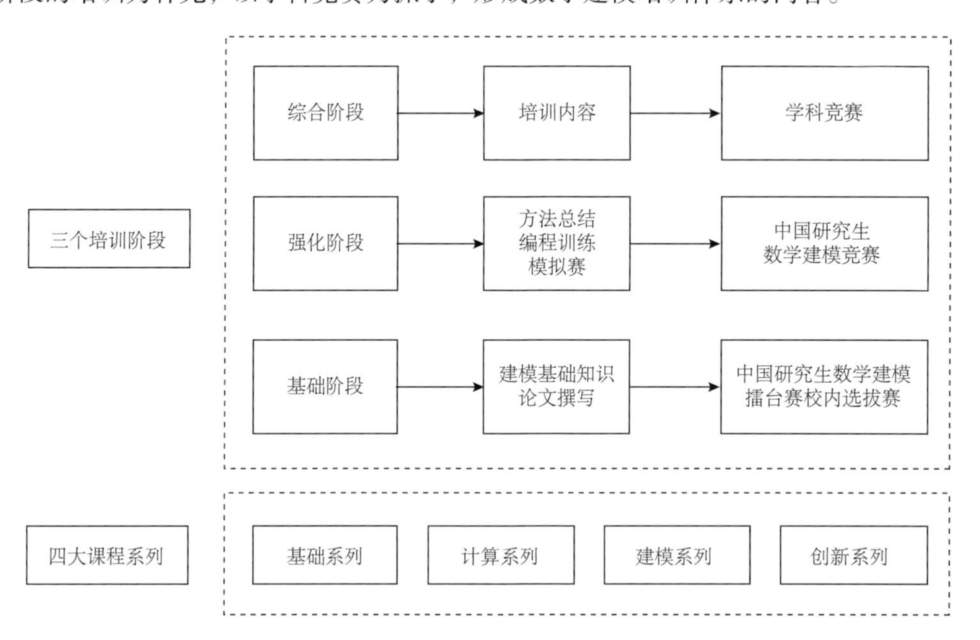

图 1　课程教学、学科竞赛、创新能力培养为一体的“三阶段、四系列”的理论实践一体化的体系结构

（四）强化以赛促创，持续推动建模成果转化应用

1. 推动构建“通识教育＋案例教学＋翻转课堂”进阶式“数学建模”课程体系

东华大学积极打造“数学建模”课程体系，将数学建模课程纳入创新人才培养全过程、各方面。面向全体学生开展以通识课程为主体的“广谱式教育”，面向有参与数学建模竞赛意向的学生开展以“数学建模”为核心的一流课程群，探索构建“创新意识培养+创新能力训练+‘翻转课堂’项目实战”的教育课程体系。

在初期，通识教育课程主要让学生掌握数学建模的基本步骤和方法，学会对具体问题进行分析、抽象，对数据进行采集、分析，判断数据间的关联关系，形成初步建立、应用数学模型的意识。基础的建模方法，如关系分析法、数据分析法、图表分析法、类比法等均为基础的方法。另外，还关注了一些依托数学基础理论的建模方法，例如微分建模方法、积分建模方法、统计建模方法、线性规划建模方法等。目的是让学生建立起对数学建模的基本认知，对常见的数学模型有所了解，并学会运用基础的建模方法。

为提升学生的实战能力，我校每年会组织数学基础较好的学生进行数学建模集训，我们集合大家的智慧，从众多原始材料中精选素材，建立案例库，实现理论、实践、经验相互融合的目标。学生通过学校的数学建模选修课，对数学建模的理论、基础方法、常见数学模型有一定的认知后，在数学建模集训阶段使用以往全国大学生数学建模竞赛真题来进行训练，主要训练学生使用数学软件的能力和写作能力。以获奖优秀论文为范例，进行解析教学，对论文进行剖析和点评，提高学生的写作能力。

我校学生完成基础理论的学习并接受一定的建模训练后，最后阶段教师会采用翻转课堂的教学形式，活跃课堂气氛，提高学生的学习兴趣，并在学生自主讲解案例的过程中，强化对基础建模方法的认知，提高基础建模方法的应用能力。翻转课堂改变了传统的机械式、安排式、灌输式教学模式，把课堂的主动权交给学生，使学生的学习积极性得到了充分的发挥。学生在课前根据自己的动态需求来安排学习，课后教师精准辅导，有针对性地答疑解惑，整个教学过程兼顾不同需求层次学生的学情。

2. 构建“国家级、市级、校级”三级学科竞赛支持体系

为了更好地管理学科竞赛，我校根据比赛要求构建“校赛—市赛—国赛”三级比赛组织体系。主要包含两方面内容：一是国赛、市赛，有名额限制，层层选拔学生参加市赛—国赛，安排好比赛环节并组织好比赛；二是根据比赛层次安排与组织比赛。学科竞赛管理正常运行需要主管部门统筹、掌握大局，其他部门协助、配合处理具体事项。中国研究生数学建模竞赛面向全校学生，由于参加人数较多，则由学校竞赛管理部门主办，各二级学院竞赛管理部门协办。

3. 实施传帮带机制，以老带新全方位指导数模竞赛

我校坚持实施阶梯式传帮带机制，即构建指导教师、往届参赛者、竞赛参与者三元关系。阶梯式传帮带竞赛训练指导模式摒弃了以往竞赛参与指导模式中的指导教师与竞赛参与者的二元关系，创新性地引入了新角色，将往届参与的学生带入新的竞赛项目中来，让他们在新的项目训练周期中发挥传帮带作用。

这套指导模式让指导教师从宏观角度出发，了解当前竞赛形势，从更高的角度把控项目训练方向，从专业角度提供点拨与辅导；让往届有经验、成绩佳的竞赛参与者进行对口传帮带，将已有的经验与教训进行分享。这类参与者对一线项目训练过程中遇到的常见问题有着自己的思考，领悟也更深刻，这些宝贵的经验与思考，相比于没有时间、精力对新项目训练者进行具体指导的教师，对项目参与者的培训效果会更明显。同样作为学生身份的往届参赛者，其同新人无论是在交流还是在思考方式上，都有着较强的相关性，避免了学生与教师之间产生隔阂。

这样的阶梯式传帮带指导模式，形成了三种正向交流与逆向反馈的联系，指导教师与竞赛参与者之间保有原本的指导带动关系。通过对项目的把控，指导教师能够给予项目训练者宏观层面的指导，从更高、更专业的角度对竞赛项目进行评估与分析，对项目训练者设定目标，进行思路上的启发。项目训练者可能经验不足或技能不熟练，执教多年的教师可以有的放矢，为项目训练者指引方向。指导教师与往届参赛者之间既是师生关系，又是朋友关系。作为曾经跟随指导教师进行过项目训练的学长，本身经过了项目训练或竞赛的锤炼，科研技能和经验都有了较高水平。指导教师与往届参赛者曾经一起并肩作战，双方有着项目训练的磨合经验与默契。往届参赛者既是项目训练者的学长，也是传授项目训练经验、提供技巧指导、帮助解决问题、引导指出捷径的小师傅、小老师。往届参赛者多为在校的高年级学生，已经有成熟的思路与经验，相对新人来说有着得天独厚的优势，可以成为新人或是新人团队的引路者。作为项目训练中的实际操作者，他们在无数次尝试中已经对许多共性问题进行了解决并形成了一定的解决方案。新人进入项目训练时，如果能够在往届参赛者的帮助下，提前了解到一些项目训练中的经验，就能少走弯路，站在更高的角度看问题。

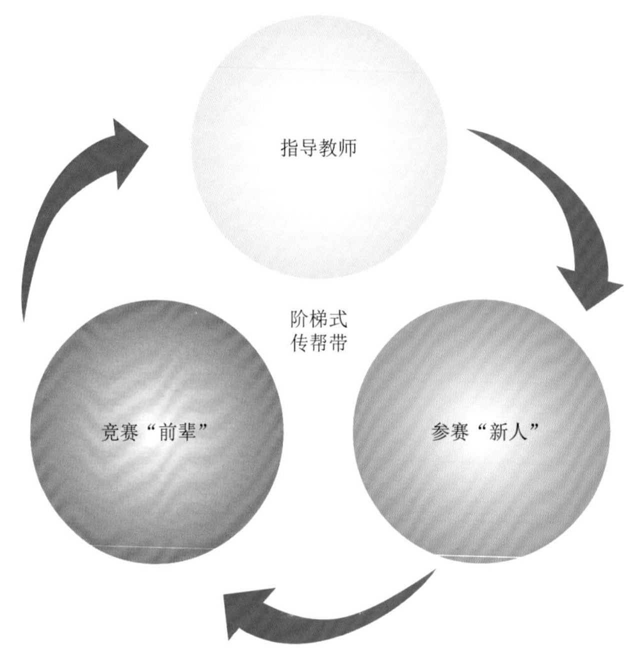

图2 指导教师、往届参赛者、竞赛参与者阶梯式传帮带指导模式

4. 强化成果宣传，持续发挥榜样示范辐射作用

我校在竞赛结束后，会深挖竞赛成果突出典型，积极整合各类资源，运用各级各类新媒体如“青春东华 DHU”微信公众号、“东华新闻网”等，努力扩大学生和指导老师典型榜样的影响力。通过举办竞赛经验分享会等大型活动，用榜样的力量激励、鼓舞在校同学。结合五四青年节、毕业典礼等重要时间点，对竞赛优秀获奖者进行表彰，生动讲述和弘扬先进典型事迹，激发师生共鸣，彰显榜样力量，用先进典型的竞赛成绩影响人、鼓舞人、塑造人，助力校园创新氛围营造，努力培养东华大学数学建模竞赛生力军。

（五）强化人文关怀，持续建好学生追梦圆梦平台

“一切为了学生、为了学生一切”，学校在组织数模竞赛时更是把这个理念落到实处。首先，在竞赛开始前，我们会以问卷的形式收集竞赛参与群体对于赛前培训的要求，进行深入调研，然后针对同学们最想了解和最薄弱的模块，邀请相关领域的专家进行指导和交流；在竞赛进行时，我们会给参赛学生和指导教师安排好工作餐等，在物质上给予保障和支持；在竞赛完成后，我们会对获奖项目进行颁奖和表彰，将未获奖的项目纳入下一年度的传帮带指导项目中。

我校在竞赛前、中、后都会弘扬以学生为本的人文关怀精神，明确学生对赛前培训的普遍需求和现实困难，给予参赛者物质保障和支持，并明确表彰奖励机制，用心、用情、用力建好学生追梦圆梦平台。

三、实践成效

（一）促进学研结合，获得显著良好课程教学成果

十几年来，在竞赛的推动下，我校相继开设了“数学建模”课程，以及与此密切相关的“数学实验”课程，一些教师正在进行将数学建模的思想和方法融入数学主干课程的研究和实验。“数学建模”和“数学实验”课程定位在培养学生应用数学知识解决实际问题的能力，因此对传统大学数学课程中所包括的数学知识，会介绍大量的背景材料和应用案例，使同学们认识到数学概念、方法的来龙去脉，体会到数

学思维的美妙和数学学习的快乐，提高学习数学的兴趣。

一方面，数学建模和数学实验课程还会介绍有关大规模科学计算、运筹优化、统计与数据建模、决策分析、综合评判等方面的数学知识及其应用技术，这些都是在解决实际问题过程中非常实用的方法和技术，是构成现代应用数学和数学技术的重要基础，在数学素质培养中是不可或缺的，而这些内容在非数学专业的传统大学数学课程中基本不会涉及，甚至数学专业的学生也未必能有全面的了解。教学内容的改革，使数学摆脱了古板、枯燥、晦涩的面孔，以同学们喜闻乐见、容易接受的形式呈现出来。教学内容的改革，使数学来源于实际的本质得到体现，使数学作为技术的特色得到突出。

另一方面，数学建模教学普遍采取案例教学，从实际问题出发并落实到实际问题的解决，这有助于促进学研结合，为高层次创新人才的培养创造更广阔的空间。教学中经常用到计算机和数学软件，通过教师对典型案例的演示，同学们可以在课堂上方便地观察现象，增强直观感受和体验，并相互讨论，归纳总结出数学规律，从而极大地丰富了数学教学的形式和方法。为了将数学建模的思想和方法融入数学主干课程，教师们开发了大量的典型案例，并总结成一个个可以独立使用的教学模块，便于在主干课程中使用而不占用大量额外课时。此外，由于数学建模教学和竞赛活动中经常用到计算机和数学软件，数学建模和数学实验课程的实验室建设得到极大的推动，开设数学建模和数学实验课程，举办数学建模竞赛，为数学与外部世界的联系打开了一个通道，提高了学生学习数学的积极性和主动性，是对数学教学体系和内容改革的一次成功尝试。

（二）澎湃创新动力，促进人才培养质量显著提升

通过邀请国内知名专家，举办数学建模、论文写作等学术讲座，学生参与数学建模类创新竞赛的兴趣被大大激发。为有效点燃学生的创新热情，学校开展了集中培训和个性指导相结合的培训方式。周末及寒暑假集中培训，竞赛前夕指导老师一对一个性化指导。项目实施以来，全校每年有上千名学生受益于项目成果，学生动手能力和应用专业知识解决实际问题的能力明显提高，学生在数学建模赛事中取得一系列良好成绩。

以竞赛的方式强化科研育人功能，能够推动我校及时把最新数学建模成果转化为教学内容，从而激发学生专业学习的兴趣。通过加强对学生科研活动的指导，加大科研竞赛实践平台建设力度，支持学生进课题、进实验室、进团队，以高水平科学研究提高学生创新和实践能力，达到了以赛促教、以赛促学的效果，促进了我校人才培养质量显著提升。

（三）突出示范引领，营造良好科技创新校园氛围

通过举办数学竞赛经验分享会、将数学建模竞赛成绩作为评奖评优的重要依据，充分发挥了考核评价的鉴定、引导、激励和教育功能，强化了示范引领效果，对于数学建模竞赛成绩突出的项目团队，我校相关单位会给予表彰与奖励，推广复制优秀学生、优秀团队的成功经验，从而营造了良好的科技创新校园氛围，鼓励更多学生参与到数模竞赛等相关类型的创新竞赛中来。

“数你精彩 竞创未来”全方位领航研究生数学建模能力提升

——以上海大学为例

上海大学　鞠国魁

图 1　上海大学连续 7 年荣获中国研究生数学建模竞赛“优秀组织奖”

一、背景与理念

2020 年 7 月，中共中央总书记、国家主席、中央军委主席习近平就研究生教育工作作出重要指示指出，中国特色社会主义进入新时代，即将在决胜全面建成小康社会、决战脱贫攻坚的基础上迈向建设社会主义现代化国家新征程，党和国家事业发展迫切需要培养造就大批德才兼备的高层次人才。习近平强调，研究生教育在培养创新人才、提高创新能力、服务经济社会发展、推进国家治理体系和治理能力现代化方面具有重要作用。[①] 2020年9月，教育部、国家发展改革委、财政部发布《关于加快新时代研究生教育改革发展的意见》（教研〔2020〕9号），强调“坚持创新引领，增强研究生使命感责任感，全面提升研究生知识创新和实践创新能力”，并明确提出“鼓励办好研究生创新实践大赛和学科学术论坛”。[②] 党的二十大报告明确提出，教育、科技、人才是全面建设社会主义现代化国家的基础性、战略性支撑。必须坚持科技是第一生产力、人才是第一资源、创新是第一动力。着力造就拔尖创新人才，聚天下英才而用之。[③] 上海市在非上海生源高校毕业生人才引进中积极推进政策扶持，已将中国研究生数学建模竞赛获奖证书纳入“最高学历学习阶段所获奖项证书”材料之一，为非上海生源高校毕业生进沪就业申请落户提供加分帮助。上海高校分类评价也将“中国研究生数学建模竞赛”纳为重要指标。

上海大学结合研究生创新实践工作的实际进展，聚焦拔尖创新人才培养，以中国研究生数学建模竞赛为重要育人平台之一，强化学术卓越、创新实践引领，加强研究生院管理引导责任，落实相关院系主体责任，以“推进科创、助力创新”为目标，聚焦研究生“科研创新”和“科创实践”两大方向，以“学科竞赛”和“成果培育”为着力点，为全校师生提供精细化、专业化的科创服务。上海大学党委研究生工作部通过“教育引导、活动牵引、平台支撑”三大载体开展研究生数学建模竞赛指导工作。以“教育引导”作为研究生数学建模能力培养的指南针，明确育人方向，树立朋辈榜样；以“活动牵引”作为研究生数学建模实践应用的试验田，锻炼研究生的实践能力，提升研究生的综合素质；以“平台支撑”作为数学建模育人体系的培养基，为全校师生营造数学建模竞赛氛围，搭建思维碰撞平台，支持鼓励了一大批优秀的数学建模项目。

二、举措与特色

（一）举措

1. 教育引导，形成“双课堂”专业辅导建设模式

我们加强“第一课堂”课程建设，联动研究生院、各院系设置175项研究生科创能力培养课程，特设数学建模公共选修课，旨在使学生在掌握数学建模的基本理论与基本方法的基础上，通过数学建模实战练习，积累数学模型构建与求解及数学建模论文写作经验。同时，学校修订了数模竞赛指导教师和参赛研究生的有关支持和激励政策，将国家级奖项作为评价考核内容，如年终考核、评奖评优、教学成果奖和职称评定等。

我们围绕研究生数学建模能力培养，在夏季学期实践周增开数模竞赛“第二课堂”专训营，对学生进行运筹优化建模、统计分析建模、科学计算软件使用等方面的培训，拓宽学生的知识面，提升其数学应用能力。丰富课程的内容建设、讲授与考核方式。通过讲解、演练数模竞赛的实战过程，让学生身临其境，为迎接数学建模竞赛最后冲刺做好基本功培养，提升专业知识灵活运用能力。此外，以学院为试点，建立“第二课堂”活动记录卡，将数学建模实践纳入“积分”制，联动校内外资源做好研究生数学建模“服务+”工作，协调好教学与实践课时分配。联动高校、学会、企业、政府科创实践导师进行指导，每月举行2次数学建模技术交流沙龙，每半年开展1次数学建模培训系列讲座。

此外，“上海大学研究生”“上海大学研究生创新创业中心”等微信公众号通过科普宣传、资讯速

---

① 习近平对研究生教育工作作出重要指示强调 适应党和国家事业发展需要 培养造就大批德才兼备的高层次人才 李克强作出批示[EB/OL].（2020-07-29）[2023-11-10]. http://jhsjk.people.cn/article/31802887.

② 教育部 国家发展改革委 财政部关于加快新时代研究生教育改革发展的意见. [EB/OL].（2020-09-21）[2023-11-10]. http://www.moe.gov.cn/srcsite/A22/s7065/202009/t20200921_489271.html.

③ 习近平. 高举中国特色社会主义伟大旗帜 为全面建设社会主义现代化国家而团结奋斗——在中国共产党第二十次全国代表大会上的报告[EB/OL].（2022-10-16）[2023-08-08]. https://www.gov.cn/xinwen/2022-10/25/content_5721685.htm.

递、技术动态、培训教育、榜样力量等一系列系统化的教育引导，实现校院两级培养单位的信息互通和面向科研团队的及时精准投递。仅 2022 年，针对中国研究生数学建模竞赛赛事，就推出 22 篇推文，全方位解读、跟进竞赛的最新资讯，官方微信公众号相关推文阅读量累计 6.36 万次，有效实现了“科创实践第二课堂”的育人功能。

图 2　上海大学研究生数学建模实训营（部分课程预告）

2. 活动牵引，打造“一站式”数模思维培养体系

在上海大学党委研究生工作部指导下，成立上海大学研究生创新创业中心（以下简称“研创中心”），将“研创中心”打造成专业的“一站式”数模竞赛服务组织。首先，启动数模“组队+培训”项目，分为学习小组和 AA 培训两部分：组织成立“数学建模学习小组”，在赛前以多人小组形式为研究生提供 2～3 轮建模实战训练，通过真题模拟，完成真题模拟训练、真题实战竞赛和真题复盘；同时邀请建模经验丰富、成绩优秀的校友和研究生零距离交流，分享竞赛经验，或根据小组成员意愿组织研究生参与相应培训课程，促进学习训练成果的转化。

我们组建数模竞赛交流群并组织多次专业数模培训，搭建数模竞赛交流专项工作群 20 余个，涵盖

7200多名研究生。对团队进行精细化项目资助，给予获得国家级奖项项目自主孵化立项、创业评估、资金场地支持和持续培育等，为参加数模竞赛的优秀团队提供全流程的后勤保障服务。

我们在相关学院进行数模竞赛赛事宣讲，深入27个学院，线上线下相结合，举办了20多场赛事宣讲会；采编1项数模竞赛优秀参赛案例，报送至上海市学生事务中心作为代表案例进行推广；并积极推动举办学风建设月数模竞赛经验分享活动、数模专家论坛、“学术启明星”“科创先行者”“实践梦想家”评选，积极营造浓厚的数模竞赛氛围。

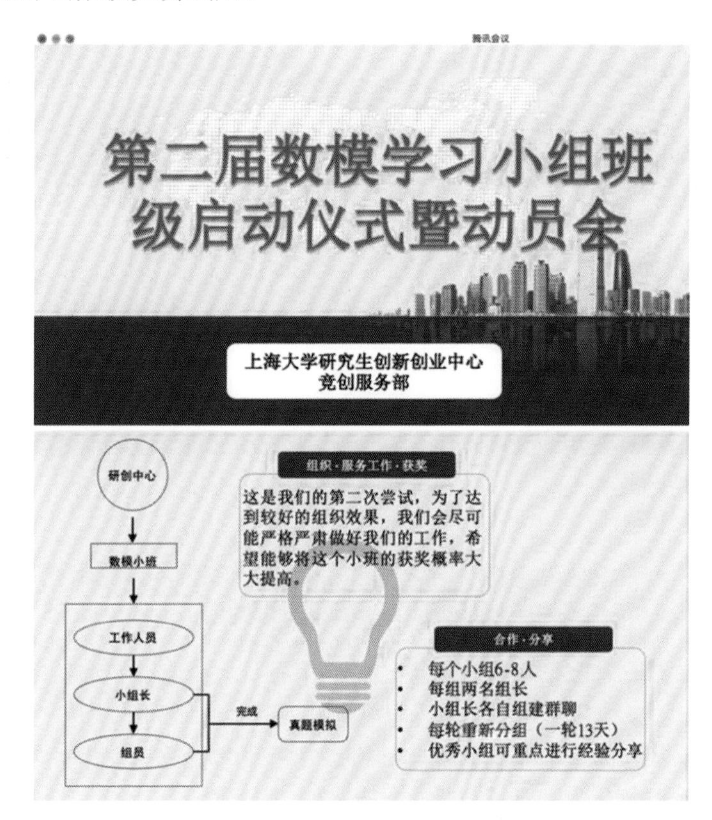

图3 上海大学研究生数学建模学习小组班级启动仪式暨动员会海报

3. 平台支撑，促进“多协同”各方资源有机融合

结合上海大学“五五战略”，根据学科专业的发展趋势和经济社会对人才培养的需求，围绕学科竞赛和创新实践，选拔一批卓越导学团队，依托卓越导学团队构建数模实践平台。通过探索，进一步完善“校院协同、学生为主、导师指导、交叉融合”的工作模式，在相关学科点以具体的“科研育人与创新实践能力提升计划”项目建设为抓手，设立专项资金资助，打造研究生数学建模创新实践基地，形成“辅导员/导师项目挖掘—学院推优—研创中心培养—数模竞赛成果产出”多级联动的协同模式。2022年度累计支持103个研究生数模竞赛项目，资助金额20多万元。

依托“上海大学研究生创新创业中心”微信公众号平台，开设“研创组队”栏目，通过“团队名片”提供相关信息（如意向招募队友的专业、个人能力等要求）至微信公众平台，平台负责人将招募信息归类整理后发布在后续推文中，并通过匹配为个人寻找数学建模竞赛合伙人，实现竞赛队伍成功组建。

同时，开设“竞赛专访”栏目，数模竞赛好比一个小型的“马拉松赛事”，围绕如何选择队友（结构合理，各取所长）、如何做好赛前准备（阅读以往优秀作品，构思初步框架，如学写论文提纲、论文结构，学习一些编程软件和数据处理方法）、竞赛期间如何应赛（合理分配任务，最大化利用有限时间，做好能量分配、时间规划、路线选择等）等方面，对数模竞赛获奖代表团队展开专访，并将专访内容通过“上海大学研究生创新创业中心”微信公众号平台向全体研究生发布。

图 4 上海大学“研创中心”专访数模竞赛全国一等奖团队

（二）特色

1. 模式创新：多级联动，“双课堂”平衡，个性培养，互为补充

结合上海大学“三学期”学制学科特色，以“研创中心”为牵引，多级联动，特设数学建模课程学分，对研究生建模编程、文献综述、学术规范、逻辑思维、团队协作和学术论文撰写能力展开全面提升。建立“第二课堂”记录卡和夏季学期专训营，全面覆盖 2 万余名在校研究生。以赛促教，能够精准匹配研究生需求，体现以学生为本个性化培养模式，全面贯彻“教师主导，学生主体”实践教学理念的创新。

2. 机制创新：资源融合，要素关联，学科交叉，共建生态

以氛围营造为加持，以项目选育为目标，以学科竞赛为中间载体，整合数学建模理论教育与实践环节，实现人才培养的模式融合，构建良性研究生数模竞赛生态系统。把握研究生、师资、平台等要素内在关联，数模师资扩容，高校、企业、学会、政府多方师资力量和竞赛资源融合。将数学建模指导服务制度化，提高研究生跨学科应用知识的能力，精确弥补学生参与数模竞赛过程中各项技术缺口。

3. 驱动创新：氛围营造，标杆引领，技术引导，激发内驱

打通赛事传递“主要道”：利用微信公众号平台第一时间发布赛事资讯，通过三级网络有效传递到每一位研究生。构建作品选育“蓄水池”：通过组建竞赛咨询 QQ 群、组织校内选拔赛、导学项目挖掘孵化等方式，提前选优、育优、推优，提高研究生竞赛技术实力。奏响科创育人“主旋律”：赛后，对数模竞赛成绩和获奖作品深入分析和跟踪报道，以榜样的力量鼓舞更多同学，将优秀的参赛经验代代相传，鼓励那些有参赛意愿，但又有所困惑的同学迈出第一步。通过精心打造的标杆榜样引领、多方融合教育和大数据应用“三驾马车”驱动，以赛促学，让研究生发自内心地有兴趣、渴望和热爱，形成数模竞赛内驱力，真正激发研究生“我要做”的参赛实践动力和活力。

4. 平台创新：平台搭建，“一站式”服务，闭环管理，成果促产

形成校内外全流程、全方位、全链条、立体化的数模竞赛服务平台，全程化解决团队组建、技术壁

垒、模型实践检验问题。首创“研创组队”栏目，为研究生数模竞赛提供“全闭环”科创服务平台，小到学生个人参赛信息，大到一个竞赛团队从组建到获得国家级奖项的全生命周期管理，形成“赛前培训组织、赛中跟进服务、赛后经验分享”的大数据系统化汇集。为科研课题项目、技术需求、团队匹配等多项需求提供一站式服务。

三、成效与经验

（一）成效

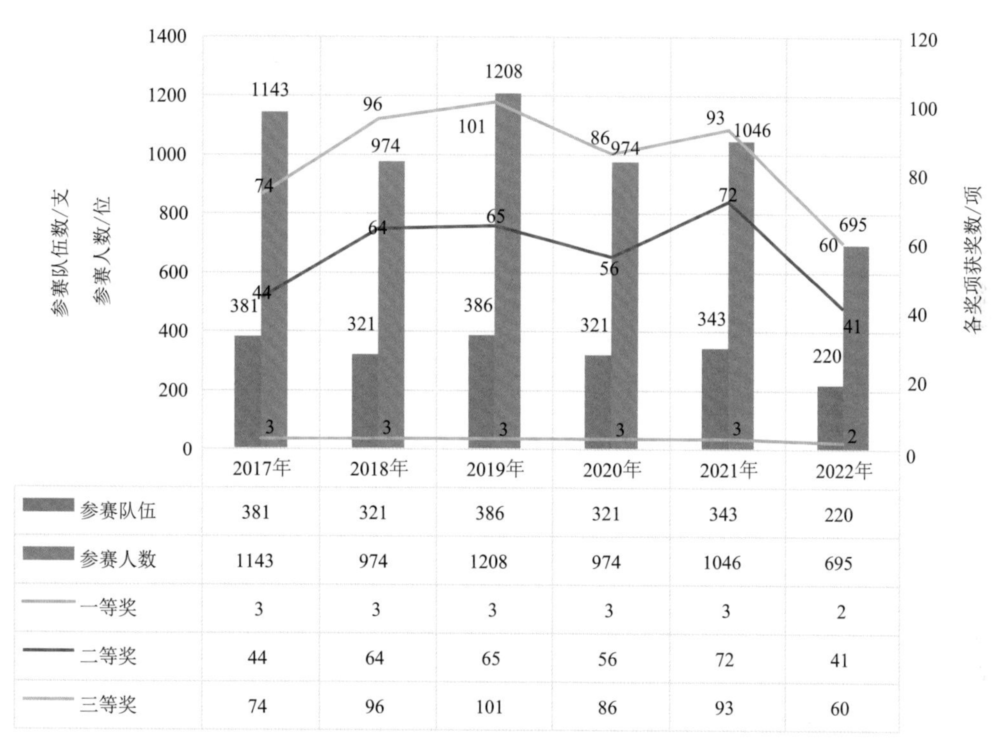

	2017年	2018年	2019年	2020年	2021年	2022年
参赛队伍	381	321	386	321	343	220
参赛人数	1143	974	1208	974	1046	695
一等奖	3	3	3	3	3	2
二等奖	44	64	65	56	72	41
三等奖	74	96	101	86	93	60

图 5　2017～2022 年中国研究生数学建模竞赛上海大学参赛及获奖情况

1. 参赛排名位居前列

自 2017 年起，上海大学在中国研究生数学建模竞赛中参赛队伍数平均保持在 300 支以上。其中，在 2017 年第十四届中国研究生数学建模竞赛中，上海大学共组织 381 支队伍，共计 1143 人参赛；在 2018 年第十五届中国研究生数学建模竞赛中，上海大学共组织 321 支队伍，共计 974 人参赛；在 2019 年第十六届中国研究生数学建模竞赛中，上海大学共组织 386 支队伍，共计 1208 人参赛；在 2020 年第十七届中国研究生数学建模竞赛中，上海大学共组织报名参赛队伍 381 支，成功参赛队伍 321 支，共计 974 人成功参赛；在 2021 年第十八届中国研究生数学建模竞赛中，上海大学共组织参赛队伍 343 支，共计 1046 人参赛；在 2022 年第十九届中国研究生数学建模竞赛中，上海大学组织积极报名，共有 220 支队伍成功报名，共计 695 人参赛。近 6 年累计参赛总人数高达 5800 多人，参赛总人数在全国研究生培养单位排名中名列前茅。

2. 获奖总数名列前茅

自 2017 年起，上海大学在中国研究生数学建模竞赛中获奖总数平均保持在 130 项以上。其中，2017 年，荣获全国一等奖 3 项，二等奖 44 项，三等奖 74 项；2018 年，荣获全国一等奖 3 项，二等奖 64 项，三等奖 96 项；2019 年，荣获全国一等奖 3 项，二等奖 65 项，三等奖 101 项；2020 年，荣获全国一等奖 3 项，二等奖 56 项，三等奖 86 项；2021 年，荣获全国一等奖 3 项，二等奖 72 项，三等奖 93 项；2022

年，荣获全国一等奖 2 项，二等奖 41 项，三等奖 60 项。并且全国一等奖获奖数量始终保持并列第一，总获奖数位列全国前五，上海市前三，连续 7 年被授予“优秀组织奖”。

3. 成果转化效果显著

以数模竞赛为历练平台，结合上海大学研究生学科专业方向，构建的研究生科创实践育人体系，已获得上海大学教学成果二等奖。同时，团队指导老师基于数模竞赛参赛成果拓展的课题，获批“上海大学研究生科研育人与创新实践能力提升计划”项目立项，获得“上海大学研究生创新实践领雁专家”荣誉称号。另有 3 名获得中国研究生数模竞赛国家级奖项的研究生将参赛题目进行拓展，撰写并发表 SCI 论文 2 篇，其中 2 人成功获得硕博连读资格。此外，2022 年中国研究生数模竞赛国家一等奖团队，对参赛题目进行优化迭代，与上海某物流公司达成初步合作协议，团队利用数学建模相关知识为该企业物流规划中存在的问题提供具体解决方案，成功促成知识成果向企业应用转化。

（二）经验

1. 协同利用校企联合效应，促进高校专业人才培养

利用各产学圈产业、行业和企业独特优势，依托企业研发项目，搭建研究生数学建模教育平台，创新研究生培养模式，促进协同育人。产业集聚为周边高校提供一流的科研和技术开发条件，以及可实践的实习环境。高校相关部门结合研究生学科、专业的特点，引导导师和研究生选择与本专业相关的数学建模经典问题展开研究。在此基础上，有目标地培养和输送相关专业研究生到合作企业，配以企业实战研发项目，切实让研究生在实践操作中深化个人专业素养与能力，并在不断解决实际问题中转化为数学建模实践能力。

2. 同步校内校外政策导向，激发数学建模教育活力

根据省市级相关鼓励政策，高校需要出台配套的相关规定与政策，例如上海大学根据在校研究生参加科研竞赛积极性和成果情况，制定出台了《上海大学研究生科研育人与创新实践能力提升计划》，以激励学生、指导老师及相关学院对研究生科创竞赛能力的培养，激发校内各级部门对研究生创新实践教育的培养热情和积极性。同时，优化当下研究生实践创新能力评价体制，将数模竞赛获奖情况纳入评价体系，作为重点评估内容，给予较大权重，以此引导研究生、指导老师等重视研究生数学建模能力培养，提升创新实践水平。

3. 合理分配校内科创资源，建立有效科创保障机制

紧跟工业、农业、科技、社会等领域学术研究热点，围绕相关研究热点开设数学建模训练营，着力培养研究生理论和模型运用能力，充分调动校内科研科创资源与平台，优化建设完备知识体系。鼓励教师在教学过程中开展研究性教学与案例性教学的“双创”模式，倡导开展开放式、探索性授课方式，以激发研究生创新意识。鼓励高校由研究生院、研究生工作部等相关部门牵头，调动学校相关职能部门、学院师资队伍，专设数模竞赛负责人，在校内整合各学科专业力量，自上而下形成完备的数学建模能力培养体系，为研究生数学建模能力提升提供有效保障。

4. 平衡研究生数模成员分布，传承优秀项目迭代优化

在研究生数学建模能力培养和团队组建中，需要增强院际合作、跨年级合作等交叉合作模式，平衡研究生数模团队年级分布、专业分布。采用“以老带新”的方式，低年级研究生通过与高年级研究生合作交流，对类似模型进行迭代更新，以便于发掘研究新思路，促进优质资源的共享与传承。跨学科培养实践，一定程度上能够促进研究生拓宽知识广度和增加思维深度。通过适度的跨学科团队培养，凝练出多学科协同培养模式与机制方面的创新实践成果，对复合型人才培养和创新型项目培育也具有推动作用。

构建“五有”工作体系　提高研究生建模工作水平

河海大学　贺荣繁

实践是检验真理的唯一标准。在以生为本的育人理念之上，如何认识研究生数学建模竞赛在研究生培养中的作用？应探索怎样一个适合本校实际情况的竞赛工作体系？怎么评价研究生数学建模竞赛的“竞赛育人”成效？实践给出了最好的回答。近年来，在长期组织开展研究生数学建模工作的实践中，河海大学经过不断探索，初步形成了具有学校特色的“五有”研究生数学建模工作体系，显著提高了研究生建模工作水平，学生参赛数量和获奖比例等方面，都取得了稳步提高，研究生数学建模能力和运用数学模型解决问题的能力，实现了不断增长，得到了学生、家长、用人单位等方面的一致好评，取得了较为满意的竞赛育人成效。本文将较为详细地总结和介绍河海大学理学院的“五有”研究生数学建模工作体系。

一、竞赛工作定位有高度

习近平强调，研究生教育在培养创新人才、提高创新能力、服务经济社会发展、推进国家治理体系和治理能力现代化方面具有重要作用。各级党委和政府要高度重视研究生教育，推动研究生教育适应党和国家事业发展需要，坚持“四为”方针，瞄准科技前沿和关键领域，深入推进学科专业调整，提升导师队伍水平，完善人才培养体系，加快培养国家急需的高层次人才，为坚持和发展中国特色社会主义、实现中华民族伟大复兴的中国梦作出贡献。①

在研究生的教育管理中，特别是对于理科类研究生来说，通过参加竞赛，可以理论联系实际，提升解决问题的能力。在此背景下，研究生数学建模竞赛在研究生创新能力的培养中起到了十分重要的作用。研究生数学建模竞赛，可以使研究生将所学的数学理论与实际问题相结合，也是对现实生活中遇到的问题进行分析和解决的一种有效手段，更是推动研究生实现协同配合，提高研究生动手解决实际问题能力的重要途径，可推动不同学科背景的研究生实现交叉和跨学科合作。

以理学院的研究生教育为例，在实际的研究生培养过程中，我们注意到学院的研究生存在几个特点。第一，善于理论计算，缺乏解决实际问题的能力。多数学生在埋头苦干，多数时间都在自习室上自习，解决社会生产生活中遇到的实际问题的能力较差。第二，可参与竞赛较少，缺乏重大竞赛锻炼机会。对于数学、统计学、物理学等专业学生而言，可参与的重要竞赛较少，特别是具有广泛认可度和解决实际问题的与学科相关的竞赛。第三，培养团队协作能力，跨学科之间交流沟通的机会较少。通过一系列规范的培训，实现研究生之间的协同配合，特别是跨专业之间的交流，提高了学科交叉水平。在此背景下，理学院研究生的竞赛育人的重要抓手，也是实践育人的重要抓手，就是中国研究生数学建模竞赛。

在这一竞赛中，学院实现了全员育人、全程育人，学院领导牵头，组织成立了由具有丰富建模辅导

① 习近平对研究生教育工作作出重要指示强调 适应党和国家事业发展需要 培养造就大批德才兼备的高层次人才 李克强作出批示[EB/OL].（2020-07-29）[2023-11-15]. http://jhsjk.people.cn/article/31802887.

经验的专家组成的研究生数学建模教练组。充分发挥研究生骨干和学生组织的作用，成立河海大学研究生数学建模协会（以下简称建模协会），以数学建模活动为依托开展各类与数学建模相关的活动，比如，研究生建模经验分享讲座、研究生建模专题培训、研究生建模竞赛的组织报名等等。

研究生参加数学建模竞赛的过程，不仅是提高学生科研实践能力的过程，更是提高学生综合素质的过程。在认识高度上，研究生数学建模定位，不仅仅是一个学生竞赛，不仅仅是短期的一次活动，更不只是一个学院，或者哪几个老师的责任，而是一个全面提高学生创新思维能力的系统过程，是一个需要全员参加、全过程贯穿的三全育人体系，是一个提高学生团队协作能力的长期的实践活动，更是培养学生自主解决问题的能力的重要载体。

（1）培养学生创新思维，提高学生解决实际问题的能力。创新意识需要学生在思考问题时能有自己独到的见解，这样才能相应地想出独到的解决方案。由长期固定的教育方法和传统的思路所致，这种意识虽可以产生，却也转瞬即逝。在数学建模竞赛的选拔、培训和参赛过程中，不仅要求学生进行模仿，学习别人的解题思路，进行自我创新意识的培养；而且，鼓励学生考虑每个问题时，从不同角度出发，从不同学科背景出发，找寻不同的解决方案，从而形成创新思维习惯。在后续跟踪训练和科研项目培育过程中，要刻意地要求学生去树立创新意识。

研究生数学建模竞赛都是以实际问题为出发点，注重学生的实践能力和解决问题的能力。数学建模竞赛的题目大多来源于生活实际，能提高学生主动解决实际问题的能力。例如，2022 年第十九届中国研究生数学建模竞赛中，F 题的 COVID-19 疫情期间生活物资的科学管理问题，结合当时国内的疫情政策，目的是解决对于大量、分散居家隔离人员实现统一化管理的问题。这些题目自身就是很好的教育资源，一方面让学生根据题目要求建立模型完成问题，另一方面向学生展示了国家的经济实力、科技实力，让他们意识到创新的重要性和必要性。

（2）培养学生团队协作技能，提高学生组织交流能力。中国研究生数学建模竞赛是一个需要团队协作进行学习、讨论来完成的竞赛。一个参赛团队由队长带着两名队员共同开展，三名学生在赛前要有所分工，多数情况下，三名队员可能来自不同年级、不同专业，分别侧重于建模、编程和撰写，做好充分的准备。在竞赛过程中，三名学生要进行充分的沟通和良好的合作，否则很难完成竞赛。在团队的合作中，就需要团队的每一个人都坦诚相待，都有一份奉献精神，取长补短，相互包容、及时交流、及时完成所承担的任务。以河海大学研究生参赛的情况而言，参赛的理科学生较多，工科学生次之，通过鼓励跨年级之间的参赛，进一步实现了以老带新，提高了学生的组织能力、人际交往能力，提高了学生的综合素质。因此，研究生数学建模竞赛，弥补了课堂内学习的不足，为学生提供了难得的跨学科跨年级，甚至是跨院校之间的交流沟通的机会，有助于提高理工科研究生的组织交流沟通能力。

（3）培养学生自主学习习惯，拓宽学生研究视野。数学建模的赛题往往涉及多个学科或者交叉学科以及生活中的实际问题，是在校研究生相对陌生的领域，面对新的问题，在短时间内，要提供相对完善的解决方案，就需要学生掌握主动研究的方法，养成主动研究的习惯，在主动查阅大量文献并形成解题思路后，与队友一起分享，促进集体的进步。参加建模竞赛，将会使同学们从最初的刻板学习知识，到后期的主动去理解、运用知识并主动加深某方面知识的学习，自我探索能力大大提高，实现了从“背诵知识”到“怎么学以致用、举一反三”的转变。在潜移默化之中，促进学生对不同学科方向的理解，也提高了用所学知识解决实际问题的能力，对养成较为良好的自主学习习惯，起到了较为重要的作用。

中国研究生数学建模竞赛的组织开展，为学生提供了拓展科研视野的机会，可促进不同高校之间的交流，甚至是国际交流。以 2022 年中国研究生数学建模竞赛为例，来自国内外共 465 个研究生培养单位的 17970 队研究生交卷参赛，参赛总人数超过 5 万人。河海大学以“宽基础，强实践，重创新”为学生培养导向，致力于培养具有“中国灵魂、国际视野、河海特质”的研究生，这就要求创造条件，引导学生积极参与校外的学科交流，拓宽学生的国际视野。

二、统筹组织有计划 协同落实有措施

（一）统筹组织有计划

研究生数学建模工作是研究生培养的一项重点工作，河海大学对此高度重视，为了能够将该项工作系统化、规范化、常态化，我校结合学校的实际情况，制定了一系列工作计划，以及长期发展规划，在职责划分、专项经费保障、奖惩措施等方面，也给予了较为细致的规范。

一方面，在校级层面有计划。河海大学研究生院作为研究生数学建模竞赛的全校层面的组织方，制定了较为详细的研究生数学建模竞赛组织实施计划。在这一计划中，从人员的落实、经费的保障、工作计划安排等方面，都做了较为全面的年度实施计划。校研究生院将研究生建模竞赛列入年度重点工作计划，近年来，研究生数学建模竞赛的专项经费，保持了较为稳定的增长，持续保持在较高的水平，人均支出达到了数百元。此外，从竞赛的动员、报名、培训、经验分享等方面，形成了较为固定的常规工作，责任落实到人。

另一方面，在学院的组织实施层面有计划。理学院作为河海大学研究生数学建模竞赛的承办方，高度重视竞赛的组织实施，将经费保障、人员保障、场地保障等方面都纳入了学院年度发展计划。多年来，河海大学研究生数学建模竞赛的组织工作，做到了专人专干，实现了职责明确，由专职院领导担任责任人，由专职行政管理人员负责实施。每年初，制定具体的实施计划，从学生的培训、优秀获奖者的经验分享、到专题辅导讲座、竞赛的报名选拔实施等，各方面都给予了详细的计划，并经过学院党政联席会的讨论，实现了不断精耕细作，并实现了专款专用，形成了有力的后勤保障机制，做到了保障有力，保持了竞赛的组织和指导人员的连续性。

（二）协同落实有措施

研究生数学建模工作是一项需要协同配合的长期工作，要做到分工负责，各司其职。专业的培训和指导交给专业的教练组开展，面向学生的动员和交流由专门的建模协会负责，竞赛过程中遇到的组织协调问题由专题工作组协调解决。

（1）专业教练组开展专项培训。数学建模竞赛需要学生具备一定的数学和计算机科学基础，因此教师可以提供必要的培训和指导，帮助学生掌握数学建模和解决问题的方法和技巧。教师可以组织数学建模课程、讲座和实验，让学生了解数学建模的基本概念和方法，并通过案例分析和实践演练，提高学生的应用能力和创新思维。

为了提高学生的数学建模能力，根据年度工作计划，一般在研究生数学建模的省赛和国赛之前，理学院研究生建模教练组都会举行专题培训会，为有意向参加竞赛的学生提供专业的指导和培训，一般在每年的第一学期和暑假分别举办。暑期建模培训是在教练组指导教师的带领下，组织开展的针对数学建模竞赛赛题、软件、模型及竞赛论文编写等方面的集中培训，在校研究生于6月进行报名，7～8月参加暑期建模线上培训活动，以系统地掌握建模知识。

在每年的暑期培训中，教练组教师都会让学生各自组队，并设计一些有挑战性和实际意义的数学建模竞赛的问题（如城市交通流量优化、气象预测、网络安全等）供每个队伍去合作解决，以激发学生的兴趣和热情。同时要求他们运用多学科知识和技能，提高数学建模和解决问题的能力。这不仅激发了学生的好奇心和创新能力，更强化了团队的合作和交流能力，为省赛和国赛打下了坚实的基础。

为了给学生提供良好的竞赛环境，数学建模竞赛教练组联合理学院专职竞赛组织人员，对接学校网信办、学院计算机机房、学校宿舍管理中心、教务处等单位，协调安排好三个校区的三个机房和一个会议室，保证有良好的参赛环境与上网条件，进一步加强同兄弟学院的良好合作关系，为每一次的数学建模竞赛做好充分的准备。尤其在2022年的研究生数学建模竞赛的省赛和国赛的组织工作中，我们通过各

方面的努力，克服诸多困难，最大限度地减少了疫情对竞赛的影响。

（2）专门协会组织宣传交流。数学建模竞赛需要广泛的宣传和推广，以吸引更多的学生参与其中。组织者利用网络平台和社交媒体，发布竞赛信息、报名通知和成果展示，让更多的人了解和关注数学建模竞赛。

为了使我校更多人了解数学建模竞赛，充分发挥建模协会的作用，我们每年在数学建模竞赛前后，举办多场研究生数学建模竞赛宣讲会，向学生们详细介绍建模竞赛。宣讲会邀请了多位在中国研究生数学建模竞赛中获奖的同学担任主讲嘉宾，不仅详细介绍数学建模竞赛的特色、奖项设置及参赛流程，同时，就历年来的经典例题为同学们进行深入浅出的讲解，强调竞赛是许多拔尖人才脱颖而出的机会，希望同学们把握机会锻炼毅力、开阔视野和挑战极限。

国赛和省赛的一些宣传推广活动主要包括校内宣传和组织参赛队员报名缴费，建模协会采用海报、微信公众号、QQ 群等方式进行宣传，经过学校各部门、教练组指导教师和数学建模协会的共同努力，推动数学建模在我校的进一步发展，报名队伍数量实现了稳步增长。

在竞赛的开展过程中，通过线上和线下两种渠道进行全方位的宣传。在线上，通过微信公众号、网站，全面介绍中国研究生数学建模竞赛是什么、怎么参与、往年成绩、学校政策等；在线下，面向全校组织开展专题讲座，邀请获奖选手进行经验分享，并通过张贴海报等方式，进行全方位的宣传和动员工作。

（3）专题工作组定期交流。为了更好地组织协调开展研究生数学建模工作，由校研究生院和理学院相关领导和老师牵头成立了专项工作组，定期开展专题工作会议，协调解决在数学建模竞赛专题工作中遇到的各类问题，包括协调解决竞赛过程中三个校区计算机机房的使用、学生的住宿问题、疫情期间学生的请销假问题等。数学建模竞赛强调团队合作和交流，要求学生在团队中相互协作，共同解决问题。教师可以组织团队建设活动，鼓励学生互相交流和学习，在团队中营造起友好和融洽的氛围，提高学生的团队协作和沟通能力。

三、管理保障有制度 竞赛结果有总结

在竞赛的开展中，学校通过举办“河海大学数理文化节”，进一步在全校范围内全面宣传研究生数学建模竞赛；在竞赛的组织中，学校成立研究生数学建模教练组，开展线上线下相结合的专题培训，提高竞赛水平。

（一）管理保障有制度

为了更好地提高研究生数学建模竞赛的组织水平，提高学生参与的积极性，保障竞赛的顺利进行，学校制定了一系列的管理制度。一方面，明确职责，实现人员和经费的制度保障。在研究生数学建模竞赛工作中，明确由理学院负责承担校内的组织工作，由分管研究生工作的副院长作为牵头人，明确由专职研究生辅导员负责具体的落实，明确研究生数学建模教练组组长负责协调指导，并保持人员相对固定，从而不断实现专业化，提高竞赛的组织水平。理学院教练组由丁根宏老师担任负责人，聘请 18 名专业教师参与建模培训与指导，协同数学建模协会，在全校范围内进行宣传并组织研究生报名。

（二）竞赛结果有总结

在 2022 年的国赛中，河海大学研究生共有 66 支队伍参赛，荣获一等奖 1 个、二等奖 16 个、三等奖 11 个，其中，二等奖较上年增加了 6 个，再创新高。在 2023 年的国赛中，河海大学研究生共 71 支队伍参赛，参与人数进一步增加，达到了近年来的最高点。稳步提高的参赛率，不仅提高了学生的数学建模能力和实践能力，也提升了相关学科的研究生培养水平。

以上成绩的取得，来自对竞赛工作的不断总结。每年承办单位都会对本年度研究生数学建模竞赛的组织工作进行全面的总结分析，形成一份较为全面的总结报告。一方面，总结本年度建模工作取得的成效和一些有效的措施；另一方面，也要分析工作中存在的问题，并提出有针对性的措施，特别是加强宣传、提高培训效率、增强指导团队师资力量。奖励措施的明确和完善，也稳步提高了学生参与建模的积极性。研究生数学建模竞赛活动的开展，为提高我校研究生培养质量起到了较为突出的作用，更为数学学科的发展作出了一定的贡献。

四、小结

经过长期的实践探索，河海大学理学院形成了较为完善的“五有”研究生建模工作体系，做到了竞赛工作定位有高度、统筹组织有计划、协同落实有措施、管理保障有制度、竞赛结果有总结。实践表明，这一“五有”工作体系符合学校和学院的实际情况，也取得了较为突出的成效。

基于以上成效，对于今后开展研究生数学建模工作，需要从几个方面进一步提高和完善。首先，充分发挥学生骨干和学生组织的作用，加强对河海大学研究生数学建模协会的指导，吸引广大有参与数学建模竞赛意向的研究生，提高朋辈的影响力；其次，高效协调后勤保障工作。要在全校广泛宣传数学建模，组织开展数学建模竞赛，需要多个部门的协调配合，建立专项工作组，有助于协调不同的部门，保证有良好的参赛环境与上网条件，让学生全身心地投入竞赛；最后，不断创新工作方法和提高工作效率。随着信息产业的不断发展，学生综合素质和特点的不同、新校区启用带来的异地竞赛问题，都需要组织方和承办方不固守传统方法，利用新媒体，创新组织方式和培训方式，提高学生的积极性和参赛队伍的水平。

以数学建模竞赛为抓手，努力培养高质量创新人才

南通大学研究生院、理学院

中国研究生数学建模竞赛由教育部学位管理与研究生教育司指导，中国学位与研究生教育学会、中国科协青少年科技中心主办，是中国研究生创新实践系列大赛主题赛事之一。中国研究生数学建模竞赛旨在提高我国研究生的培养质量，增强研究生解决实际问题的能力，培养研究生严谨的科学态度。

在兄弟院校领导专家的关心帮助下，在全校师生的共同努力下，我校 2018 年至 2020 年各获中国研究生数学建模竞赛一等奖 1 项，2021 年获中国研究生数学建模竞赛一等奖 3 项（含华为专项奖 1 项），获奖成绩 2020 年列全国第 43 位、2021 年列全国第 25 位。

为了更好地开展研究生数学建模竞赛活动，发扬成绩、克服缺点，现对我校近年来的研究生数学建模竞赛工作作如下总结。

一、立足育人目标、制定激励政策

（一）从立德树人根本任务来认识数学建模的价值

南通大学新一届领导从立德树人这一根本任务来认识数学建模的意义，提出了培养学生创新能力与实践能力这两大核心目标，而数学建模不仅有利于充分培养学生的创新能力，而且有利于培养学生的实践能力，正是基于此，学校将数学建模作为提高学生创新能力与实践能力的重要抓手，对研究生的数学建模教学和竞赛活动进行了科学系统的规划。

（二）出台系列政策，激励师生积极参与数学建模

为了提高我校研究生的数学建模教学质量，更好地促进数学建模活动的有序开展，南通大学于 2018 年印发了《南通大学大学生创新创业竞赛组织管理实施办法》，把中国研究生数学建模竞赛和中国大学生数学建模竞赛共同列为 I 类乙层次竞赛，在所有创新创业竞赛中位列第五。同时，还出台了包括师生奖励、教学与竞赛经费配套、教师业绩考核、教师职称评定、教师岗位认定、学生评奖评优等一系列配套激励政策，旨在激励师生积极参加数学建模竞赛活动、提高我校研究生的培养质量。

（三）承办江苏省研究生数学建模科研创新实践大赛，扩大数学建模影响力

南通大学承办 2020 年江苏省研究生数学建模科研创新实践大赛，在江苏省理学 I 类研究生教育指导委员会指导下，经过全校师生员工的共同努力，克服了疫情困难，大赛圆满成功举行。通过承办江苏省研究生数学建模科研创新实践大赛，广大研究生指导教师、学生理解了数学建模的重要意义，认识到数学建模对学科专业发展的重要价值。

二、完善管理机制、优化课程设置

（一）成立领导机构，加强数学建模竞赛组织领导

为了促进研究生数学建模竞赛活动的深入开展，南通大学成立研究生数学建模竞赛领导组，竞赛领导组下设教练工作小组。分管副校长董正超多次召开专题会议研究数学建模课程教学、部署研究生数学建模竞赛各项工作，研究生院做好统筹协调工作、全力保障各项工作有序进行，赛事承办学院理学院扎实做好报名选拔、赛前培训、指导教师安排、参赛组织等工作，各研究生培养单位积极配合并组织研究生参赛。

（二）制定规章制度，保障数学建模竞赛有序开展

为了保障数学建模竞赛的有序开展，竞赛领导组根据《中国研究生数学建模竞赛章程》制定了《南通大学中国研究生数学建模竞赛管理规定》《南通大学中国研究生数学建模竞赛参赛组队与选拔管理规定》《南通大学中国研究生数学建模竞赛培训与报名的通知》等文件，对（责任）教练资格、教练的职责、指导队伍数量、奖励分配、成果认定、研究生参赛报名资格、参赛队选拔、教练与参赛队双选、违规处分等作了明确规定。比如，基于教师职称评定、教师岗位认定的成果要求，文件规定没有参加培训的教师不能担任教练，没有带队获奖经历的教练不能担任第一教练（责任教练）。又比如，针对 2020 年中国研究生数学建模竞赛出现违规情况，2021 年赛前竞赛领导组组织带队教练认真学习《中国研究生数学建模竞赛章程》，与责任教练签订承诺书，要求教练教育研究生诚信参赛，杜绝违规行为。对于违规的教练将停止指导工作 2 年、违规的研究生取消参赛资格。

（三）修订人才培养方案，改善实验条件

为了从根本上提高研究生数学建模教学的质量，研究生院把研究生数学建模竞赛作为培养理工类研究生创新能力的教学环节之一，组织各研究生培养单位修订研究生培养方案，把数学建模课程列入理工类培养计划必修课程，要求理工经管等专业开设 2 个学分的数学建模选修课。研究生院鼓励各培养单位利用配套经费改善数学建模实验条件，理学院更新了数学建模实验中心实验设备，信息科学技术学院安排资金建设数学建模实验室。

三、强化过程管理、加强赛前集训

（一）充分运用信息技术进行管理

为了方便联络与管理，教练工作小组采用 QQ 群、微信群来发布数学建模信息、回答师生疑问、交流建模竞赛心得体会，保证各种竞赛信息畅通无阻。

（二）按照优势互补原则进行组队

为了使每个学生都能各尽其长，最大限度发挥团队优势，教练工作小组每年年初选拔参赛选手时就明确告知研究生要按照专业错位、能力互补等原则来寻找选题（华为公司赛题、数据分析赛题、优化赛题）相同的队友三人组队。在暑假来临之前则专门利用腾讯在线表收集参赛研究生的能力信息，并根据研究生的能力和参赛队伍选拔规定帮助研究生优化参赛队伍。

（三）通过师生双选，确定责任教练

为了增进参赛师生之间的相互了解，竞赛领导组一般都会提前发布参赛队情况介绍、责任教练特长

与带队数量及组队完成情况等信息，在每年七月份还要组织责任教练和各参赛队队长利用腾讯会议进行师生双选，以确保参赛师生彼此满意。

（四）加强赛前培训，强化质量督控

为了确保竞赛质量，教练工作小组每年都会组织各种不同形式的竞赛培训。比如聘请校内优秀教师给参赛师生上课、优秀教练给参赛师生作专题报告；又比如，在赛前对研究生进行长达 3 个月左右的竞赛获奖优秀论文研讨、针对性的模拟训练等；再比如，在暑期根据研究生参赛队的可能选题（华为公司赛题、数据分析赛题、优化赛题）情况进行针对性培训。

（五）讲解注意事项，确保成功参赛

每年竞赛前教练工作小组都要安排专门时间，集中全体参赛师生，对中国研究生数学建模竞赛有关注意事项作详细讲解，对报名、竞赛场地安排、竞赛期间生活安排等情况进行详细说明，耐心回答师生提出的相关问题。

四、加强校际合作、促进优势互补

（一）提供经费，跨校组队

考虑到研究生本科阶段参加中国大学生数学建模竞赛获奖情况，学院鼓励一年级研究生和本科参赛队队员跨校组队，规定校外研究生享受相同奖金。

（二）资助教练交流学习

竞赛领导组根据经费情况，每年安排部分教练外出学习，参加有关数学建模竞赛经验交流会，组织优秀教练观摩中国研究生数学建模竞赛数模之星答辩与颁奖大会。

（三）外请专家专题报告

为了充分了解研究生数学建模竞赛的最新动态，近三年暑期竞赛领导组先后邀请了多位中国研究生数学建模竞赛专家对我校参赛师生进行中国研究生数学建模竞赛历年赛题讲评与参赛指导。

（四）加强合作，提升水平

为了提升研究生数学建模竞赛的指导水平，竞赛领导组鼓励教练根据自身知识、能力等实际，跨学科、跨专业组织教练指导小组。

五、总结经验教训、不断超越自我

（一）踊跃参赛，积累竞赛经验

近年来教练工作小组组织研究生积极参加“认证杯”数学中国数学建模网络挑战赛、MathorCup 高校数学建模挑战赛、五一数学建模竞赛、“中青杯”全国大学生数学建模竞赛等行业协会组织的竞赛及江苏省研究生数学建模科研创新实践大赛等各级各类建模竞赛。通过参与这些竞赛，不仅可以让研究生通过竞赛了解自身能力、了解队伍组建是否最优，而且可以让研究生积累成功经验、总结失败教训。

（二）总结得失，不断超越自我

为了查找问题，完善自我，每次中国研究生数学建模竞赛结束以后，教练工作小组都会安排多个时段组织教练研读获奖（优秀）竞赛论文，讨论竞赛论文评阅要点，分析所指导参赛队赛题解题思路的正确与错误之处、提交论文的表达清楚与不到位之处，分析获奖的成功之处，讨论未获奖的原因，并在此基础上进一步提出今后的改进措施。

（三）反哺科研，提升学科建设水平

广大师生在参加数学建模竞赛的过程中，提升了用数学建模思想和方法解决实际问题的能力，帮助多家企业解决了关键技术问题，发表了多篇高质量学术论文，成功申请与完成了多项国家自然科学基金项目，在国际学术界产生了重大影响，有效促进了数学、工科和医学等多学科的快速发展。截止到 2023 年 11 月，我校 9 个学科进入 ESI 全球排名前 1%学科榜单，学校国际排名 1193 位，国际排名百分位 13.4%；中国大陆（内地）高校排名 116 位，中国大陆（内地）高校排名百分位 26.61%。

创新教学，培根筑基，竞赛赋能

——杭州电子科技大学研究生数学建模活动纪实

杭州电子科技大学数模组

杭州电子科技大学是一所电子信息特色突出，经管学科优势明显，工学、理学、经济学、管理学、文学、法学、艺术学等多学科相互渗透的高水平的教学研究型大学，是由国防科技工业局与浙江省政府共建的省重点大学。

学校现有在读研究生 8000 余人，学校拥有 9 个一级学科博士学位授权点，19 个一级学科硕士学位授权点和 18 个硕士专业学位授权点，涵盖工学、理学、管理学、经济学、文学、法学、教育学、艺术学、交叉学科共 9 个学科门类。

杭州电子科技大学研究生从 2010 年开始参与学校组织的数学建模活动,学校研究生队伍每年通过数学建模校赛、数模知识学习和短期培训，之后参加中国研究生数学建模竞赛，13 年来累计获得 16 项全国一等奖，253 项全国二等奖，172 项全国三等奖，其中一等奖中有 3 支队伍获得“数模之星”提名奖，1 支队伍获得华为专项奖，近四年连续有 4 位老师获得“先进个人”奖，并在参赛的 13 年中有 8 次获得“优秀组织奖”（最近连续 6 年获此殊荣）。所有这些成果的背后，离不了数模教学团队的不懈坚持和“秣马厉兵”，也少不了研究生们的锲而不舍和“长风破浪”，从而收获了优异成绩，才有了水到渠成和“直挂云帆”。

图 1　杭州电子科技大学数学建模教学团队 2016 年合影

图 2 杭州电子科技大学数学建模教学团队 2022 年合影

一、杭州电子科技大学研究生数模活动之发展历程

杭州电子科技大学的研究生参与数学建模活动是从 2010 年开始“起步”的（图 3），数模教学团队第一次组织 7 支研究生队伍做短期数学建模学习，然后直接参赛，第一次参赛就获得了 3 项全国二等奖，给了教学团队和研究生们莫大的鼓舞。

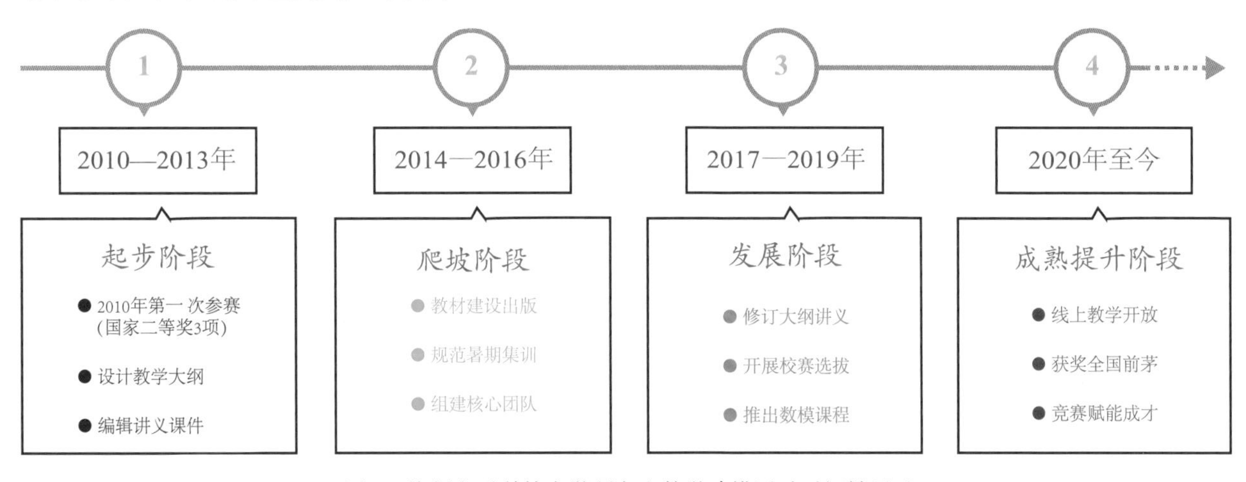

图 3 杭州电子科技大学研究生数学建模活动时间轴展示

2014 年研究生的数模活动开始进入“爬坡阶段”，竞赛成绩有了突破，第一次斩获全国一等奖，研究生的暑假短期教学活动也逐步深入开展。

2017 年数模活动开始进入“发展阶段”，竞赛成绩均稳步提升，每年都有队伍获得全国一等奖，数模培训课程教学效果有了明显提升，并且数学建模作为选修课纳入研究生的培养方案，让全校研究生对数学建模活动更加重视起来。

2020 年起数模活动进入“成熟提升阶段”，数模学习平台上线，竞赛选拔和集训更加规范化，刚录取的准研究生也积极参与集训选拔赛并进入暑期集训营，2020 年至 2022 年，竞赛成绩连续三年都获得 3 项全国一等奖（按赛制规定，每所高校每届最多 3 项一等奖），参赛学生逐年增加并于 2022 年达到 102 支队伍，且每年获奖（包含一、二、三等奖）比例均超过了 80%。数模教学团队通过对过往教学经验总结，并对团队自身进行提升建设，打造更灵活的教学新模式，并辅以线上平台学习等系列措施，让研究生更加主动地参与到数模教学和集训中来，提升了研究生的获得感，激发了求知欲，使其竞技水平、创新能力获得了质的飞跃。

二、杭州电子科技大学研究生数模活动之创新教学，提质培优，收效明显

数学建模团队过去五年内紧紧围绕“课程体系、授课方式、集训模式、团队建设、竞赛活动”五个方面开展了一系列创新教学改革（图 4），促进“数学建模思想”融入研究生的培养，有效助推研究生创新教育的高质量发展。

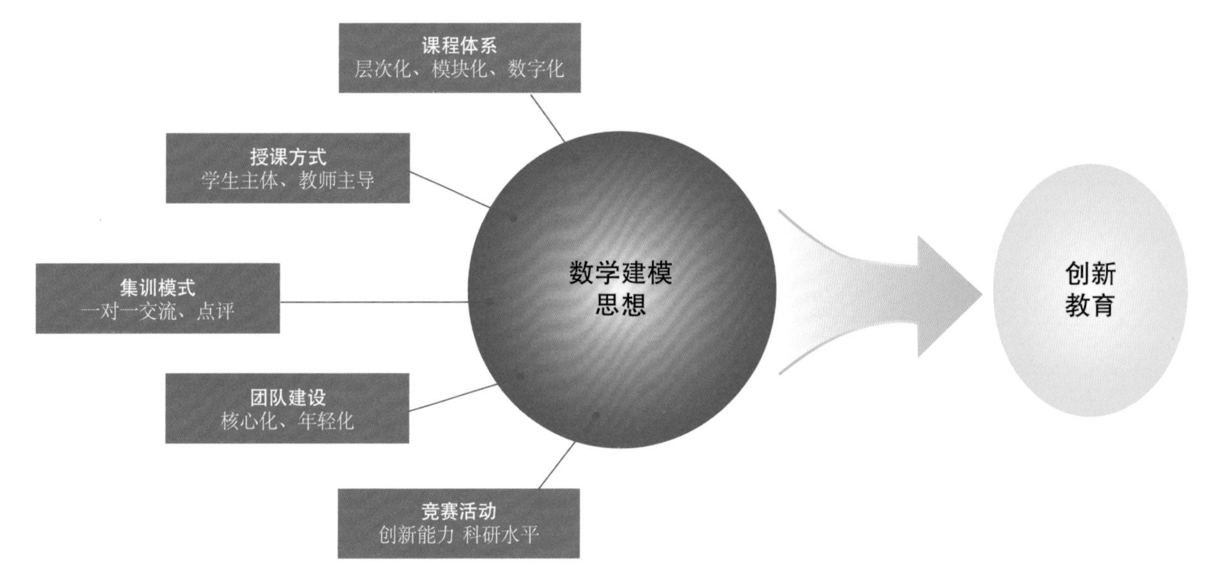

图 4　五措并举促进数学建模思想助推研究生创新教育发展体系图

课程体系上，尽量细化优化，让课程教学“模块化、层次化和数字化”。首先将课程内容划分为三大模块（微分差分模块、运筹优化模块和概率统计模块），并对每个模块进行层次化设计，同时鼓励线上平台学习（图 5），加入教学团队自己建设的“浙江省一流线上课程”同步数字化教学，高效率提升教学质量。

授课方式上，始终坚持以学生为中心的“成果导向教育”（outcome based education，OBE）先进教育理念，强化案例教学中的学生主体地位。授课教师根据课程计划设计合适的案例、模型，让学生课内课外实践练习，课堂上除了精讲相关主要知识点外，重点在于学生作业点评，提升研究生数学建模基本功。

集训模式上，数模教练分工合作，协同完成集训模型的小组汇报、学生论文点评，做到一对一交流，并给出修改建议，促进研究生模拟竞赛的模型论文质量提升。

团队建设上，不断完善优化教练队伍，吸收科研能力强、教学热情高并愿意为数模活动努力付出的青年教师进入核心组，让老师们能在研究生数模教学和集训中找到成就感，优化教学团队同时提升数模教研水平。

图 5 浙江省一流线上课程（数学建模）

竞赛活动上，首先学校组织开展研究生数学建模校级竞赛，也是研究生进国赛集训营的选拔赛，同时鼓励研究生通过参加校外社会各界的数模赛事来练兵，让研究生能以赛促学，以赛促赛，以赛促研，真正提升研究生的竞赛水平，同时提高科研创新能力。

三、杭州电子科技大学研究生数模活动之培根筑基，竞赛赋能，创新培养

研究生参加数学建模活动，不仅能够学习到数学建模基础知识，也能在自身科研基本功训练方面获益匪浅，可以有效促进研究生培根筑基，通过专门的竞赛活动，可有效提升科研创新实践能力、运用计算机解决实际综合问题的能力、团队协作能力和撰写科技论文的能力。

首先，针对研究生开设的数学建模课程，从基本建模思想出发，通过模型分类、算法设计、编程实现，再到案例分析和作业点评，能让研究生切实学习到数学建模基础知识，在科研基本功、科研视野和科研素养上起到“筑基”作用。

其次，案例教学是团队在教学特别是暑期集训中的重点，教练组专门设计多个模拟赛题来训练研究生的竞技水平，而赛题设计综合考虑数学基础知识与工科实际问题交叉，一个较好的赛题本身就是一个新的科学研究小课题，起到了对研究生的科学研究“培根”的作用。

最后，研究生参加数学建模竞赛的过程，本身就是一次科研水平、协作能力以及科技论文写作等锻炼提高的机会，也是一次对研究生的综合能力的检验，更是竞赛赋能的一次考量。一位两次参赛的赵同学（第一次获成功参赛奖，第二次获全国二等奖）的感受是：数模学习和竞赛锻炼了自己的科研专注度，对专业论文的构思和写作帮助很大，后来他的专业论文成功发表，他还获得了省级优秀研究生的提名。获“数模之星”提名奖及一等奖的两支队伍，先后两次收到邀请给省外一高校（“双一流”、211）的研究生做竞赛经验交流和分享，其中一位研究生刘同学目前已经成为华为技术有限公司的技术管理骨干。

“长风破浪会有时，直挂云帆济沧海。”杭州电子科技大学的研究生数学建模教学实践，不仅提升了研究生的专业学习效率和科研创新能力，还让研究生有了施展才华的机会，数学建模教学团队也受到同行专家们的好评和认可。

杭州电子科技大学的研究生数学建模活动，初心不改，砥砺前行，将继续为杭州电子科技大学乃至中国研究生创新教育做出更多更大贡献。

数模研赛：中国计量大学模式

中国计量大学数模指导组

中国计量大学（简称中量大）是一所以计量、标准、质量、市场监管和检验检疫为办学特色的高等学校。我校自1988年开始与中国计量科学研究院联合招收硕士研究生，2005年获得首批硕士学位授予权，2009年我校首次组织研究生参加中国研究生数学建模竞赛，我校与中国研究生数学建模竞赛的结缘较晚。

一、研赛初起鲜为人知，量大数模不温不火

中国计量大学与中国研究生数学建模竞赛的渊源，要从2009年第六届全国研究生数学建模竞赛说起。2009年6月22日，在中国计量大学研究生部（现已更名为研究生院）和理学院的指导下，数学建模指导组面向全校研究生发布了《关于报名参加第六届全国研究生数学建模竞赛的通知》。

据我校数模负责人王义康老师回忆，2009年7月初通知的初选名单共有4组同学，当年9月1～12日共开展了4次赛前集训，最终有3组同学成功参与了竞赛。12月赛果揭晓，我校（彼时校名“中国计量学院”）白艳琴、陈晓、郑菲菲组成的队伍成功斩获三等奖，这个奖项也是我校校务系统中可查询到的第一个国家级研究生学科竞赛类奖项，意义非凡。

中国计量学院	白晓琴	陈晓	郑菲菲	三等奖

图1　2009年中国计量大学（原“中国计量学院”）首次参加中国研究生数学建模竞赛并斩获三等奖

2009年至2014年，我校在研究生数学建模竞赛中的表现一直不温不火，每年基本上都是10支以内队伍参赛，仅有1～2支队伍能够获得奖项。到了2016年，随着研究生招生规模的扩大，我校参加中国研究生数学建模竞赛的规模突破了20支队伍，但当年的获奖率仅为12%，与我校在全国大学生数学建模竞赛中的骄人战绩形成了鲜明对比（2015、2016年，我校在全国大学生数学建模竞赛中创下了国家奖“5+5”“4+6”的满额战绩，获奖率高达86.9%）。值得肯定的是，在中国研究生数学建模竞赛中，我们在这一年也有所收获，首获2项全国二等奖，为数模团队增强了信心。

针对2016年我校在中国研究生数学建模竞赛中的活动开展情况，数学建模指导组开始审视研究生数学建模竞赛队员招募与赛前集训流程中的不足：①研究生肩负导师任务与科研压力，因此不太可能像本科生这样拿出完整的一段时间集训，因此将集训全部压缩到9月份新学期开学以后，学生无法安心训练，效果不佳。②许多研究生在本科期间并未接触过数学建模，因此面临的核心短板不仅是建模或者编程技术，还有对数学建模竞赛的流程与范式的陌生，甚至缺少对数学建模的基本认识。③宣传力度不够大，参赛学生招募一直集中在非常有限的几个学院。面对以上问题，中国计量大学数模指导组开始着力寻求破解办法。

二、构建体系夯基提能，量大数模勠力前行

（一）广拓宣传渠道，加强组织动员

在宣传发动方面，除了沿袭传统的校内喷绘、校内横幅以及通知到各学院辅导员等宣传手段，自2017年起，我们开始尝试拓展宣传渠道，全方位引入矩阵新媒体力量来加强组织动员。

通过中量大数学建模公众号，在报名期间反复推送报名通知，并设计转发集赞有礼等活动，达成指数式传播效果；通过计量数模QQ群、中量大研究生数模QQ群、中量大数模钉钉群等途径，转发报名通知及师兄师姐的模路心语，并积极发动本科曾就读于本校的研究生群体在实验室内广泛宣传；通过举办云端数模夏令营、获奖团队视频专访等途径，展示中国研究生数学建模竞赛优秀学子风采，加深各学院研究生及其导师对数模的了解，提升研究生参与的积极性，同时提升导师对于学生参加数模竞赛的支持意愿。

（二）开设各类课程，形成教学体系

分级分类开设多元化数模课程，形成“基础—提升—实战”的阶梯式教学体系。

每年9月至次年1月，开设面向研一新生的公共通识课，仅2017年便有360人选课，占全校研究生新生人数的25%以上；3～6月，针对报名参加中量大数模研赛集训的队伍，开设研赛提高班，提高班内容包括6次专题讲座；7～9月，经研赛提高班优化淘汰后，针对确定报名参加中国研究生数学建模竞赛的队伍，开设研赛冲刺班；冲刺班内容包括3次论文研读、2次赛前模拟实战和1次竞赛规则与规范解读等。

（三）精选知识模块，凝练训练专题

根据数学建模理论体系与中国研究生数学建模竞赛赛题特点，开设运筹优化模块、微分方程模块、多元统计模块、智能算法模块、机器学习模块、图像处理模块和论文写作模块等。每年集训前，通过组织团队研讨等方式对内容进行反复提炼，去芜存菁，并适时更新训练模块，以顺应竞赛革新与时代发展。

（四）遵循成长规律，强化过程管理

根据研究生的研学情况，基于“学期内尽量少占用研究生科研时间，假期集中短时间训练提升”的原则，将研究生数学建模集训分成了两部分，第一部分为3～6月的提高班，第二部分为7～9月的赛前集训。

提高班时间为每周三晚3小时，包括数模科普与技术专题，共6次专题，课后习题不做强制要求；赛前集训冲刺班跨度约2个月，7月份共有2次论文研读任务，7月中至8月中休假，8月底至9月初1次论文研读+2次真题模拟。冲刺班课后习题作为考核内容纳入过程管理。内容优选、安排优化、集中高效，该安排也打消了许多研究生导师的疑虑，更加支持学生参赛。

在过程管理方面，每次专题课前均会发布“提醒+请假二维码”，课前考勤打卡，课后统计出勤记录，线上专题通过钉钉视频观看时长进行在线管理。在赛前集训中，作业通过学习通提交并记录。以上过程中考核两次不达标，均视为自动放弃参赛机会，无条件淘汰。赛前预交报名费，赛后退还，提升数模竞赛论文提交成功率。

图 2　中国计量大学研究生备战 2019 年中国研究生数学建模竞赛之论文研读

图 3　论文研读具体材料

注：当期的论文研读赛题为 2018 年 F 题"航班登机口的分配问题"，图为论文研读的具体材料

（五）加强教学研究，强化成果辐射

我们建设一门中国大学 MOOC（慕课）国家精品课程在线学习平台网上课程"数学建模"；"研究

生数学建模”“研究生数学软件与实验”获批省优秀研究生课程；发表多篇研究生数模竞赛相关教学研究论文；《竞赛赋能，数模育人：构建研究生科研创新能力培养体系的研究与实践》获浙江省研究生教育学会教育成果一等奖；受南京林业大学、中国地质大学、上海第二工业大学等高校同行邀请，开展研究生数学建模竞赛经验分享与专题讲座，增强辐射效应。

三、提高冲刺循序教学，量大数模自成体系

（一）提高班教学内容体系

中国计量大学研究生数学建模竞赛提高班4月底开班，共包含6个专题。

专题一为“研究生数学建模竞赛简介和优化建模选讲”，内容包含两部分。第一部分为中国研究生数学建模竞赛概览。包括数模研赛的源起与发展、数模研赛在我校研究生创新实践类竞赛中的标杆性意义、我校在中国研究生数学建模竞赛中参与盛况与成绩总览。第二部分为高阶优化模型专题。内容在基础班数学建模优化方法专题的基础上进行了凝练与升华，包括复杂优化问题，多目标优化建模方法以及优化模型的智能算法求解等。

专题二为“机器学习专题选讲”，内容包含机器学习概述、逻辑斯谛回归、神经网络和支持向量机、决策树等。内容框架主要基于2016年周志华编著的《机器学习》前六章。该部分内容具有较强的专业性，基本按照“案例+代码+呈现”三部曲展开，重视学生的理解与操作，并为分类、聚类、监督学习和强化学习等内容留下接口。

专题三为“智能优化算法专题”，内容包括模拟生物进化的智能算法、模拟生物群体行为的群智能算法等。其中遗传算法包括人工遗传算法、模拟退火算法等，群智能算法包含蚁群算法、人工蜂群算法和人工鱼群算法等。该部分内容的核心在于了解各类方法的区别、应用范围和算法实质。

专题四为“多元统计专题宣讲”，内容包括各类统计指标含义概述、主成分分析、因子分析、典型相关分析、判别分析和聚类分析、偏最小二乘回归，以及各种分析方法的SPSS或MATLAB实现。该部分应用场景广泛，与当下流行的大数据建模息息相关，其中核心难点为主成分分析、因子分析、判别分析与聚类分析及其编程实现。

专题五为“深度学习”，内容包括深度学习知识预备、典型深度学习模型举例、深度学习平台搭建和深度学习模型实战。这个专题难度较大，是机器学习领域中较为新颖的研究方向，在搜索技术、数据挖掘、机器学习、机器翻译、自然语言处理、多媒体学习、语音、推荐和个性化技术，以及其他相关领域都取得了很多成果，与历年研究生数学建模竞赛的真题内容关联极深。

专题六为“优秀论文研读技巧”，主要内容有优秀论文研读资源获取、优秀论文研读指南和研赛真题研读示例。该专题为承上启下专题，为后期的冲刺班做准备。其中，优秀论文研读资源获取来源主要有中国研究生数学建模竞赛历年真题、数模之星答辩视频、历年优秀论文等。优秀论文研读指南包括研读方法、研读技巧和研读成果提交，并以研赛真题作为研读案例向同学们展示研读全过程。

提高班主要面向针对报名参加中量大数模研赛集训的队伍，其中包含不少研一新生。由于许多外校生源研究生并没有经历过全国大学生数学建模竞赛集训的历练，提高班专题的内容设置以基本知识体系为主，专题方向设定广泛，并为后续深入学习留下接口。提高班也是筛选中国研究生数学建模竞赛参赛队伍的手段之一，通过出勤统计筛选出真正对数学建模竞赛感兴趣的研究生。

（二）冲刺班的基本内容

论文研读与集中讲评。3次论文研读以历年的典型真题及优秀论文作为研读对象。以2022年集训过程为例，数学建模指导组经过数次会议讨论，确定“2020F题-飞行器质心平衡优化策略”“2021D题-

抗乳腺癌候选药物的优化建模”和“2021F 题-航空公司机组优化排班问题”为论文研读主题。研读资料包括赛题及赛题前三名的一等奖获奖论文、专家点评、中量大数模优秀论文（含代码）。每次研读材料提前一周发放，要求按组提交研读报告并在研读报告中明确各项任务的完成人。论文研读集中讨论当天，由指导组老师带读，随机抽取 2～3 组学生上台汇报，指导教师掌控研读节奏。7 月中至 8 月中休假期间，发放“暑期数模大礼包”，包含“MATLAB 数学建模算法收录”“15 个经典数学模型与算法集锦”“历年数模之星答辩视频”等。

全真模拟与集中讲评。2 次全真模拟在开学前两周进行。2 次均为数学建模指导组命题，模拟时长与提交要求完全参照中国研究生数学建模竞赛进行，旨在提前让学生适应竞赛环境，做好时间与进度规划。学生提交模拟赛论文后，由指导教师分组进行评阅，并进行深入研讨，把握住模拟赛题的解析思路，并摸底清楚学生存在的问题。通过 1～2 天评阅完成后，组织研究生进行为期半天的集中讨论与讲评，让学生明确知道自己论文的优点及不足之处。

竞赛规则与规范解读。竞赛规则与规范解读一般设置在竞赛正式开始的两天前。主要内容包括竞赛校内场地安排、竞赛时间节点重申、后勤服务安排、竞赛规则、提交规则等的讲解，特别是在规则中新出现的条款以及学术规范守则。通过专题训练，提升学生参赛的成功率。

（三）兼顾不同基础的研究生

分层课程设置。设置提高班进行基本技能教学，让研一新生、未参加过中国研究生数学建模竞赛的老生了解什么是数学建模，尽可能地吸引更多研究生参与到数学建模中来，有过参赛经历且曾在上一轮集训中全勤的队伍在本轮提高班可不参加，并通过若干专题对研赛所需要的基本技能进行教学。设置冲刺班进行筛选，以兴趣、坚持度为主筛选条件，以基础为辅助筛选条件。

“三自”管理机制。建立“自我教育、自我管理、自我服务”的研究生团队管理机制。发掘研究生数学建模竞赛中有管理积极性的学生，展开“自我教育：自主研读，小组讨论，自学自练，线上答疑。自我管理：出勤管理、作业登记、加群审查、舆论监督。自我服务：资料查搜、场地自备、设备自检、队伍自建”的三自管理模式，确保整个团队的数模教学与训练工作有序进行，同时缓解指导教师的管理负担。

畅通传承渠道。利用好中国计量大学本校直升研究生资源，通过组建“实验室小组”“专业小组”，在每个小组中加入有全国大学生数学建模竞赛参赛经验的组员，达成老带新、高年级带低年级的目的。

四、深耕不辍广结硕果，量大数模再谋新篇

（一）研究生数学建模竞赛成绩卓著，学生成果多

2018～2022 年共获 194 项国家奖，总成绩全国第 18 名；近 3 年生均获奖成绩全国第四，全省第一，获奖增速全国第一！

自 2019 年，连续三年获奖率在 500 余家培养单位中位居全国第 2 名；

2020 年，一支队伍获全国第 2 名；

2021 年，总成绩全省第一，一支队伍获得全国第 2 名，并获数模之星提名奖；

2022 年，再次达成“满额获奖”成绩，并且连续两年有队伍入围数模之星提名奖；

有 2 篇论文获推荐为全国优秀论文，发表在《数学的实践与认识》（中文核心期刊）。

（二）研究生受益面广，受益度深，科研创新能力突出

我校每年参加以中国研究生数学建模竞赛为主的各类数学建模竞赛的研究生超过 800 人，接近年度招生数的一半；项目实施以来，本校总受益研究生超过 5000 人。我校发表高水平论文的研究生半数以上

都参加过中国研究生数学建模竞赛，我校硕士论文抽检多次全省第一。

自 2018 年，我校继续深造攻读博士学位的研究生中，有 72.5%的比例参加过中国研究生数学建模竞赛；发表 SCI 论文和授权发明专利的同学，有 63.2%的比例参加过中国研究生数学建模竞赛。

从 2020 年至 2022 年的数据来看，我校获得国家奖学金的学子有半数以上均为中国研究生数学建模竞赛参赛队员。

（三）辐射作用明显，同行高度评价

浙江理工大学、南京信息工程大学等数十家兄弟院校来我校学习研究生数模活动开展经验；成果第一完成人先后受中国数学会、中国工业与应用数学学会、中国优选法统筹法与经济数学研究会、中国研究生数学建模竞赛组委会邀请做大会专题报告；受中国地质大学、南京林业大学等数十家培养单位邀请开展专题讲座。

（四）团队建设成果丰硕

2021 年，团队在浙江省第一届高校教师教学创新大赛中，获得 4 项大奖，全省唯一。

2021 年，获立项建设两门省优秀研究生课程，分别为“研究生数学建模”“随机过程”；2021 年，获立项省级研究生课程思政示范课程“随机过程”（研究生，全省仅两门）；2022 年获立项省优秀研究生课程“研究生数学软件与实验”。

2019～2021 年，连续三年获中国研究生数学建模竞赛优秀组织奖；2019～2021 年，团队 3 位教师获中国研究生数学建模竞赛先进个人奖；2017～2022 年，团队在《中国大学教学》《研究生教育研究》等期刊上发表成果紧密相关论文 9 篇。

（五）建设成独特的数模文化

自 2017 年以来，我校数模团队每年举办数模文化周、数模联谊晚会等活动；编撰量大数模精英谱、量大数模之星宣传册；共汇编 5 本《研究生数模文集》，记录 184 支队伍、552 名研究生的心路历程，计 100 余万字。潜移默化，润物无声，传承团队精神、拼搏精神和创新精神，增强学生的感恩意识，弘扬家国情怀。

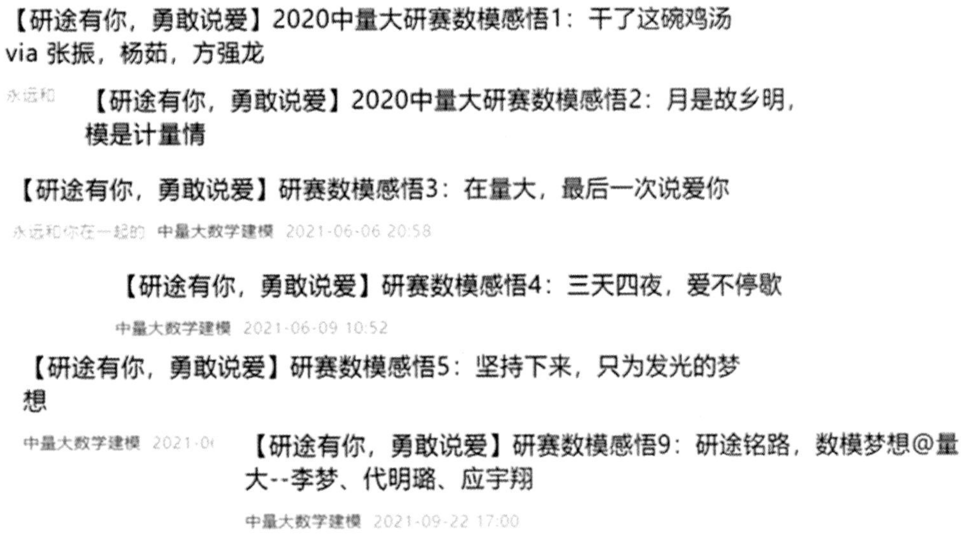

图 4　微信公众号“中量大数学建模”发布的中国研究生数学建模竞赛参赛心得

五、结语

现在，中国研究生数学建模竞赛在中国计量大学已经形成了浓厚氛围，是我校在中国研究生创新实践大赛中当之无愧的领头羊。每年报名集训的队伍数逾200支，参赛队伍一直稳定在100支以上，每年赛后集结成册的心得体会、视频采访乃至遍布校园的宣传大红榜也成了后续参赛者的精神食粮。

回望来路，许多不容易；前眺将途，仍需更努力。2022年，竞赛组委会在发布成绩的同时，也发布了部分参赛队在竞赛中涉嫌违规而被取消了成绩的消息，这也提醒我们，在进行队伍扩张、扩大受益面的同时，更需要在竞赛培训过程中加强学术道德规范方面的培训。

最后，愿信心与反思同在，愿欢歌与警惕并行，未来已来，只待我辈。

以赛促学　以赛育人

南昌大学　陈世中　梅博晗

一、背景与理念

研究生教育是我国高等教育的最高层次，肩负着建设科技强国的重要使命，是推动国家发展和社会进步的重要力量。2021 年 9 月，中共中央总书记、国家主席、中央军委主席习近平在中央人才工作会议上讲话指出："要走好人才自主培养之路，高校特别是'双一流'大学要发挥培养基础研究人才主力军作用，全方位谋划基础学科人才培养，建设一批基础学科培养基地，培养高水平复合型人才。"[①] 2020 年 7 月，习近平对研究生教育工作作出重要指示强调，研究生教育在培养创新人才、提高创新能力、服务经济社会发展、推进国家治理体系和治理能力现代化方面具有重要作用。[②] 国家对高素质人才孜孜以求，对研究生教育高度重视，急需高校紧跟时代步伐探索自主人才培养模式。

学术竞赛是高校科研创新人才培养的重要渠道之一，旨在培养学生自主学习、创新思考、动手实践、理论联系实际的综合创新实践能力。当前，面向研究生的学术竞赛众多，但由于研究生群体钻研学术的特殊性，往往只看到科学研究需要发表学术论文、申请专利等，而忽略了参与学术竞赛；且大多数研究生普遍认为学术竞赛要求的专业性极高，针对性极强，所以参与学术竞赛的积极性不高，竞赛覆盖面不广。从人才培养的角度看，学术竞赛与学术科研并不相悖，反倒是相辅相成的，"学必期于用，用必适于地"是张謇先生倡导的教育理念，无论是理论研究还是动手实践，目的都是更好地创新和实践。通过学术竞赛可以真正体验学以致用的学习实践乐趣，提升自身综合能力，更加坚定学术研究的方向和目标。研究生参加学科竞赛不仅仅是研究生自身的选择，也需要社会、教育界、高校形成良好的生态，需要高校友好的学术竞赛机制和有力的管理服务水平。

"中国研究生数学建模竞赛"起源于 2003 年由东南大学发起并主办的"南京及周边地区高校研究生数学建模竞赛"，2004 年更名为全国研究生数学建模竞赛，2013 年被纳入教育部学位与研究生教育发展中心主办的全国研究生创新实践系列活动。2017 年参赛范围扩大到国外高校，再次更名为"中国研究生数学建模竞赛"。该赛事自举办以来，全国各高校纷纷响应，高度重视，精心组织，研究生积极参与；2013 年至今，参与该赛事的研究生数量连年递增，赛事影响力逐年增强，赛事解题成果转化实际运用成效显著提高。但因为一些具体原因，赛事在我校的影响力、参与度、覆盖面以及育人成效还未达到预期效果。

二、举措与特色

一是加强顶层设计，精益求精联动谱新篇。学校不断优化数学建模竞赛工作领导小组，进一步完善

① 习近平在中央人才工作会议上强调 深入实施新时代人才强国战略 加快建设世界重要人才中心和创新高地 李克强主持 栗战书汪洋赵乐际韩正出席 王沪宁讲话[EB/OL].（2021-09-28）[2023-09-15]. http://jhsjk.people.cn/article/32240855.

② 习近平对研究生教育工作作出重要指示强调 适应党和国家事业发展需要 培养造就大批德才兼备的高层次人才 李克强作出批示[EB/OL].（2020-07-29）[2023-10-15]. http://jhsjk.people.cn/article/31802887.

研究生学科竞赛工作机制和激励政策，将建模竞赛获奖纳入学校教育教学奖励文件，纳入各研究生培养单位奖学金评定体系；充分调动专业教师参与指导竞赛和研究生组队参赛的积极性，聚合强劲“牵引力”；每年3～5月学校均会开展“数模讲坛”研究生数学建模竞赛素质能力提升班，邀请校内外专家学者为参赛研究生进行专门培训，让参赛学生更有底气；优化报名选拔模式，每年5～6月学校均会开展校级数学建模选拔赛，由学校数学建模指导专家库的老师出题，进行严格选拔，层层把关，遴选踏实肯干的研究生“领头雁”，让攻关突破更有锐气。

二是强化赛事解读，革故鼎新强基启新图。充分利用互联网等媒体，采用微信公众号文章推送、竞赛QQ群、微信群、横幅、易拉宝等形式开展数学建模竞赛工作宣传，确保宣传信息通知到每一个班级和每一个课题组的研究生。利用微信平台打造“香樟青‘研’说”专栏，定期推送学校数学建模竞赛获奖同学的经验和感悟，不定期推送中国高等教育学会全国普通高校学科竞赛排行榜竞赛项目、中国研究生创新实践系列大赛等相关学科竞赛的赛事安排以及参赛经验分享。对于历年持续开展的赛事，做好宣传、以老带新，保持学生的参与率和参赛水平。除大力宣传以外，还邀请专业指导老师进行解读，邀请竞赛成绩突出的团队现场分享参赛经历、经验，让感兴趣的研究生了解竞赛、走进竞赛，明确目标，科学有效备赛。

三是增强朋辈赋能，榜样引领传帮带新人。学校专门打造研究生“前湖‘研’讲”系列活动品牌，开设“博学论坛”“导师讲坛”“南小研”微讲堂三种类型讲座，要求数学与计算机学院、信息工程学院等相关学院全年不定期分层分类分级开展关于数学建模竞赛方面的知识解答，对研究生涉及的竞赛基础知识进行辅导，尤其是激发研究生新生兴趣，帮助其打好基础，开好头起好步。此外，“博学论坛”还会邀请两院院士、杰出教授等专门科普研究生部分入门专业课程、基本研究方法、学科竞赛经验，提高研究生新生对专业的认知和对科研的兴趣。以“研途有约 研途分享”研究生学术论坛、“科创项目经验交流会”、“研倾听”学术交流系列活动、微信网文推送等为主阵地，通过线上线下相结合的方式，邀请在各级各类数学建模竞赛中斩获奖项的优秀博硕士研究生代表分享学习科研方法和竞赛项目经验，引导低年级研究生端正科研态度，汲取论文、专利撰写和实验方法，为自身参加数学建模竞赛储能增质。

四是加强优化组合，选优配强亮剑斩佳绩。组队是数学建模竞赛团队赛中必不可少的一个环节，通过笔试、面试等环节筛选是相对公平公正的组队方式，在正式组队前指导老师可以结合大家的组队意愿进行配对，一方面能够减少因为对学生不熟悉而组队不恰当的情况，另一方面可以增强团队的凝聚力和战斗力。因笔试或面试被淘汰的学生，在该赛事没有参赛队伍和人数限制的情况下，依然可以自行组队参加。此外，研究生数学建模竞赛与本科生数学建模竞赛时间不一致，但学习到的数学建模方面的知识与技能却大同小异，南昌大学采用“研本1+N”模式联合学习，充分发挥研本学生各自的优势，鼓励本科生入驻研究生学习室，融入数学建模学习氛围。研究生在竞赛或项目中指导本科生在熟练运用课堂学过的专业知识基础上，补习相关知识、技能以解决实际问题，让研究生在实践中将自主学习与传授教学有机结合起来，实现以研带本、科研实践能力共同提升。

五是加强过程管理，步步为营凝练见成效。设计编撰《数学建模竞赛任务书》，加强竞赛项目过程管理，明晰竞赛团队总目标、各阶段任务和进度，引导指导老师和学生团队有序推进。数学建模竞赛四天，要把握四天三会，通过在这四天定期定时团队例会，高效迅速汇报各自负责模块的工作进展，一方面通过汇报总结阶段性工作，另一方面团队其他成员通过聆听汇报能够碰撞出思维火花，激发灵感，提出好的改进建议，也可以优化分工协同作战，有效推进备赛进程。根据团队的阶段性工作任务，例会可以采用竞赛组全体或小组会议，其间邀请指导老师或该竞赛领域专家给予指导非常必要，会给团队成员指点迷津和拔高。

三、工作成效与经验

（一）赛制机动，全力提高学校研究生参与度

提升学校研究生参与度是提高赛事覆盖面的前提，学校将扩大研究生参与度作为落实立德树人根本任务、培养高校学生科学精神和创新意识的关键一环，坚持实践育人宗旨，聚焦全员参与目标，着力把不同类别、不同层次、不同基础的研究生都吸引到数学建模赛事中，全方位提升学校各培养单位参与率。一是将数学建模赛事开展情况作为对部分培养单位考核评议的重要内容，并对取得好成绩的培养单位给予专项加分。二是校赛设置专业组与非专业组两个组别，注重差异化的评审，让不同专业的研究生都能同台竞技、脱颖而出。三是坚持点面结合，为工作基础薄弱、往年没有参赛的研究生“开小灶”，通过召开专门部署会、设置进步显著奖、面对面指导、发通知争取各培养单位支持等，充分调动参赛的积极性。

（二）高位推动，聚力提高学校研究生覆盖面

要始终将办好校赛、选拔出好队员作为体现校赛普遍性、群众性的基础性工作。坚持完善校、院两级竞赛体系，着力通过倡导办实校赛，把最广泛的学生发动起来，吸引进来，坚决避免数学建模竞赛成为“数学专业研究生俱乐部”。一是学校成立由学校领导牵头，各培养单位共同参加的领导机构。二是积极争取学校党政支持，推动数学与计算机学院、信息与工程学院、经济管理学院、先进制造学院、工程建设学院等相关培养单位将参加数学建模竞赛纳入学生培养方案，并在物质奖励和荣誉激励等各方面加强调度，充分激发师生积极参与的内生动力。比如，学校每年在数学建模竞赛中至少投入专项经费20万元，对国赛获奖项目指导老师进行奖励。三是制订校级赛事评审规则、校级优秀组织奖和先进个人评审办法，对校赛的办赛流程、组织发动、作品评审等提出明确要求，规范做好校赛的各项组织工作。南昌大学立足“以赛促创”设立数学建模竞赛领导小组，研究生院（党委研工部）、数学与计算机学院等多个单位协同发力，推动数学建模赛事成为校内覆盖面广、参与性高的竞赛活动，研究生参赛率达20%。比如，某一年建模竞赛题目中涉及了天文学、力学等知识，指导老师会及时将物理相关专业教师请来共同指导学生；组建专家指导组进学院开展培训指导和动员，建立三轮立项遴选机制，在提高赛事育人覆盖面的同时，培育了重点项目、提升了竞赛水平。

（三）引领带动，合力提升校赛示范性

校赛是全省、全国赛事的“基础”和“牵引”，严格规范校赛对于营造数学建模竞赛氛围具有带动作用。南昌大学坚持把“从严”二字贯穿始终，做到公平公开公正，着力打造高水平、有影响的赛事平台，努力把校赛办成全省各高校校赛的“旗舰赛”。一是积极争取学校领导的重视和关心，每年邀请校领导莅临数学建模竞赛动员会指导，为数学建模竞赛提供坚强保障；加强与校内各部门沟通协调，争取政策支持，明确职责分工，形成工作合力。二是严格选拔程序和资格审查，所有省赛的参赛作品必须先经过校级赛事评审推荐，省赛获奖作品依据排名择优选择参与成员，严肃处理以其他研究生竞赛成果作为自己参赛解题等违规现象。三是建立培训指导制度，每年举办赛前专题培训会，邀请往届数学建模竞赛国赛一等奖获得者的指导老师以及研究生开展分享会做专门辅导，传授参赛经验；制定《参赛手册》，明确作品要求，提前发放选题指引，引导学生找准赛事侧重点，帮助大家把握大赛要求、理解核心要义。四是全部从校外邀请高水平专家组成评审委员会，实行公开答辩，供广大师生观摩学习，接受大家监督，提高了评审质量，确保了严格公正评审。五是通过举办专题学术报告会、数学建模素质能力提升班等活动，邀请国内知名专家教授现身说法、现场讲学，丰富大赛活动内容，拓宽参赛学生视野。

（四）宣传发动，大力强化赛事交流性

要始终把提升研究生数学建模竞赛创新氛围，使数学建模竞赛在学校产生更为广泛和深远的影响作为重要目标，坚持以赛育人，围绕赛事开展培训指导、搭建交流平台、广泛宣传推广，帮助提升项目质量和参赛学生的原创和创新能力，增强竞赛影响力。一方面，赛前，每年举办全校数学建模赛事培训交流会，让往届数学建模竞赛成绩较好、进步较快的团队、培养单位作经验分享，推广可复制、易学习的好做法；赛中，每年高度重视学生竞赛过程，提供充足的物质保障；赛后，推动各培养单位之间组织获奖师生举办分享交流活动，邀请历年来获得国赛一等奖的学生作经验分享，注重学生的参赛体会和收获，极大地促进了培养单位之间、师生间的相互学习和比学赶超，带动了参赛项目质量和学生创新能力的双提升。比如，学校多次通过开展国赛经验分享会等，带动全校上下形成了广泛支持、积极参与的浓厚氛围。另一方面，积极选树典型，对取得好成绩的参赛师生邀请新闻媒体进行专门报道，挖掘感人事迹，在“南昌大学研究生”微信公众号等新媒体平台开设专栏，广泛宣传推广，带动学校各培养单位研究生广泛关注、热情支持、积极参与，凸显了该赛事影响力。如中国研究生数学建模竞赛一等奖获得者数学与计算机学院2020级数学专业研究生吴世佳同学，从竞赛中历练，在历练中前行，通过参加数学建模竞赛，增强了将模型转化为解决实际问题的能力，进一步提升了数学不仅仅是单纯枯燥的理论，也有实际运用的认知，毕业之后，她选择成为一名数学教师，期望帮助更多的同学将数学书本上的知识外化为动手实操能力，改变学生们对数学是苦涩难懂的偏见，培养他们关注数学问题的意识和解决社会问题的能力，将数学建模竞赛的精神传递给一届又一届学生。

（五）成果撬动，致力提升研究生竞赛成绩

赛事成果的转化直接把科技体现在生产力上，能够极大地增强师生参与热情、提升竞赛影响。学校将推动“学生科技成果与市场、资本实现更加紧密、有效的结合”作为竞赛实效，坚持把数学建模竞赛作为助推研究生科技成果转化的重要平台，加强跟踪对接，着力推动竞赛成果落地转化。一方面，数学建模竞赛的题目是开放性的，不限制解决方法，也不设置标准答案，学校每年都在校赛赛题选取方面下功夫，选取部分与学校建设、发展有关的尚未解决的难题，根据赛题规则制定相对应的题目，引导研究生进行解题，邀请专家教授、创业导师等对竞赛项目进行跟踪帮扶，为参赛项目成果转化牵线搭桥。另一方面，积极建立长效跟踪机制，对有落地意愿、落地可能的竞赛题目通过争取创新创业孵化园支持等，进行重点跟踪、重点帮扶，让获奖竞赛解题方法“落地生根、茁壮成长”，努力把竞赛成果转化为实实在在的科技创新生产力。

基础研究是科技创新的支撑，基础工作则是科技创新工作的根基。南昌大学将紧紧抓住国家高位推动科技自立自强重大战略的有利契机，进一步夯实科技创新工作基础，积极争取资源支持，扩大数学建模竞赛的影响力和吸引力，持续推动外在推力向内生动力转化，实现不同专业、不同研究方向的研究生同向发力、相互成就的良性循环；大胆探索模式创新，实现新的量变和质变，打好研究生数学建模竞赛组合拳，助力竞赛育人提质增效，让学校研究生的创新能力和数学建模竞赛成绩迈上新台阶。

以赛促育，培养最具创造力的研究生

山东大学　时京京

党的二十大报告指出，教育、科技、人才是全面建设社会主义现代化国家的基础性、战略性支撑。[①] 研究生教育作为教育、科技、人才“三位一体”的重要交汇点，对于全面提高人才自主培养质量、着力造就拔尖创新人才具有重要的战略意义。山东大学致力于培养最具创造力的研究生，大力支持研究生参加中国研究生创新实践系列大赛等高水平学科竞赛，中国研究生数学建模竞赛是一项面向在校研究生进行数学建模应用研究与实践的学术竞赛活动，是广大在校研究生提高建立数学模型和运用互联网信息技术解决实际问题能力、集智攻关、实践创新的重要平台，山东大学不断优化研究生数学建模竞赛工作机制，竞赛育人模式逐渐完善，育人实效凸显。

一、背景与理念

山东大学数学学科历史悠久、实力雄厚，具备本研接续参赛的优良传统。山东大学数学学科整体水平位于全国前列，入选国家首批“双一流”建设行列，在学科评估中获评 A+，在 ESI 全球排名持续进入前 1%。山东大学注重培养学生创新能力，自本科生阶段起即形成了浓厚的数学竞赛文化，本科生层面扎实的数学竞赛工作为研究生数学建模竞赛打下了坚实的基础，形成了良性传承。以第十三届全国大学生数学竞赛为例，山东大学本科生共获得一等奖 4 项，二等奖 6 项，三等奖 8 项，获奖总数位列全国第二。

参加创新实践竞赛是深化研究生教育评价改革、推进研究生教育高质量发展的有效举措和重要平台。教育评价事关教育发展方向，有什么样的评价指挥棒，就有什么样的办学导向。研究生教育评价要聚焦人才培养成效、科研创新质量、社会服务贡献等核心要素，突出立德树人成效、突出解决现实问题导向，着重考察研究生教育在服务国家重大战略、经济社会发展、重大科学创新、关键技术突破、投身社会服务、科研成果转化等方面取得的标志性成果，扭转不科学的评价导向，建立健全更细更实更有操作性的标准体系。中国研究生创新实践系列大赛坚持“以国家战略需求为导向”的主题赛事设置模式，主动对接我国基础研究、智慧社会、航天强国、网络强国、智能制造、能源体系、乡村振兴等国家重大发展战略和部分“卡脖子”核心技术领域，助力国家急需、重点领域高层次创新人才培养。系列大赛突出研究、突出创新、突出实践，是研究生成长成才的优质平台。2020 年，教育部、国家发展改革委、财政部发布《关于加快新时代研究生教育改革发展的意见》提出，鼓励办好研究生创新实践大赛和学科学术论坛。山东大学于 2022 年出台《山东大学研究生综合评价实施办法》，突出人才培养中心地位，着力破除“五唯”，高水平学科竞赛是改革研究生智育评价、推进新时代劳动教育评价、提升研究生实践创新能力的有效抓手。与专注某一学科领域、面向特定专业的竞赛不同，中国研究生数学建模竞赛覆盖学科范围较广、参

① 习近平：高举中国特色社会主义伟大旗帜 为全面建设社会主义现代化国家而团结奋斗——在中国共产党第二十次全国代表大会上的报告[EB/OL].（2022-10-16）[2023-11-10]. https://www.12371.cn/2022/10/25/ARTI1666705047474465.shtml.

赛学生规模较大，有助于引导广大研究生运用数学建模和互联网信息技术解决现实问题，强化知识创新和实践创新，促进学科交叉融合，提升主动服务国家战略的意识和能力，参赛价值较高，是学校重点推广的赛事。

二、举措与特色

（一）优化参赛组织运行机制

山东大学高度重视研究生数学建模竞赛参赛组织工作。学生发展委员会办公室专题研究中国研究生数学建模竞赛申办事宜，大力支持研究生院、研工部协同数学学院承办 2024 年第二十一届赛事。学校将“大力支持研究生参加中国研究生创新实践系列大赛”写入《中共山东大学委员会关于进一步加强研究生思想政治教育的实施方案》，在全校层面进行部署落实。研究生院、研工部安排专人以年度重点任务的形式推进竞赛工作，在校级研究生组织“研究生团工委”中设置了“科创大赛部”专门协助组织赛事相关工作，为竞赛运行建立了良好的组织基础。各学院积极出台配套一揽子政策，激励师生积极参赛，山东大学控制科学与工程学院研究生连续五年获得中国研究生数学建模竞赛全国一等奖，学院在奖学金评定、年度综合评价中对竞赛获奖研究生进行政策性倾斜支持，获奖学生指导教师配套绩效激励，注重培育学院层面赛创育人文化，已形成课题组传帮带接续参赛的优良传统。

新闻动态　　学院首页 > 学生工作 > 新闻动态 > 正文

控院学子在第十九届中国研究生数学建模竞赛中斩获一等奖

作者：傅春磊 梁瑞涛 时间：2023-03-22 点击数：1081

3月19日，第十九届中国研究生数学建模竞赛颁奖典礼在华中科技大学举行。山东大学获一等奖1项、二等奖24项、三等奖25项。控制科学与工程学院研究生张靖宇、傅春磊、姜昱组成的“Just water”团队斩获一等奖，实现山东大学荣获该奖项“五连冠”。

图 1　山东大学控制科学与工程学院研究生获奖新闻

（二）把握重要节点强化参赛动员

如何让参赛成为一种自觉和习惯，引导研究生和导师建立竞赛“必备经历”意识？山东大学自学生入学便开始着手回答这些问题，扣好研究生竞赛育人“第一粒扣子”。研究生院、研工部将“中国研究生创新实践系列大赛”写入每一级研究生入学教育方案，在研究生手册中对赛事进行专门介绍，通过“山大研究生”微信公众号发布系列大赛相关推送，引导新生正确认识参赛意义，积极主动报名参赛，努力实现竞赛入门。在导师层面，研究生院、研工部将系列大赛参赛介绍写入各年度《研究生导师文件汇编》，列入研究生导师工作日程表，引领导师关注竞赛、认可竞赛、投身竞赛。大赛官网发布赛事通知后，研究生院、研工部第一时间跟进，结合学校实际情况拟定校级层面参赛通知，通过“研究生之家”网站、“山大研究生”微信公众号等联动发布，特别是近 2 年通过学校 OA 系统“部门通知”栏目面向所有研究生培养单位、研究生导师、研究生辅导员等定向发布赛事通知，有效扩大了赛事“知悉面”。同时主动对接相关学科分管研究生教育的副院长、分管研究生工作的副书记，强化“一对一”校院动员工作，形成校院联动发动赛事的良好氛围。

（三）推进竞赛工作与培养环节融合挂钩

根据《山东大学关于修（制）订专业学位研究生培养方案的通知》，创新创业教育是硕士专业学位研究生培养的必备环节，计 2 学分。创新创业学分的认定包括创新创业课程学习，参加创新创业竞赛、实践创新、自主创业等。创新创业课程一般在第二学年的第一学期（专业实践环节）以慕课的形式由学校组织开设。各专业（领域）应根据自身特点在培养方案中明确创新创业学分的认定办法。根据《山东大学研究生创新创业学分置换规则》，包含“中国研究生数学建模竞赛”在内的“中国研究生创新实践系列大赛”被认定为研究生 A 类赛事，参加系列大赛获奖可用于置换创新学分，一定程度上调动了专业学位研究生的参赛热情。

在此基础上，学校致力于进一步写好赛创文章，深化竞赛育人与课程育人深度融合。近日发布的研究生创新创业在线课程建设有关通知，在课程类型中专门设置了“竞赛指导类”课程，要求围绕数学建模应用等领域，积极整合校企资源、教师和教学资源，课赛结合，提升研究生创新实践水平，指导全国性研究生创新实践竞赛的教师将获得优先支持，各单位立项建设情况将纳入研究生教育质量评价及绩效评估考核指标体系。

（四）完善保障激励和培育支持体系

注重从经费层面强化保障和激励。学校每年在“双一流引导性专项经费”中设“学术论坛与创新实践竞赛”专门预算，用于竞赛的组织、宣传、培育、奖励工作等，研究生数学建模竞赛报名费、获奖团队参加颁奖典礼差旅费、获奖奖励等均从此项目列支。为全面贯彻国家教育方针，加强拔尖创新人才培养，充分调动研究生的科研积极性，激发研究生创新活力，进一步提高研究生培养质量，2019 年山东大学进行了研究生奖助改革，研究生奖励体系中新增创新竞赛奖，主要用于奖励在“中国研究生创新实践系列大赛”各项赛事中获得优异成绩的研究生。中国研究生数学建模竞赛作为参赛人数最多的竞赛，获奖团队最多，研究生的参赛积极性实现正向调动。

强化培育支持。学校每年邀请专家为参赛研究生开展专题培训，2022 年邀请陆军工程大学岳振军教授、国防科技大学吴孟达教授、山东大学刘保东教授以“研究生数学建模竞赛参赛技巧”“谈谈研究生数学建模竞赛”“研究生数学建模竞赛常见问题解析”等为题举办系列讲座，各位专家从审题、参赛及论文写作等角度，剖析研究生在参赛准备、队员分工与合作、论文写作、常见违规形式等存在的问题，给出如何提升参赛质量与竞赛成绩的途径，为参赛研究生指点迷津。

做细服务保障。学校建立“SDU 研究生数模竞赛”QQ 群，群内人数 480 余人，邀请研究生数学建模竞赛评审专家刘保东教授入群，致力于为全校参赛研究生提供组队、报名费报销、奖励发放、培训信息分享、参赛资料共享、参赛咨询等服务，打造数学建模竞赛专属交流互动平台。

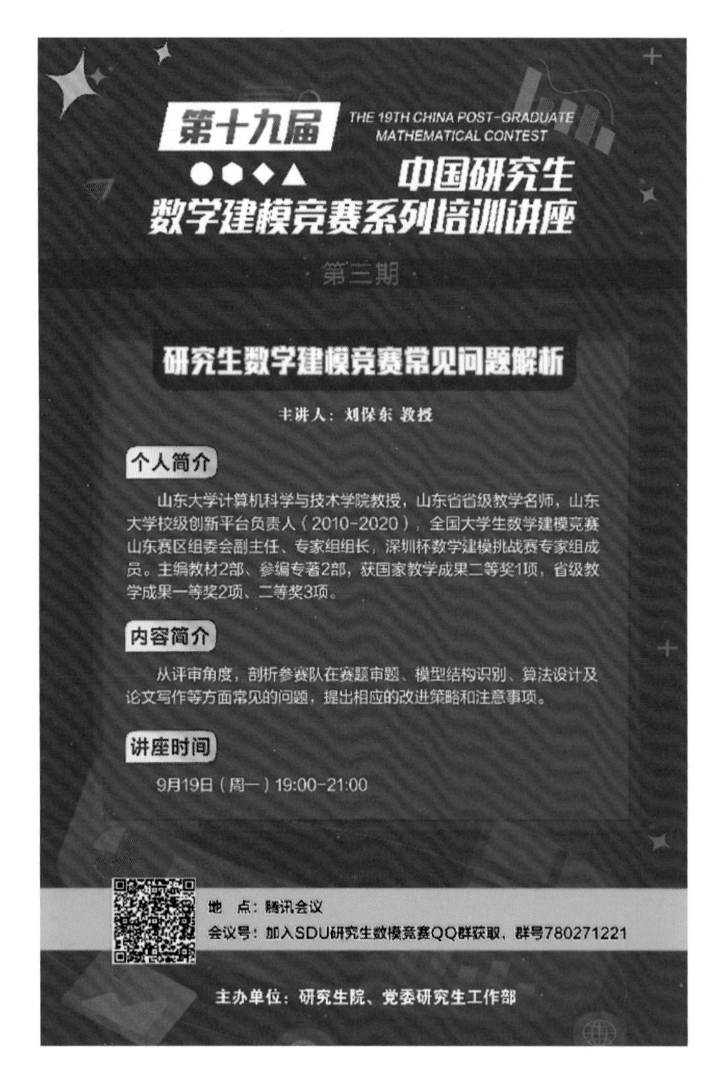

图 2　中国研究生数学建模竞赛系列培训讲座海报

图 3　“SDU 研究生数模竞赛”QQ 群

（五）立体式宣传激励和示范引领

研究生数学建模竞赛获奖成绩是展示学校研究生教育成果、双创成效，激励更多研究生实践创新的重要窗口，学校重视打造全方位赛事宣传体系，网、微、视频等联动，多栏目并行，让获奖师生真正“出圈”，倍增赛事宣传引领实效。

榜样示范让数学建模竞赛更“成风”。学校重视挖掘宣传数学建模竞赛获奖研究生榜样，通过专访、拍摄单人视频等方式引领创新实践风尚。控制科学与工程学院 2022 届硕士毕业生顾潘龙，曾获中国研究生数学建模竞赛全国一等奖、二等奖，获山东大学校长奖、国家奖学金，山东省研究生学术成果一等奖等。专访《校长奖获得者顾潘龙：成机械之事，无机巧之心》和短视频《研岸星光：智控天下 引领未来》中，生动讲述了顾潘龙与同学延晓晖及师兄庄文密共同参加中国研究生数学建模竞赛并获得全国一等奖的经历。“赛前他们一行人利用科研外的时间仔细研究了历年的竞赛题目以及建模方法，并对团队的优势和能力进行了详细的讨论和探索，通过相互配合与相互探讨，不断尝试各种方法互相推翻各自提出的算法与思路，每个人提出的方案和思路都必须经过自己和另两个人的检测和验证。经过高强度的头脑风暴和数次的通宵达旦，团队最终在竞赛要求的五天四夜时间内以相对最佳的方案完成了题目的建模和计算，并获得了国家一等奖的优异成绩。”

师生分享让数学建模竞赛更“可及”。“山大人物”对数学建模竞赛先进个人刘保东老师进行专访，

《刘保东：十八年的创新教学与坚守》文章阅读量超过 5300 次，激励更多教师认识数学建模竞赛、投身指导数学建模竞赛。一等奖获奖团队代表傅春磊投稿《山大日记》栏目分享参赛经验获头条展示，“有幸参加本次会议并与来自全国各高校的人才畅怀交流，对我和我们队伍来说意义重大，让我们见识到了更高、更远的天地。感谢学校和学院对研究生参与校内外各类竞赛活动的大力支持，为我们提供了丰富多样的学习与创新实践平台。也感谢指导老师日复一日的悉心指导、以身作则，让我们学习到了对待问题的严谨态度、思考问题的全面细致、撰写论文的表达技巧等。我将继续立足山大，专心科研，勇攀高峰，再创佳绩”。

强力宣传让数学建模竞赛更“吸睛”。学校高度重视竞赛获奖新闻宣传工作，每年赛事获奖新闻均在山东大学官方网站《山大要闻》栏目进行头条展示，在第十九届中国研究生数学建模竞赛中，山东大学获一等奖 1 项、二等奖 24 项、三等奖 25 项，计算机科学与技术学院刘保东教授获评先进个人，学校获优秀组织奖，赛事获奖新闻点击次数 5100+。“山东大学”官方微信公众号跟进联动展示，获奖新闻推送累计阅读量 1.1 万+。第十八届中国研究生数学建模竞赛获奖新闻稿件入选 2022 年度“十大新闻”素材，持续发挥竞赛宣传的长尾效应。

图 4　2022 年度“十大新闻”选摘（第二排中）

三、工作成效与经验

近几年，山东大学不断完善竞赛育人工作，参与数学建模竞赛的学科范围不断扩大，获奖质量持续提升，以赛促学科交叉、以赛促学、以赛促改的氛围逐渐浓厚，2020~2022 年累计获得一等奖 4 项、二等奖 53 项、三等奖 74 项。

表 1　山东大学 2020~2022 年在中国研究生数学建模竞赛中的获奖情况　（单位：项）

年份及届次	一等奖	二等奖	三等奖
2020 年第十七届	2	9	11
2021 年第十八届	1	20	38
2022 年第十九届	1	24	25

根据近期研究生院、研工部面向中国研究生数学建模竞赛参赛研究生发起的调研显示，关于“参与数学建模竞赛的原因和动力”（多选），82.26%的受调研研究生选择“得到科研训练，提升学术能力”，50%的受调研研究生选择“结交志同道合的朋友，丰富研究生生活”，50%的研究生选择“为综测加分”，46.77%的研究生选择“获得奖金和荣誉”，这表明综合评价和奖学金评定中的政策倾斜对调动研究生参赛积极性有一定促进作用，但经过长期培育竞赛文化和氛围，研究生自身成长需求已成为参赛第一动力；对于“参与竞赛是否有助于提升个人能力”方面（多选），91.94%的受调研研究生认为参赛对于提升能力有明显帮助，83.87%的受调研研究生认为参赛“提高了科研思维、论文写作能力、编程能力等”，70.97%的研究生认为参赛“增强了团队意识、解决问题的能力”，48.39%的受调研研究生表示参赛“激发了创新潜能，提高了创新能力”，数学建模竞赛参赛价值已获得研究生广泛认可。

中国研究生数学建模竞赛为推进研究生教育高质量发展、促进研究生全面成长成才做出了重要的贡献。山东大学将继续以学科竞赛为切入点，不断完善竞赛组织运行、参赛动员、培养融合、保障激励、培育支持、宣传引领机制和举措，着力加强赛事平台打造，打造一揽子政策支持体系，全力做好第二十一届中国研究生数学建模竞赛筹办工作，以赛为媒，努力培养新时代最具创造力的研究生。

夯实基础创特色，提升内涵促发展

——青岛科技大学研究生数学建模竞赛活动总结

青岛科技大学　邢建民　单正垛　杨树国

青岛科技大学是较早参加中国研究生数学建模竞赛的高校之一，在竞赛组委会和兄弟院校的大力支持和帮助下，学校在课程教学、竞赛管理及培训模式等方面积极探索、锐意创新，逐渐形成了以研究生创新能力与工程实践能力培养为目标的数学建模新型教学活动体系。

一、数学建模活动的主要特色

第一，在宣传环节，学校积极营造“学习数学建模”的良好氛围，以建模文化推动研究生认识数学、理解数学、热爱数学和运用数学：如在研究生入学后开设的数学类公选课上，老师们都会介绍数学建模的意义、作用以及我校在数学建模教学和竞赛方面的突出优势，以吸引同学们的注意力；数学建模协会定期开展以数模讲座、数模论坛、数学沙龙、在线课程、网络资源“五重熏陶”为主体的第二课堂。另外，为了提高导师对于研究生参赛的支持，建模团队会定期组织导师们宣讲，使导师了解建模对学生能力培养及后续科研的重要作用，从而主动动员学生参赛。经过多年努力，建模活动“学在科大、练在科大、赛在科大”的理念早已蔚然成风。每年来自 4 个校区 15 个学院 60 多个专业的 500 多名研究生穿梭于建模活动场所，形成了青岛科技大学一道亮丽的校园风景线。

第二，在课堂教学环节，学校改革优化教学模式，丰富更新教学内容，构建了完善的数学建模课程体系，着力使研究生掌握扎实深厚的理论知识。一方面，专设数学建模教研室，积极发展建模教学团队，着眼于优化课程设置，融合多学科课程特色，建成了以工程实践为主导、以“公共基础课+数学建模+相关专业课”为核心的新型“实践教学课程体系”（图 1）；另一方面，建模团队始终致力于推行“个性化教学、探究式学习、合作型研究”一体化的成果导向教育教学模式，积极打造高效能课堂，在“数值分析”“应用统计”等研究生基础课上结合学生的专业普及数学建模知识，培养他们的创新实践能力。

第三，在实践教学环节，学校推行“理论加实践、实践带竞赛、竞赛融教学、教学促发展”的实践教学理念。结合学校实际，形成特色鲜明的“二选四训三阶段”选拔和培训模式。该模式中“二选”指的是两次选拔参赛队员，“四训”指的是课程普及、初级培训、分散培训以及暑期强化培训四个过程，“三阶段”为竞赛培训、竞赛指导和总结交流三个阶段；以“启智慧、拓视野、助成长”为主题，开辟了以数模讲座、数模论坛、数学沙龙、在线课程、网络互动“五重熏陶”为主体的第二课堂，开展形式多样的数模教学活动。多年来，全校学生参与建模活动的热情高涨，参赛队伍逐年增多，现已成为学校一道亮丽的风景线（图 2）。

第四，在团队建设环节，学校积极构筑科研创新平台，促进校企合作、师生教学科研相长。以“能站讲台、能做科研、能教实践、能做工程”为标准，打造了一支稳定高效、拼搏进取的教师队伍；以研究生科研训练计划为抓手，成立了数学建模研究中心，形成师生科研互动机制；大力推进校企合作，在建模活动、就业创业以及技术开发等方面校企双方进行了深度合作，师生多次走进企业（图 3），感受企业文化，体验数学建模的实际应用过程。

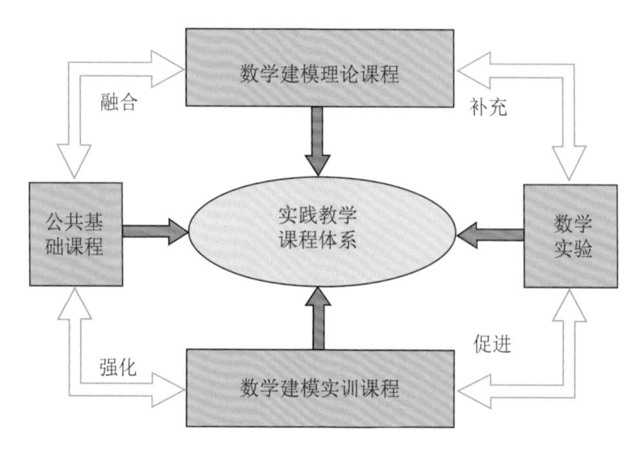

图 1 数学建模课程体系

图 2 学生参加建模活动

图 3 建模师生走进企业交流

二、数学建模活动取得的优异成果

（1）青岛科技大学始终把诚信教育放在首位，严守竞赛的纪律，每年都会让参赛研究生签署《青岛科技大学数学建模竞赛承诺书》，多年来，我校研究生数学建模成绩在省内一直名列前茅，且从未出现竞赛违规现象。

（2）建模竞赛成绩斐然。2010～2022 年，我校中国研究生数学建模竞赛参赛队伍 629 支，共获得奖励 349 项，其中国家一等奖 16 项，二等奖 161 项，三等奖 172 项。获奖率达到了 55.5%，获奖研究生遍及全校 12 个学院，覆盖面广，学校 13 次获得“中国研究生数学建模竞赛优秀组织单位”称号。2018～2022 年的研究生参赛获奖情况如表 1 所示。

表 1 青岛科技大学 2018～2022 年中国研究生数学建模竞赛成绩

年份	获奖/参赛队数/队	获奖比例/%	国家一等奖/项	国家二等奖/项	国家三等奖/项
2022	23/78	29.5	1	7	15
2021	16/44	36.4	0	3	13
2020	40/95	42.1	1	9	30
2019	58/156	37.2	1	22	35
2018	41/75	54.7	0	16	25

（3）教学科研成果突出，奖项丰富多样。学校教学成果“构建数学建模教学培训体系，提升大学生创新实践能力”荣获第七届山东省高校教学成果奖二等奖，“基于大学生创新与工程实践能力培养的数学建模新教学体系研究与实践”荣获第八届山东省高校教学成果奖一等奖；2016年获批了山东省研究生教育创新计划项目“基于数学建模的研究生创新能力培养模式的研究与实践”。团队出版教材1部，承担各级教学改革项目共8项，发表建模相关的教研论文20余篇；参赛师生发表数学建模应用类论文10余篇、获批大学生创新创业项目30余项。目前，团队有全国大学生数学建模竞赛优秀指导老师2名，山东赛区优秀辅导老师3名；在全国数学建模微课（案例）竞赛中荣获全国三等奖2项；在全国数学微课程教学设计竞赛中荣获全国一等奖2项，全国二等奖1项，山东省一等奖8项；在山东青年教师教学比赛中荣获教学三等奖1项，6位教师是“中国研究生数学建模竞赛阅卷专家”，3位教师获评为“中国研究生数学建模竞赛先进个人”。

三、结束语

20年风雨历程，奋斗不息，铸就了青岛科技大学建模团队的拼搏精神；20年砥砺前行，发展壮大，成就了今天建模参赛学生的灿烂风姿；20年同舟共济，无私奉献，绽放出青岛科技大学数模人生命的光彩。值此中国研究生数学建模竞赛20周年纪念的日子，青岛科技大学特别感谢竞赛组委会20年为建模竞赛奉献才智，付出心血，也让我们建设并拥有了一个开拓创新、展示风采的科教平台，培养了无数勤奋学习、锐意进取的优秀学子。未来，我们将继续夯实内涵，积淀特色，不断谱写新的篇章！

图4　建模宣讲会的火爆场面

图5　暑假教师培训

青岛科技大学文件

青科大字〔2020〕37号

关于印发《青岛科技大学学科竞赛管理办法》的通知

各学院、部（处）、校区、校直各单位：

《青岛科技大学学科竞赛管理办法》业经校长办公会研究通过，现印发给你们，请认真学习、抓好贯彻落实。

图6　学校相关管理文件

图7 先进个人证书

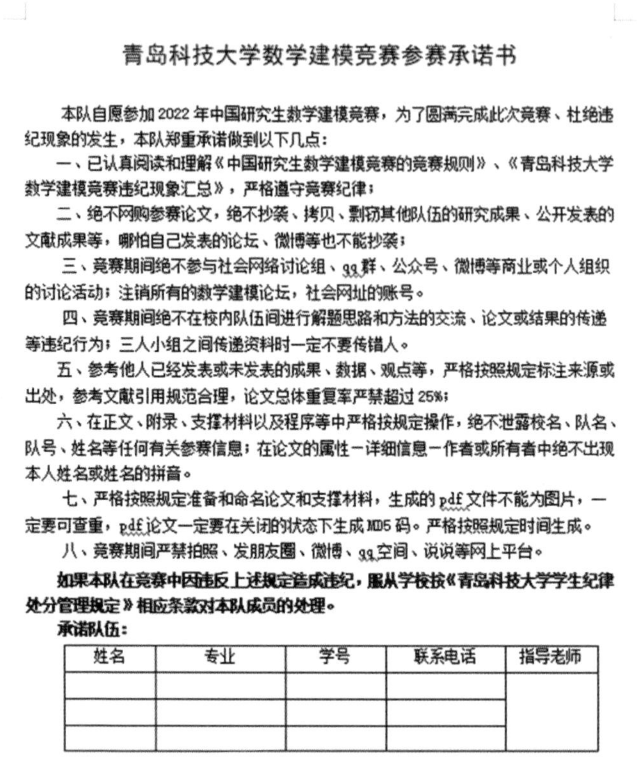

青岛科技大学数学建模竞赛参赛承诺书

本队自愿参加 2022 年中国研究生数学建模竞赛，为了圆满完成此次竞赛、杜绝违纪现象的发生，本队郑重承诺做到以下几点：

一、已认真阅读和理解《中国研究生数学建模竞赛的竞赛规则》、《青岛科技大学数学建模竞赛违纪现象汇总》，严格遵守竞赛纪律；

二、绝不网购参赛论文，绝不抄袭、拷贝、剽窃其他队伍的研究成果、公开发表的文献成果等，哪怕自己发表的论坛、微博等也不能抄袭；

三、竞赛期间绝不参与社会网络讨论组、qq 群、公众号、微博等商业或个人组织的讨论活动；注销所有的数学建模论坛，社会网址的账号。

四、竞赛期间绝不在校内队伍间进行解题思路和方法的交流、论文或结果的传递等违纪行为；三人小组之间传递资料时一定不要传错人。

五、参考他人已经发表或未发表的成果、数据、观点等，严格按照规定标注来源或出处，参考文献引用规范合理，论文总体重复率严禁超过 25%；

六、在正文、附录、支撑材料以及程序等中严格按规定操作，绝不泄露校名、队名、队号、姓名等任何有关参赛信息；在论文的属性－详细信息－作者或所有者中绝不出现本人姓名或姓名的拼音。

七、严格按照规定准备和命名论文和支撑材料，生成的 pdf 文件不能为图片，一定要可查重，pdf 论文一定要在关闭的状态下生成 MD5 码。严格按照规定时间生成。

八、竞赛期间严禁拍照、发朋友圈、微博、qq 空间、说说等网上平台。

如果本队在竞赛中因违反上述规定造成违纪，服从学校按《青岛科技大学学生纪律处分管理规定》相应条款对本队成员的处理。

承诺队伍：

姓名	专业	学号	联系电话	指导老师

图8 青岛科技大学数学建模竞赛参赛承诺书

以赛促学，培养具有轨道交通特色的西南交大人

西南交通大学 孔延花 徐昌贵 杨 晗

一、背景与理念

西南交通大学创建于1896年，前身是“山海关北洋铁路官学堂”，曾定名“唐山交通大学”“唐山铁道学院”等，是近代中国建校最早的高等学府之一，也是首批进入国家“双一流”“211 工程”“特色985工程”“2011协同创新计划”建设序列的高校之一。学校研究生培养事业始于1955年，1981年成为全国首批博士、硕士学位授予单位。2000年6月，经教育部批准，西南交通大学研究生院正式成立。

当前，学校已建成学科门类齐全、学科特色鲜明、学位类型多样、结构不断优化的学位与研究生教育体系，是中国高层次创新人才特别是轨道交通领域拔尖创新人才培养的重要基地之一，在校研究生18000余人。学校拥有2个一级学科国家重点学科，10个二级学科国家重点学科，18个一级学科博士学位授权点，3个博士专业学位授权类别，41个一级学科硕士学位授权点，17个博士后科研流动站。交通运输工程学科排名稳居全国第一（A+）并进入国家“双一流”建设序列，工程学、材料科学、计算机科学、化学、社会科学、地球科学、环境/生态学等7个学科进入ESI全球排名前1%。

“大学者，非大楼之谓也，乃大师之谓也。”在西南交通大学的导师队伍中，有中国科学院院士 2人，中国工程院院士1人，国家高层次人才计划入选者150余名、国家级教学名师7名，国家自然基金委创新群体1个，教育部创新团队6个，国家级教学团队8个。这支由科学巨匠、学术大师为带头人的导师队伍，始终秉承百年交大“严谨治学、严格要求”的“双严”传统，以其高尚师德和学术造诣，成为广大研究生成长道路上的指导者和引路人。

紧密围绕学校“双一流”建设和“人才强校主战略”，以“打造卓越而有灵魂的研究生教育”为主旨，深化以“研”为中心的培养理念，落实立德树人根本任务，积极探索学位与研究生教育综合改革之路，全面提升我校研究生教育培养质量，培养造就德才兼备的高层次人才。数学学院围绕学校着力培育具有轨道交通特色的拔尖创新人才的目标，积极探索开展研究生数学建模活动及其竞赛的新途径和新方法，积极建立科学、完善、系统的培养体系，努力构建科学、规范、高效、持续的管理和运行机制。

数学建模竞赛是根据实际问题，在一些假设条件下，将实际问题转化成数学模型，利用计算机实现求解数学模型，并形成一篇高质量的论文。研究生作为我国未来发展的中坚力量，其创新能力对我国的科技发展及技术发明都有着非常大的影响。研究生的科技创新活动是学生培养工作中的一个重要的组成部分，中国研究生数学建模竞赛在提高研究生科研能力，促进研究生创新能力培养，提高研究生质量方面发挥着重要作用，是广大在校研究生提高建立数学模型和运用互联网信息技术解决实际问题能力，培养科研创新精神和团队合作意识的一项赛事。

西南交通大学以工科见长，是一所具有轨道交通特色的研究型大学。一直以来，学校高度重视在校学生的创新能力培养，为学生的全面成长成才提供师资、场地、平台、经费等各种保障。西南交通大学数学学院承担着全校3万余人次/年的数学类课程的教育，建设有“数学建模”国家级一流课程、“数学建模精讲”四川省一流课程，出版了《数学建模基础及应用》教材等。学校建立了完整的教学指导团队、

竞赛及培训体系。由数学学院直接负责指导，我校研究生在中国研究生数学建模竞赛中屡创佳绩，据不完全统计，近年来，我校先后有15个队获全国一等奖，155个队获全国二等奖，142个队获全国三等奖。

二、举措与特色

数学建模竞赛能促进数学教学改革，丰富数学类课程的教学内容，能提高学生创新能力和综合素质，是培养创新人才非常有力的载体。西南交通大学数学建模教学团队指导学生参加中国研究生数学建模竞赛、全国大学生数学建模竞赛、美国大学生数学建模竞赛、全国大学生数学建模夏令营、全国大学生统计建模大赛、五一数学建模竞赛、全国大学生电工数学建模竞赛等，获得了优异的成绩，为提高大学生的科创能力、研究生的学术研究能力奠定了坚实的基础。成绩的取得离不开学校的鼎力支持、各部门的配合协调、教学团队的协作、参赛学生的不断努力。下面结合学校的实际，将我校参加中国研究生数学建模竞赛的举措进行梳理。

（一）学校高度重视学生科创能力的培养

西南交通大学高度重视学生的科技创新能力培养。学校有负责研究生科研实践的研究生科研实践中心，主要负责校级科创活动的组织、开展，以及科创社团的管理等工作。学校给予场地、经费及师资等支持。学校给予研究生数学建模竞赛大力支持，研究生院有专门负责对接全国各类研究生创新实践大赛的老师，协调各类各级赛事，给予学院提供指导和帮助。研究生院委托数学学院开展研究生数学建模竞赛事宜。包括宣传、报名、资格审核、培训、数据统计、资料总结汇总等等，并且为参赛学生报销报名费。按照获得研究生数学建模竞赛一等奖、二等奖、三等奖的数量给予学院和指导教师团队计算教学工作量，并且给予物质激励，同时对获奖学生在评奖评优中给予政策倾斜。

（二）加强高水平教学团队建设

为了全面推进数学建模工作的开展，数学学院组建了科研成果丰富，具有丰富数学建模教育和竞赛指导经验的教师，组成了相对固定的数学建模教学团队，全面负责学校的数学建模相关工作，包括课程体系与指导教师梯队建设、探讨和完善数学建模竞赛的组织形式与培训方法及竞赛指导等各个环节，不断总结经验，提升数学建模在人才培养中的成效。

1. 建立了完善的教学课程体系

西南交通大学数学建模类课程从1995年开设，经历了探索阶段（1995～1999年）、调整阶段（2000～2006年）及改革发展阶段（2007年至今）。目前在理论课程教学、教育教学改革研究、资源信息化建设、各类竞赛组织等方面形成了完整体系。课程将国内优质教学资源与校内优质资源进行了有机整合，形成了具备高阶性、创新性和挑战性的课程教学体系，同时构建了“课程教学—学科竞赛—实践项目”一体化的教学新模式。

研究生建模基础能力的形成主要得益于本科阶段的课程学习以及后期的学科竞赛的实践环节，因此，我们在本科阶段就开设了丰富的数学建模类课程。在数学专业本科生中开设了4个学分的“数学建模A”课程，在全校非数学专业开设了2个学分的“数学建模B”和“数学建模C”课程，同时开设针对竞赛类学生的通识课程“数学建模竞赛训练”，供全校的学生选修；在研究生中开设了数学建模类选修课程。组织的各类赛前培训面向对象是全校的本科生和研究生。数学建模教学团队在进行数学建模培训与竞赛指导的基础上，编写出版了《数学建模基础及应用》等教材。数学建模教学团队具体负责数学建模课程教学，开设数学建模讲座，负责全国数学建模竞赛、各地方竞赛以及学校级别的竞赛的组织、培训和指导等工作。我校研究生数学建模竞赛已连续多届荣获优秀组织奖，各等级获奖数量均位居前列。

2. 成立了高水平的指导教师团队

学院成立了由学院主要负责人为组长的指导教师团队，由参赛经验丰富的数学建模类课程的授课教师组成老、中、青指导教师团队，发扬“以老带新”的“传帮带”优良传统。目前指导教师团队分别有教授 3 人，副教授 5 人，讲师 4 人。团队成员都担任数学建模协会的指导老师，参与“数学建模”“数学建模竞赛训练”等课程的授课教师，部分担任国赛、省赛等数学建模竞赛阅卷专家教师，可以给予学生从培训到论文撰写全方位的指导。同时聘请校外专家加强竞赛指导工作，加强竞赛类师资队伍建设，提升教师的竞赛教学及指导能力。

西南交通大学以工科见长，每年约有 1000 人保研校内，据不完全统计，有 60%的学生参加过各级别的数学建模竞赛，参加中国研究生数学建模竞赛的参赛成员中 95%以上的同学都参加过大学生数学建模竞赛。这为研究生的顺利参赛奠定了知识和人员储备。

（三）通过学生社团推广数学建模教育

西南交通大学数学建模协会成立于 2002 年 11 月，至今已有近 1000 名的注册会员，是学校最具影响力和号召力的社团之一。数学建模协会本着“普及建模知识，提高创新意识”的宗旨，活跃在交大校园。数学建模竞赛历来受到学校重视，协会致力于提高同学们对数学建模的兴趣，为热爱建模的同学提供良好的条件，通过不同专业背景的学生在数学建模活动中相互学习，取长补短，共同进步。数学建模协会定期开展数学建模专题研讨活动，经常安排一些获得过数学建模竞赛国家级奖项的优秀学生介绍参加数学建模竞赛的经验与体会，通过多种形式宣传数学建模思想，激发学生参与数学建模的兴趣，不断推广数学建模教育。同时协会承办校级比赛、举办建模讲座和培训，为学校选拔出优秀的人才参加全国数学建模竞赛。

西南交通大学数学建模联谊赛正是为提升我校学生创新、团结、和谐、友爱的精神，开创了科学实践、运用数学的道路；继承和发扬交大青年自强不息的精神传统和精勤务实的学术风格而开展的数学建模大赛。

（四）学院安排专人负责中国研究生数学建模竞赛的组织工作

学院安排学生支持办公室主任专门负责中国研究生数学建模竞赛的宣传、报名、审核、报销、服务等工作。每次赛前建立专门用于竞赛组织工作的 QQ 群，为同学顺利参加竞赛提供保障。图 1 为学生支

图 1　组织研究生报名参赛截图

持办公室主任组建竞赛专用 QQ 群，发布通知、学生报名咨询等情况。发布参赛通知，发布专题讲座通知，组织各类专题培训，分享各类培训资料，协助同学们组队，安排指导老师，协调培训时间和地点，沟通参赛学生需求，对接指导教师团队，协调赛后收取各类资料（报销使用的发票，基础信息等），协助出具相关证明材料等，解答从赛前准备到参赛过程及后续总结内的相关问题，为同学们的成功参赛提供充分的后勤保障，解除师生的后顾之忧，让师生全身心、高效率地参加竞赛。图 2 为全国研究生数学建模竞赛西南交通大学获奖宣传报道截图。

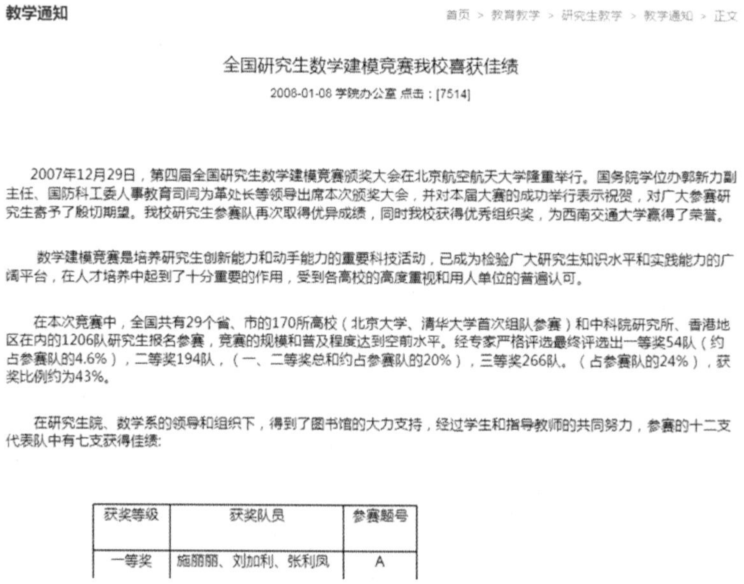

教学通知

首页 > 教育教学 > 研究生教学 > 教学通知 > 正文

全国研究生数学建模竞赛我校喜获佳绩

2008-01-08 学院办公室 点击：[7514]

2007年12月29日，第四届全国研究生数学建模竞赛颁奖大会在北京航空航天大学隆重举行。国务院学位办郭新力副主任、国防科工委人事教育司闫为革处长等领导出席本次颁奖大会，并对本届大赛的成功举行表示祝贺，对广大参赛研究生寄予了殷切期望。我校研究生参赛队再次取得优异成绩，同时我校获得优秀组织奖，为西南交通大学赢得了荣誉。

数学建模竞赛是培养研究生创新能力和动手能力的重要科技活动，已成为检验广大研究生知识水平和实践能力的广阔平台，在人才培养中起到了十分重要的作用，受到各高校的高度重视和用人单位的普遍认可。

在本次竞赛中，全国共有29个省、市的170所高校（北京大学、清华大学首次组队参赛）和中科院研究所、香港地区在内的1206队研究生报名参赛，竞赛的规模和普及程度达到空前水平。经专家严格评选最终评选出一等奖54队（约占参赛队的4.6%），二等奖194队，（一、二等奖总和约占参赛队的20%），三等奖266队。（占参赛队的24%），获奖比例约为43%。

在研究生院、数学系的领导和组织下，得到了图书馆的大力支持，经过学生和指导教师的共同努力，参赛的十二支代表队中有七支获得佳绩:

获奖等级	获奖队员	参赛题号
一等奖	施丽丽、刘加利、张利凤	A

图 2　全国研究生数学建模竞赛西南交通大学获奖宣传报道截图

（五）体系化的学生培训参赛机制

结合本科和研究生的竞赛安排，学校已经形成了体系化的培训参赛机制，以全年为周期进行宣传、准备、培训、竞赛和总结，具体安排见图 3。

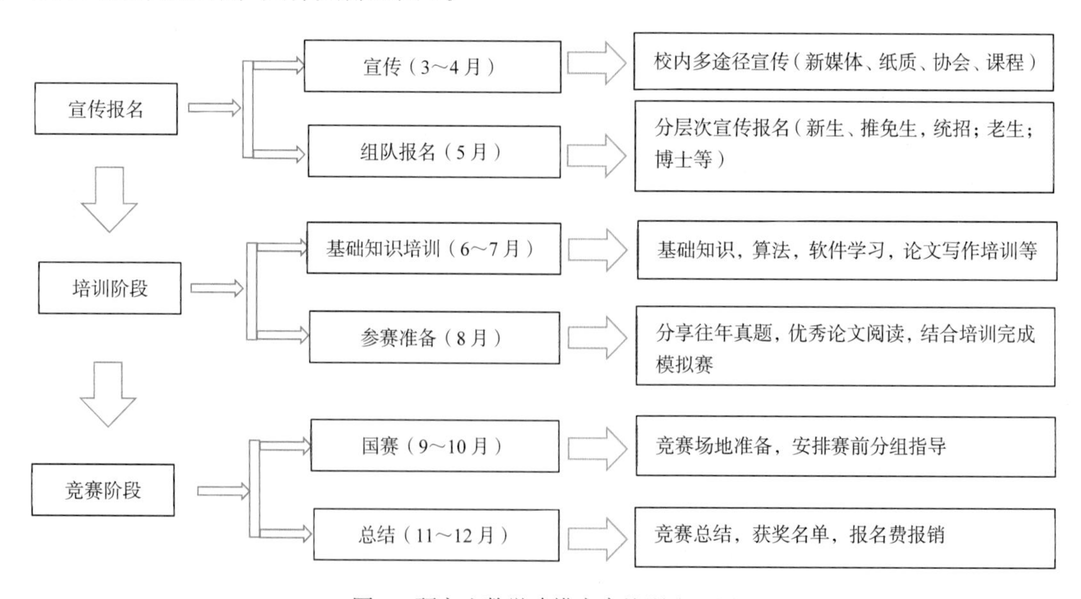

图 3　研究生数学建模竞赛培训流程图

从每年 5 月份启动研究生数学建模竞赛后，由数学建模竞赛教学团队统筹安排专题对参加竞赛的学生分阶段分层次开展若干次培训。内容包括：近几年赛题分析，研究生数学建模常用算法，机器学习算法专题，现代优化算法专题，数学建模基础讲座、实际建模案例分析，线性规划与 LINGO 软件、数学软件 Mathmatica 使用，数学建模论文写作等。主要内容涉及数学建模模型及算法，数学软件使用，数学建模历年赛题及优秀论文研读，数学建模论文撰写方法，模拟训练等环节组成。通过由浅入深的知识体系教学以及建立模型，编写程序，撰写论文等各个环节的训练，研究生数学建模水平可提升到一定的层次，基本具备参加数学建模竞赛并能获得一定奖励的能力。

（六）以课程思政建设为牵引，加强科研诚信教育

科研诚信是研究生必备的学术素养，参赛队员在竞赛中必须遵守科学道德与学术规范，学校持续贯彻党中央、国务院对科研诚信与作风学风建设的要求，实现科研诚信教育的全覆盖。学校在新生入学教育、学风建设、学院学生大会、班会、支部活动中，以主题报告、主题研讨、培训讲座、案例分析等多种渠道进行宣讲，坚持正面典型引导与反面案例警示教育相结合，教师在授课、培训、讲座、交流中润物细无声地进行引导。对竞赛中可能存在的诚信风险进行介绍，以此提升参赛学生的学术规范，引导学生强化科研诚信意识，推动科研诚信教育常态化、规范化、多样化，坚守科研诚信底线，潜心研究，自觉弘扬新时代科学家精神。图 4 为研究生数学建模诚信教育专题培训。

图 4 研究生数学建模诚信教育专题培训

（七）落实相关激励政策

学校给予数学建模指导教师团队和参赛学生相关的激励政策。从教师层面来看，给予教师工作量的认可，从而提升教师参与研究生数学建模竞赛指导活动的积极性。从研究生层面来看，学校对于成功参赛的团队报销报名费；同时对获奖团队从奖学金、荣誉称号、学分认定等方面予以认可。师生合力，提升教师参与竞赛指导的积极性、研究生参加竞赛的积极性，促进研究生系列创新实践活动良性发展，从而有效提升研究生的创新实践能力。

三、工作成效与经验

西南交通大学自从参加中国研究生数学建模竞赛以来，指导教师团队和参赛学生通过不断地探索、总结，参赛人数和获奖比例在持续提升。尤其近两年参赛规模增加明显。2021 年我校研究生数学建模总参赛队 137 队，获得一等奖 1 队，二等奖 20 队，三等奖 28 队。2022 年我校研究生数学建模总参赛队 238 队，获得一等奖 3 队，二等奖 46 队，三等奖 24 队。近年来获奖情况详见表 1。

表 1 西南交通大学近年参赛获奖一览表 （单位：队）

年份	一等奖	二等奖	三等奖	合计
2022	3	46	24	73
2021	1	20	28	49
2020	1	15	10	26
2019	1	11	21	33
2018	2	11	16	29
2017	2	11	8	21
2016	1	16	18	35

成绩的获得与学校和研究生院的大力支持和投入、学院和指导老师的认真组织安排、研究生的热情参与等多方面的因素和力量分不开。现就西南交通大学研究生数学建模竞赛取得的成绩和经验进行分享。

（一）数学建模类课程取得了丰硕的教学成果

经过数学建模教学团队和竞赛指导团队的多年积累，通力合作和开发研究，数学建模类课程取得了丰硕的成果，比如，“数学建模 M”获得第二批国家级一流本科课程，“数学建模在线课程资源建设及开发”教学内容和课程体系改革项目入选 2022 年度“教育部产学合作协同育人项目”优秀项目案例（获奖证书见图 5）；“数学建模精讲”获得四川省一流本科课程；编写出版了《数学建模基础及应用》等教材。数学建模团队主要围绕数学建模课程的在线资源进行开发。挖掘思政育人资源，围绕价值引领和知识传授相统一的目标，构建了课程理论及实践教学的育人新体系。基于开发的在线新资源，课程团队构建了“课程—实践—竞赛”一体化的学科竞赛课程思政新体系，建立了课程思政与专业竞赛教学有机融合、相互促进、协调发展的实践育人模式。

证 书

项目名称：数学建模在线课程资源建设及开发
项目负责人：王璐
高校名称：西南交通大学
企业名称：北京超星尔雅教育科技有限公司

荣获2022年度“教育部产学合作协同育人项目”
优秀项目案例
特发此证，以资鼓励！

教育部产学合作协同育人项目专家组
2023年4月

图 5 课程优秀项目案例获奖证书

教学团队成员也取得了良好的荣誉，团队获四川省第八届高等教育优秀教学成果三等奖1项；组织学生社团获共青团中央颁发的大学生“小平科技创新团队”1项；获第二届全国数学建模微课程（案例）教学竞赛一等奖1人；获第五届四川省高校青年教师教学竞赛理科组三等奖1人；获教育部产学合作协同育人项目2项；获全国大学生数学建模竞赛优秀指导教师2人；获中国研究生数学建模竞赛“先进个人”5人；获西南交通大学“唐立新优秀教学教师奖”2人；获西南交通大学“十佳教学新秀”1人；获西南交通大学“雏鹰学者”计划1人；主持校级教育教学研究与改革项目5项；数学建模竞赛教学团队获西南交通大学实验实践教学先进集体；获西南交通大学课外创新实验竞赛活动优秀组织奖1次和优秀指导教师6人次。

（二）形成了研究生数学建模“五位一体”重构案例体系

为使学生顺利参加研究生数学建模竞赛，西南交通大学组建了一支高水平研究生数学建模指导教师团队，通过历年参加竞赛，不断完善竞赛指导理念、方法和流程，逐渐形成一套完整的培训体系。

课程根据数学建模课程特点，在案例教学中加大思政元素，以“五位一体”的方式重构案例体系，将数学建模与当前中国经济社会发展的热点话题联系起来。同时体现党的最新政策与精神，让同学们在学习时，不仅能够提升专业水平，还能提升政治素质、人文素养、思想品德、价值取向等，具体如图6所示。

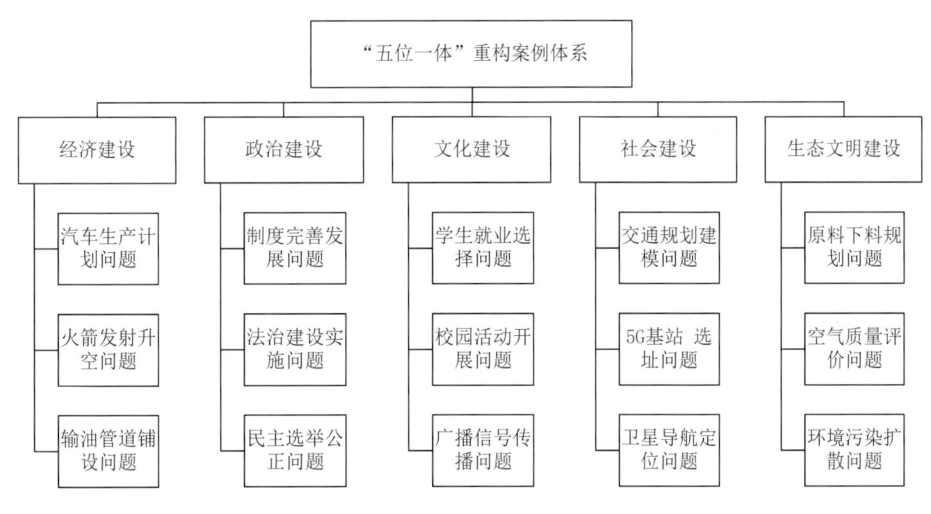

图6 “五位一体”下数学建模课程案例重构情况

从图6中可以看出课程在五个方面所制作和选择的一些案例，比如通过原料下料规划问题，同学们将了解到企业生产中原料的浪费现状，对我国的生态文明建设会有更深刻的认识，同时能利用数学模型对成本资源等进行更科学的规划；通过卫星导航定位问题，同学们能了解到我国自主研发的北斗导航系统已经在世界发挥着不可或缺的作用，国家实力成为北斗背后最有力的支撑。我们在不远的将来，不管身在何处，无论白天还是黑夜，只要抬头仰望，那三万六千公里上空的北斗卫星，可以随时帮助我们找到方向。通过学生就业选择问题，同学们可以了解到应该肩负起时代赋予的历史重任，以及体会2019年4月30日习近平总书记在纪念五四运动100周年大会上对我们当代青年所提出的六点要求。同时我们还不限于此，在军事建设、卫生建设、公共建设、体育建设等方面也制作了一些案例，通过这些案例的讲解，可以在内容上尽量拔高课程的高度，从而以更高的视角来对课程内容进行设计与重构。这些案例让同学们深刻体会到数学建模具备很强的实用性，在培养研究生发现问题、分析问题和解决问题的能力方面发挥着其他教学活动无法替代的作用，在创新人才培养中有着开拓性的意义，让同学们喜爱上数学建模，并成为一种学习方式。

（三）协同创新，打造创新型教学体系

中国研究生数学建模竞赛倡导团队合作精神，靠单一的知识结构和个人是不够的，竞赛是一个团队通力合作，协同努力的项目。只有参赛三人优化资源配置，合理分工，有效参赛才能取得良好的成绩。实施过程中往往需要与不同专业的研究生充分讨论，将跨学科、跨专业的知识有效结合，才能形成一篇完整的论文。教学团队在授课和指导竞赛中形成了一套创新体系。

（1）教学模式的创新。教师在课程中突破传统课堂时空限制，将线上 MOOC（慕课）、线下的 SPOC 教学与学生科研训练项目（国家级和省级）和学生科创竞赛深度融合，构建了“教—赛—研”一体化的教学新模式。

（2）教学方法的创新。积极引入“互联网+”概念，构建了融合课内理论学习与课外移动学习相结合的混合教学模式，突破传统理论教学限制，拓展了教学空间的维度。课程采用线上线下混合式教学方法。采用讲解式、启发式、互动式、体验式等教学方法构建混合式教学模式。学生每周在授课前须进行线上预习；在线下授课中主要进行知识疑难点解释、小组汇报和讨论及课堂提问和解答等；课后还须在线上完成相关作业及练习。

（3）学习策略的创新。课程采用个体学习和合作学习相结合的模式。一方面通过个体学习学生掌握主要建模知识点，另一方面使三名同学组成小组，创设学生之间积极的同伴关系，以合作和互助的方式从事结构化学习活动，共同完成课程要求任务，达到共同提高的目的。目前已经形成较为成熟的“课内合作”、“课外合作”、“社团合作”和“校际合作”等为基础的相互促进的基层学习集体。

目前，在我校研究生教育中，研究生数学建模竞赛已成为培养研究生创新能力的有效途径，也是培养研究生分析问题、解决问题能力的有效手段，同时也是培养研究生团结协作能力的重要平台。有效地组织研究生数学建模竞赛是研究生课程教学改革的有益探索与尝试，有助于实现研究生的创新能力培养。

（四）对标一流，助力学生成长成才，培养具有轨道交通特色的交大人

西南交通大学是一所以工科见长的研究型大学，参加研究生数学建模的过程是一个思维创造的过程，是一个完整的科学研究过程，不同专业的学生通过相互配合交流，通过学习数学建模课程、参与数学建模竞赛活动能够有效培养和提升自身的创新能力、逻辑思维能力、科研能力、实践能力，掌握数学学科核心素养，将数学知识与计算机技术应用于实践工作，顺应社会和现代科技发展的需求。

参加研究生数学建模竞赛，为学生的成长成才提供了正向激励，启发了学生的思维模式，锻炼了学生的合作精神，从而涌现出了一批优秀的交大毕业生，例如，2008 级铁道运输专业的推免生赵军在本科时候就参加全国大学生数学建模竞赛，研究生期间参加中国研究生数学建模竞赛，在 2009 年读研期间被四川农业大学邀请做数学建模竞赛经验分享；2018 级常怀文、张璇等同学参加中国研究生数学建模竞赛，助力科研发展，后来到复旦大学读博；2019 级的李中健毕业后就职于华为技术有限公司，他谈到参加数学建模竞赛是他顺利就业的敲门砖；2006 级的陈崇双同学参加中国研究生数学建模竞赛获全国一等奖，到 2013 年留校任教，目前是西南交通大学数学建模课程组的优秀指导教师之一。曾经参加过竞赛的同学说：“参加数学建模竞赛是学生时代印象最深刻、最辛苦、最耗费精力的一次经历，从参赛初期的雄心勃勃，到竞赛中的迷茫，再到心理平衡，无论能不能拿奖，无论结果对不对，至少我们都全力以赴了，我们尽力了，这是我宝贵的一次经历，感谢数学建模竞赛，感谢交大老师和团队对我们的悉心指导和帮助。”

以赛促练，以赛促教，以赛促学，研究生数学建模竞赛作为一项设置合理、分工明确、系统科学的学科竞赛，对推动人才培养有着非常积极的作用，将学科竞赛的结果反馈到教学改革当中，从而以更加有效的人才培养方案和教学模式进行改革，激发学生对学习的热情以及探索兴趣，促进创新能力发展，

从而提升学生的综合素养。通过竞赛让学生学会自我思考，锻炼独立解决问题的能力，使学生的思维得到启发，为今后的发展打下坚实的基础。

西南交通大学高度重视基础学科的发展，突出基础学科的发展基石地位，不断实现基础理科主体齐全，重视学科发展前沿与学科交叉，通过竞赛促进学生全面发展，促进学科交叉融合，为工科专业学生奠定了数学基础，为培养具备轨道交通特色的交大人做出应有的贡献。

竞赛育人显成效，数学建模创佳绩

——电子科技大学数学建模竞赛工作案例

电子科技大学　李坤龙

图 1　"华为杯"第十八届中国研究生数学建模竞赛优秀组织奖

一、背景与理念——成电人眼中的数学建模

中国研究生数学建模竞赛是由教育部学位管理与研究生教育司指导，中国学位与研究生教育学会、中国科协青少年科技中心主办的中国研究生创新实践系列大赛主题赛事之一。该竞赛是一项面向在校研究生进行数学建模应用研究的学术竞赛活动，是广大在校研究生提高建立数学模型和运用互联网信息技术解决实际问题能力，培养科研创新精神和团队合作意识的大平台。

中国研究生数学建模竞赛自 2003 年创办以来已成功举办了十九届，电子科技大学作为国家"双一流"建设高校、电子信息领域的排头兵，自 2015 年起共派出 531 支队伍参赛，斩获全国一等奖 14 项（其中第十五届、十八届、十九届一等奖满奖，华为专项奖 4 项），二等奖 116 项，三等奖 117 项，其中 2022 年获奖队伍数量（81 支获奖/140 支参赛）和取得成绩（获奖比率 57.86%）均创历史新高。电子科技大学自 2019 年来连续 4 次获得"优秀组织奖"荣誉称号，赵文丽、李坤龙、路超等三位老师荣获中国研究生数学建模竞赛“先进个人”荣誉称号。

在建设创新型国家的伟大征程中，国家和社会需要大量高素质具有创新意识和创新能力的创新型人才。“新工科、新医科、新农科、新文科”建设的教育教学改革正如火如荼地展开，“四新”建设最大的亮点、创新点和突破点，就是打破传统固有的学科专业界限，强化学科、专业的整合与融合。在这一过程中，数学教育的基础性与创新支撑作用日益凸显，探索和实践新的教育模式，培养学生具备良好的数学素养和创新意识及能力尤显重要。电子科技大学高度重视创新型人才培养，牢牢抓住全面提高人才综合素养和能力这个核心点，以“中国研究生数学建模竞赛”等竞赛育人工作为抓手，将校内竞赛与国家竞赛、线上课堂与线下活动有机结合，不断给学生创造优质条件，营造良好的竞赛育人环境，提高学生的综合素质与科技创新能力。

为进一步提升研究生科技创新能力，提高研究生培养质量，研究生院通过“研究生科技创新支持计划”开展包括“中国研究生数学建模竞赛”在内的 22 项研究生学科竞赛活动，鼓励研究生积极参与学科竞赛，将理论知识与应用实践相结合，全面提升研究生综合素质能力。数学科学学院牵头成立研究生数学建模竞赛组委会，精心组织、认真筹划、悉心督导。

图 2　我校获奖队伍受邀参加第十九届中国研究生数学建模竞赛颁奖大会

每年 5～10 月，我校通过开展系统的建模基础与理论方法讲解和模拟实战训练等，集中培训指导，提升参赛队员建立数学模型和应用计算机技术解决专业问题的综合能力，推进学校研究生科创能力不断提升，助力研究生培养质量再上新台阶。我校始终秉承“以赛促学，以学促赛”的理念，注重赛事的育人功能，结合专业特色优势，坚持以“营造学生学术科研氛围，增强学生科技创新意识，提高学生科创竞赛能力”为导向，将竞赛与教学、科研、育人紧密结合，旨在通过竞赛，提高研究生的数学建模能力和科研水平，推动我校数学建模工作积极向上蓬勃发展。图 2 和图 3 是我校师生参加颁奖大会的照片。

图 3　我校获奖队伍受邀参加第十七届中国研究生数学建模竞赛颁奖大会

二、举措与特色——成电人手中的数学建模

（一）赛事组织

电子科技大学在多年组织并参与竞赛的过程中，不断总结工作经验，已经形成了完备的竞赛组织体系；并充分利用理工科高校优势，整合各方资源和力量，为竞赛提供了强有力的支持和保障。学校于每年 4～5 月均会举办“电子科技大学数学建模竞赛校内赛”。一方面可以让更多的同学更为广泛地走进竞赛、接触竞赛、了解竞赛、感悟竞赛；另一方面也可以为全国数学建模竞赛发现并选拔优秀苗子。迄今为止，学校已成功举办 22 届数学建模竞赛，如图 4 所示。校内竞赛问题与企业工程实践的研究需求也越来越紧密，例如第二十二届数学建模竞赛和“一汽大众”企业达成校企合作，为企业的科研与工程问题提供解决方案，深受企业好评。

图 4　我校举办第二十二届数学建模竞赛时同学们在学校机房做题现场图

学校举办的数学建模竞赛，主要包括赛前准备、竞赛执行和后期评估三个环节。

1. 赛前准备

赛前准备阶段主要由竞赛宣传、报名和培训等环节组成。竞赛组织委员会和数学建模中心通过报告、宣传片等形式向全校研究生宣传数学建模竞赛，并提供详细的报名指南和在线报名指导。与此同时，为更好地让研究生们了解竞赛、参与竞赛，竞赛组委会组织各种培训和系列讲座，以提供数学建模的理论与实践指导。

2. 竞赛执行

竞赛执行主要包括竞赛流程和组织与管理等方面。为了确保竞赛的公正性、公平性和科学性，竞赛组委会采用专业的评委组和评分系统，同时采取多重审核和抽查等措施，保障竞赛的质量和水平。同时，还会对优秀参赛学生进行宣传和报道，提升竞赛的知名度和影响力。

3. 后期评估

后期评估阶段主要包括成果展示和经验总结。竞赛组委会邀请参赛学生和评委进行经验交流和总结，收集并整理优秀的竞赛作品和解题方法，发布赛事成果和获奖名单，并进行宣传和报道，以推广和应用竞赛成果。

学校不断创新竞赛形式，加强实践环节，使竞赛更加贴近专业、贴近工程应用，培养学生的数学建模思维以及实践动手能力。例如，在竞赛中体现生产过程、企业运营优化管理等实际问题，培养学生善于观察、善于分析、勤于思考的思维习惯。在选拔推荐校内优秀队伍参加更高级别的数学建模竞赛时，为保证竞赛的公正性和透明度，竞赛组委会采取多种措施加强赛事管理和监督，避免不公平的现象发生。例如，在竞赛中设立专业评审委员会，对参赛作品进行严格的评审和分析。同时，竞赛组委会也注重国际交流与合作，除了积极参与国内赛事以外，还积极参与国际性赛事。

在学校内部的数学建模竞赛中不断积累的竞赛经验，以及不断优化的组织和服务，为后续中国研究生数学建模竞赛提供了强有力的保障。

（二）配套政策

电子科技大学高度重视研究生创新实践能力培养，为参赛学生提供全方位的支持和保障，研究生院将“中国研究生数学建模竞赛”纳入“研究生科技创新支持计划”以鼓励研究生积极参与建模竞赛。数学科学学院成立研究生数学建模竞赛指导组，精心组织、认真筹划，提升参赛队员建立数学模型和应用计算机技术解决专业问题的综合能力，推进学校研究生科创能力不断提升，助力学校研究生培养质量再上新台阶。

电子科技大学数学建模竞赛组委会提供多元化的奖励措施激发参赛学生的积极性和创造性。例如，在校内建模竞赛中，设置一等奖、二等奖、三等奖等不同等级的奖项，并对获奖者给予丰厚的奖金和荣誉表彰。同时，还为参赛学生提供职业规划、实习就业推荐等服务。另外，为参加中国研究生数学建模竞赛的获奖队伍承担全额报名费。竞赛组委会不断加强政策宣传，让更多师生了解和参与竞赛。例如，专项建设“电子科技大学数学建模竞赛网站”，并通过网络、宣传册、海报等方式积极宣传赛事，向全校各院系发出邀请，还通过学校媒体等进行推广报道，吸引了众多参赛者的关注和参与。同时，也注重人才培养和实践支持，与企业高度合作，为参赛学生提供实习、就业和科研的机会，促进人才培养和学科发展。另外，竞赛组委会也关注知识产权和成果转化，保护参赛学生知识产权和成果转化机会，促进科技成果的产业化和推广应用。竞赛组委会高度关注指导教师和参赛学生的想法和需求，不断提高赛事管理和服务保障，确保赛事的顺利进行和大家的舒适体验。例如，长期开放实验室方便师生交流、联系，免费提供各种参赛用品和设备，如计算机、打印机、复印机等，为参赛者提供必要的技术和设备支持；

同时还为参赛者提供人性化的服务保障，确保其身心健康和安全。

（三）培训课程

数学科学学院数学建模课程组在竞赛前均会开展赛前理论培训，针对“赛题的理解、方法的选取、论文的撰写”等方面进行指导，提升同学们竞赛的核心竞争力。

学校依托数学科学学院开设“漫话数学建模”等课程，通过课程的实践探索以促进师生加强交流、相互启发，普及数学建模思维，并教会学生应用数学建模的能力，从而助力人才培养工作有新的探索点。“漫话数学建模”课程十分注重通识教育，把“数学通识教育”与“课程思政”紧密交融，不断完善课程设计，契合课程通识性。课堂之上，学生可以体验运用数学解决各领域问题过程中呈现的不明确性、不唯一性、主观性及试错性等原创特性，进而从科学认识规律的角度掌握数学创新的思维及方法。课程非常注重开展课程思政建设，涵养家国情怀和学生的责任担当，如图 5 所示。例如，在讲解数学建模创新思维中的“类比思维”时，以中国著名地质学家李四光先生运用“类比思维”的故事，激励同学们弘扬科学家“爱国、求是、担当、奉献”的价值追求和崇高品格。课程还注重关心国计民生，引领学生责任担当。通过一系列与现实问题紧密相关的案例，课程组引导学生关注社会，并用数学建模思维分析问题、解决问题，展现当代大学生应有的时代担当。课程还注重坚定文化自信，品味文学之美。数学建模可以脚踏实地，是否也可以“诗意地栖居”般诗情画意？课程组将数学知识与天文学、地理学的知识结合起来，以全新的视角解读“月上柳梢头，人约黄昏后”的佳句，让同学们有了十分新奇的体验。“漫话数学建模”课程的重点不是传授知识，而是转变和提升学生的数学思维，更重要的是，要让数学成为成电学子必备的素质与能力，将来为社会做出更大的贡献。

分享

【课程思政】漫话数学建模：用数学浸润成电学子的“世界观”

文：王晓刚　图：课程组　来源：新闻中心　时间：2020-06-29　6530

【编者按】《高等学校课程思政建设指导纲要》指出，培养什么人、怎样培养人、为谁培养人是教育的根本问题，立德树人成效是检验高校一切工作的根本标准。落实立德树人根本任务，必须将价值塑造、知识传授和能力培养三者融为一体、不可割裂。全面推进课程思政建设，就是要寓价值观引导于知识传授和能力培养之中，帮助学生塑造正确的世界观、人生观、价值观，这是人才培养的应有之义，更是必备内容。新闻中心推出“课程思政”专题栏目，将报道我校各学院“课程思政”建设的做法和成效。本期介绍2019年四川省“课程思政”示范课程、数学科学学院《漫话数学建模》课程的实践探索，希望促进师生读者加强交流、相互启发，更好地推动我校“课程思政”建设取得新成绩，为培养担当民族复兴大任的时代新人作出更大贡献。

图 5　我校依托数学科学学院开设“漫话数学建模”课程①

学校同时开设了“数学建模”“数学建模方法”“数学建模基础”“数学与创造力”等课程，包括理、工、管、文、医在内的各个学院的学生都可选修，如图 6 所示。来自不同学院、不同专业的学生交叉组队或分组，已经成为数学建模教学和竞赛的常态，学生毕业后，“出口”也更加多样化，进入了非数学的各行各业，并深受欢迎。

① 通过课程的学习，不仅让学生学会数学建模的相关知识，更教会学生应当具备的素质和能力，树立正确的世界观。

图6 学生参加数学建模竞赛公选课程学习

（四）激励机制

在准备中国研究生数学建模竞赛的周期内，竞赛组委会加强培训和指导，提升参赛学生的能力和水平，期待学生在竞赛中有更好的表现。例如，邀请业内专家和优秀学生进行培训和指导，组织模拟竞赛和讲座，帮助参赛学生理解竞赛的要求和规则，并提供相关的技术和方法支持。另外，注重加强团队合作和协作能力的培养，鼓励学生之间相互合作、相互协作，共同解决问题。例如，鼓励学生组建团队参赛，注重团队合作和协作的能力培养，提高团队协作和组织管理能力，让学生在竞赛中体验和掌握团队协作和领导管理的技能。

强调创新和创造力的培养，鼓励参赛学生寻找新的思路和方法，创造出具有创新性和实用性的成果。例如，设立创新奖项，鼓励学生提出具有创新性的研究方案和解决方案，同时提供相关的技术和资源支持，帮助学生实现其创新理念和想法。同时还设立了丰富的激励机制，包括以下几个方面。

（1）竞赛等级和奖项设置：学校举办的数学建模竞赛，竞赛分为大一组、大二及以上组、研究生组三个等级，重点关注研究生组竞赛，为中国研究生数学建模竞赛输送优秀队伍，奖项包括一、二、三等奖，为参赛学生提供了充分的荣誉和奖金。

（2）科研成果转化机会：加强与企业的合作，为获奖学生提供科研成果转化机会，促进人才培养和学科发展。

（3）学术交流和合作机会：邀请获奖学生参加各种学术交流和合作活动，拓宽视野、增进交流、促进合作。

（五）赛事育人

通过数学建模竞赛，学生能够在实践中锻炼和提高自己的创新和实践能力，了解和掌握前沿科技和方法，培养团队合作和领导管理的能力，提高自身的综合素质和竞争力。参加竞赛的学生来自不同的学院和专业，通过竞赛，彼此进行学科交流与合作，了解不同专业的研究方向和发展趋势，同时还能够结交志同道合的朋友和合作伙伴，为未来的发展打下基础。通过竞赛，学生可以使自身的研究能力和实践能力得到认可和提升，同时还能够收获丰厚的奖项和荣誉，这不仅能够增强学生的自信心，也能够激励大家更加努力地学习和研究，为自己的未来发展奠定坚实的基础。

三、成效与经验——成电人心中的数学建模

中国研究生数学建模竞赛已经成为国内外知名的数学竞赛品牌之一，也是研究生数学教育和科研的重要平台之一。电子科技大学多年的参赛经历，针对中国研究生数学建模竞赛，学校取得了显著的成效和经验，主要表现在以下几个方面。

（1）学科建设和人才培养方面。中国研究生数学建模竞赛不仅是一项重要的科技创新活动，还是一项重要的人才培养活动。通过参与该竞赛，促进了学科建设和人才培养，吸引了大量优秀的学生和教师参与其中，提高了研究生的科学素养、综合能力和实践能力，推动了研究生教育和科研的创新和发展。我校针对竞赛设置了一系列的课程，包括数学实验类、ACM 算法与程序设计和数学建模等内容。这些课程覆盖本科至研究生各年级，根据难度分阶段设置，偏重应用和创新思维的教育和培养，强调“项目驱动、问题导向，将挑战性和研究型教学贯穿数学建模系列课程”的方法，并通过具体实例介绍相关课程的案例设计。但这类课程对教师的要求很高，前期准备、中间上课、课后总结等各个环节均需要投入大量的时间、精力。

此类系列课程的教学目标是：知行合一，创新挑战；数学之美，学以致用。通过“课、练、赛”结合，形成实践与创新能力培养模式，如图 7 所示。平时的作业与期末测试都是竞赛题的形式（例如无人机阵列烟火表演和创意平板折叠家具设计等），通过小组合作完成。数学建模的训练要把学与练相结合，切忌“眼高手低”；要团队作战，共同进步；要制订计划，严格执行；要专题学习，查漏补缺。

图 7 我校数学建模团队师生做客知网分享竞赛经验

（2）学术交流和国际影响方面。中国研究生数学建模竞赛不仅在国内有着广泛的影响力，而且在国际上也享有一定的声誉和影响力。每年的赛事不仅吸引了国内高校的参与，还有很多国外高校的参与，

竞赛不仅为参赛学生提供了广泛的学术交流和合作机会，还促进了国际数学教育和科研的交流和合作，拓展了国内外学术交流的渠道和平台。我校在历年美国大学生数学建模竞赛和交叉学科建模竞赛（MCM/ICM）中均表现不俗、成绩突出。例如，2023 年我校 3 支参赛队伍在美国大学生数学建模竞赛和交叉学科建模竞赛（MCM/ICM）中获得最高奖——Outstanding Winner，在所有国内外参赛学校中排名并列第一，另外还有 9 支参赛队伍获得了提名奖——Finalist。

（3）科技创新和成果转化方面。中国研究生数学建模竞赛不仅是一项重要的竞赛赛事，还是一项重要的科技创新和成果转化活动。竞赛促进了科技成果的创新和转化，推动了科技成果的产业化和推广应用，促进了经济发展和社会进步。例如，我校多名数学建模教师参与了多项“产学研”合作项目，实现企业技术需求与学校科技供给的点对点精准对接，为企业技术改进和产品升级提供技术和人才支持。

（4）赛事组织和管理方面。参与中国研究生数学建模竞赛，不仅使学科建设和人才培养方面取得了显著的成效，而且在赛事组织和管理方面也积累了丰富的经验。学校通过不断解决在赛事中遇到的问题和改进相关管理体制，提高了竞赛的质量和水平，增强了竞赛的公正性和透明度，提高了参赛学生的满意度和认可度，也在其他赛事中起到了榜样的作用。

学校注重精细化管理和服务保障，加强政策宣传和普及教育，为参赛学生提供全方位的支持和帮助，如图 8 所示。同时，学校还注重创新和创造力的培养，鼓励学生提出具有创新性和实用性的研究方案和解决方案，提高学生的综合素质和竞争力。

（5）科创竞赛育人方面。学校取得了一系列的成效和经验，提高了学生的综合素质和竞争力。通过竞赛，可以培养学生的创新思维和解决问题的能力，可以提升学生的应用和实践动手能力，帮助学生了解和掌握前沿科技和方法，同时还能够培养团队合作和领导管理的能力，提高学生的综合素质和竞争力。

提升学生综合素质：竞赛要求学生在规定时间内完成一定难度的数学建模问题，这既考验了学生的数学功底和计算能力，也考察了他们的创新思维和解决问题的能力，从而培养提高了学生的发散性思维、知识综合运用、组织沟通等能力。

图 8　电子科技大学数学建模竞赛教练团队合影

促进学科交流与合作：竞赛吸引了来自全校各专业的参赛学生，他们来自不同的学院和专业，通过竞赛，学生之间可以进行学科交流和合作，了解不同学院和专业的研究方向和发展趋势，同时还能够结交志同道合的朋友和合作伙伴。

增强学生的自信心和实践能力：竞赛的举办不仅能够提高学生的创新和实践能力，也能够增强学生的自信心，激励他们更加努力地学习和研究，为未来发展奠定坚实的基础。

推动数学建模和应用研究的发展：竞赛作为一种学科竞赛形式，不仅能够提高参赛学生的综合素质和竞争力，也能够推动数学建模和应用研究的发展，为国家和社会发展提供支撑和保障。

综上所述，中国研究生数学建模竞赛作为一项具有重要意义的学科竞赛，已经成为国内研究生的一项重要活动。通过严格的组织管理和科学的评选机制，为广大研究生提供了一个展示自我、锻炼实践能力和提高综合素质的平台。竞赛不仅激发了研究生的学习热情，也促进了学科交流和合作，推动了数学建模和应用研究的发展。

未来，电子科技大学将一如既往地支持和鼓励在校师生积极参与中国研究生数学建模竞赛，通过中国研究生数学建模竞赛打造国内一流的数学建模竞赛平台；也将进一步完善竞赛管理机制，增加师生竞赛参与的广度和深度，为广大研究生提供更好的展示和锻炼自我的机会。同时，也希望通过竞赛进一步拓展学科领域，不断深入更多的专业和研究方向，从而推动数学建模和应用研究的深入发展，推动中国研究生数学教育和科研事业的创新和发展。

研究生数学建模竞赛活动在国防科技大学中的开展情况

国防科技大学　侯艺华　王　丹

国防科技大学是研究生数学建模竞赛最早的参与单位，也是研究生数学建模竞赛的发起单位之一。2004年，与东南大学、中国科学技术大学、武汉大学、山东大学、中山大学等26所高校一道发起了“首届全国部分高校研究生数学建模竞赛”，吴孟达教授担任竞赛专家委员会副主任委员，时任研究生院副院长王维平教授参加了当年竞赛的组委会。此后20年来，国防科技大学一直是中国研究生数学建模竞赛的积极参与单位，学校和研究生院对竞赛活动的开展给予了大力支持，从而使中国研究生数学建模竞赛在国防科技大学持续开展起来，在提高研究生建立数学模型和运用计算机解决实际问题的综合能力方面发挥了重要的作用。

一、背景与理念

数学建模，即通过有目的地收集数据和资料，研究问题背后的固有特征和内在规律，抓住问题的主要矛盾，通过合理简化和抽象，建立反映实际问题的因素或变量之间数量关系的数学描述，然后运用数学的方法和工具去分析和解决实际问题，这既是一种科学的思维训练，也是一种科学的方法实践，对培养学生“建模思维”和“量化思维”具有积极作用，对学员的科技素养养成具有基础性作用。在研究生群体中开展数学建模竞赛活动，对激发他们的创新活力和学习兴趣，提高他们建立数学模型和运用计算机解决实际问题的综合能力有积极的推动作用。通过竞赛可以拓宽研究生的知识面，培养他们的创新精神和团队合作意识，特别是增进高校、研究所和企业之间的交流和合作，为推动研究生教育改革提供了一个很好的平台。国防科技大学历来重视数学建模竞赛活动在军校学员解决问题能力和实践能力提高中发挥的重要作用，特别是随着信息化和智能化时代的到来，数学建模在高素质新型军事人才培养中可以发挥积极的作用，与国防自主创新也有着密切的关系。现代化国防建设和军事作战越来越要求科学的规划和精确的计算，通过数学建模训练，为学员埋下“精算、细算、深算”的种子，养成理性思维的习惯，掌握解决问题的方法和过程，最终全面提升新时代高素质新型军事人才培养质量。

二、举措与特色

20年来，中国研究生数学建模竞赛活动在国防科技大学蓬勃发展，参赛规模不断扩大，从第一届竞赛派出13支代表队参赛到近些年，参赛规模已经扩大十多倍，在竞赛过程中始终保持较好的参赛成绩，一些主要的举措包括以下方面。

（一）从“竞赛组织—团队支持—学员鼓励”三个层面推动竞赛活动开展

学校、研究生院和各级领导对竞赛的长期看好和大力支持是竞赛活动持续开展的重要基础。从第一届竞赛开始，我校研究生院就积极参与到中国研究生数学建模竞赛的组织过程中，一方面作为组委会单位参与竞赛活动的整体筹划和组织，另一方面在校内大力支持数学建模团队开展研究生数学建模竞赛活动，同时在研究生群体中宣传和倡导学员参与研究生数学建模竞赛活动，并在优秀学员评定、奖学金评选等各类研究生评比中将竞赛获奖纳入考虑，极大地提高了研究生学员参赛的积极性。

（二）把教师团队建设作为竞赛活动开展的重要抓手

在 2004 年第一届“全国部分高校研究生数学建模竞赛”中，学校抽调了吴孟达、吴翊、成礼智等一批具有丰富数学建模教学和实践经验的资深教授负责竞赛的组织工作。吴孟达教授担任全国研究生数学竞赛组委会副主任委员和我校竞赛负责人，长期致力于推动数学建模活动在教学改革和人才培养中发挥重要作用，毛紫阳、王丹等一批年轻教师的参与更好地保障了竞赛活动在国防科技大学的可持续开展。20 年来，数学建模团队在组织学员参赛、竞赛培训和指导、数学课程教学方面做了大量工作。首先，在国防科技大学研究生学员中开设研究生数学建模课程，为本科阶段没有很好进行数学建模训练的研究生学员打下建立数学建模的基础，组织学员开展数学建模竞赛相关培训和讲座活动，倡导学员参加数学建模实践活动，鼓励学员将数学建模的思想和一般过程在其所在专业应用，鼓励学员参与研究生数学建模竞赛活动，在竞赛中更好地体会数学建模的思维、方法的应用，特别是创新性地解决实际问题；其次，教师团队积极参与数学建模交流和研讨活动，承办全国研究生数学建模相关活动的组织，如竞赛阅卷和竞赛研讨会，鼓励教师团队与兄弟院校的老师就数学建模教学和竞赛活动开展交流，积极参与全国研究生数学建模竞赛组委会组织的相关交流活动；最后，开展研究生数学建模教学和竞赛活动资源建设，包括课程教学资源、竞赛培训相关的讲座、模拟题、优秀论文等资源，为研究生数学建模实践活动的长期可持续发展打下基础。从某种程度上来说，能够长期坚持致力于推动数学建模活动开展的教师团队和开展数学建模教学和实践活动所积累的大量教学资源为该活动保持可持续发展提供了基本保障。

（三）把竞赛资源建设作为数学建模活动开展的重点内容

赛题的质量是竞赛质量的决定性因素，好的赛题能够吸引到更多的研究生、更多的老师以及更多的企业和社会的关注，赛题的质量就是竞赛质量的直接体现。对于建模教学来说，好的建模案例又是教学

图 1　2020 年吴孟达、王丹等参加命题研讨会

活动开展最重要的因素。20 年来，国防科技大学教师团队在吴孟达教授的带领下致力于赛题和案例的开发，先后有 10 多道题入选全国研究生数学建模竞赛赛题，这些题目既有竞赛当年社会的热点问题，如“城市交通中的出租车规划”，也有一些生活中身边的实际问题，如“学生面试问题”“110 警车配置与巡逻方案”“关于跳台跳水体型系数设置的建模分析”，还有一些专业领域中的问题，如“基于卫星无源探测的空间飞行器主动段轨道估计与误差分析”“多约束条件下智能飞行器航迹快速规划”“飞行器质心平衡供油策略优化研究”等，这些赛题及其形成的案例资源都是数学教学学习的很好资源。

（四）推动地区性研究生数学建模竞赛活动的开展，扩大竞赛的受益面

不同层次的研究生数学建模活动的开展，有利于扩大数学建模的受益面，让更多的研究生了解数学建模，参与到数学建模创新实践活动中来。在学校和所在地区积极推动地区性研究生数学建模竞赛活动的开展，组织省内或省区间的数学建模交流活动，让更多的研究生培养单位参与进来，让更多的专业教师参与进来，更重要的是让更多的研究生数学参与进来，形成数学建模解决实际问题训练的良好氛围。我校在湖南省积极联系省学位办和相关兄弟院校开展湖南省研究生数学建模竞赛活动，承担湖南省研究生数学建模竞赛的组织工作，作为省内竞赛的主要命题单位和组织单位，已成功主办七届湖南省研究生数学建模竞赛。在军队系统努力推动全军军事建模竞赛的开展，将部队管理、保障、作战等各领域的问题凝练成军事建模赛题，在全军研究生、指战员等人群中推动军事建模竞赛的发展，让军校研究生与部队人员一起面对实际问题、交流和解决实际问题，在研究生的思维习惯中注入“数学建模”的种子，让一线部队人员体会到数学建模在解决实际问题中的作用，真正推动数学在军事应用中落地。

三、工作成效与经验

20 年来，国防科技大学开展数学建模教学与竞赛活动取得了丰硕的成果。国防科技大学每年获得了中国研究生数学建模竞赛优秀组织奖；数学建模团队被评为湖南省级优秀教学团队，吴孟达教授获中国研究生数学建模竞赛杰出贡献奖，多名承担竞赛活动组织的管理人员和教师获中国研究生数学建模竞赛先进个人。共有 1499 组参赛队参加了研究生数学建模竞赛，获得一等奖 54 项，二等奖 291 项，三等奖 314 项，获一等奖数量和总获奖比例在国内高校中名列前茅。

图 2　国防科技大学参赛队参加第十七届中国研究生数学建模竞赛颁奖大会

在竞赛组织过程中，我们总结主要的经验有以下几条。

（一）上级部门的长期支持是竞赛活动开展的重要基础

一项活动要能够长期发展离不开上级部门的持续关注和大力支持，而且不仅要看到竞赛取得的获奖成绩，更要看到竞赛在人才培养中的作用。20年来，参加过研究生数学建模竞赛的很多同学都已经走上了工作岗位，有的还走上了领导岗位，他们对数学建模有着更好的理解，对数学建模的发展给予了更多的支持，这是竞赛在正轨上持续运行的良性循环。

（二）建设一支长期致力于数学建模教学和竞赛活动的教师团队是竞赛活动开展的核心因素

研究生数学建模竞赛活动的开展离不开一批对数学建模有着极大热情、愿意长期为此努力和奋斗的教师群体。建设一支结构合理、传承有序、满怀热情的教师团队是保持竞赛活动能够长期持续发展的基石。

（三）好的赛题和建模案例是数学建模教学和竞赛活动保持活力的源头

对赛题进行精雕细琢确保赛题质量是竞赛保持专业和影响力的关键因素。在此基础上，要加大建设研究生数学建模竞赛案例和资源，丰富学习资源能够保持竞赛活力，更好地促进相关教学、培训活动的开展，更好地吸引更多的学校和教师参与进来。

（四）数学建模教学和竞赛的研讨和交流活动对于推动竞赛广泛开展具有积极意义

每年适当地开展研究生数学建模竞赛的交流和研讨活动，将一批从事相关工作的、志同道合的老师聚拢起来交流和研讨有助于交流经验、形成合力、达成共识，形成共同的目标，共同推进竞赛活动的开展。

（五）健全和规范竞赛制度是竞赛保持可持续发展的关键因素

竞赛的制度建设是一项值得长期思考和建设的工作，及时总结竞赛组织过程中遇到的问题，形成迭代和反馈，适应新时代学员特点和时代要求，创新性对竞赛的组织和制度改革和更新，保持竞赛的时代性、及时性，保持竞赛的年轻活力。

（六）建立公平公正的竞赛环境，坚持对违反学术道德规范的行为零容忍是保障竞赛健康发展的根本

当前，不论是大学生数学建模竞赛还是研究生数学建模竞赛，均已经成为学生学科竞赛活动中影响力非常广的竞赛活动。随之而来的也有很多商业公司瞄准了竞赛活动中的“非法”盈利行为，面对这样的情况，组织单位必须坚定地贯彻学术道德规范是底线的标准，在教学、培训和竞赛过程中高标准、严要求，确保竞赛活动健康发展。

（七）竞赛活动要保持持久生命力必须获得学生的热爱，给学生以成就感

鲁信金是来自国防科技大学电子科学工程专业的研究生，她两次获得中国研究生数学建模竞赛一等奖，一次获得华为专项奖，参与了“数模之星”角逐并获得“数模之星”提名奖。她在竞赛分享中谈道：“竞赛过程中面对困难，曾经也想过放弃，也有过迷茫，熬夜，痛苦，甚至因为挫折，几乎选择弃赛，但最终选择了坚持。我们怀着单纯的愿望参赛，期盼能在学术研究的道路上，真正做到学以致用，让知识

产生价值。作为国防科技大学的军校学员，我们希望真正成长为一名有理想、有本事、有灵魂、有血性的革命军人，在科技强军的路上，敢于争先，奋勇直前。”这也许就是竞赛的魅力，它让参赛者苦在其中却又乐在其中，让参赛者在解决问题的过程中感受知识的价值，升华精神的力量，不畏困难，敢于面对挫折，勇于追求卓越，享受竞赛过程。

图 3 鲁信金小组 2021 年参赛中

5
先进个人工作案例

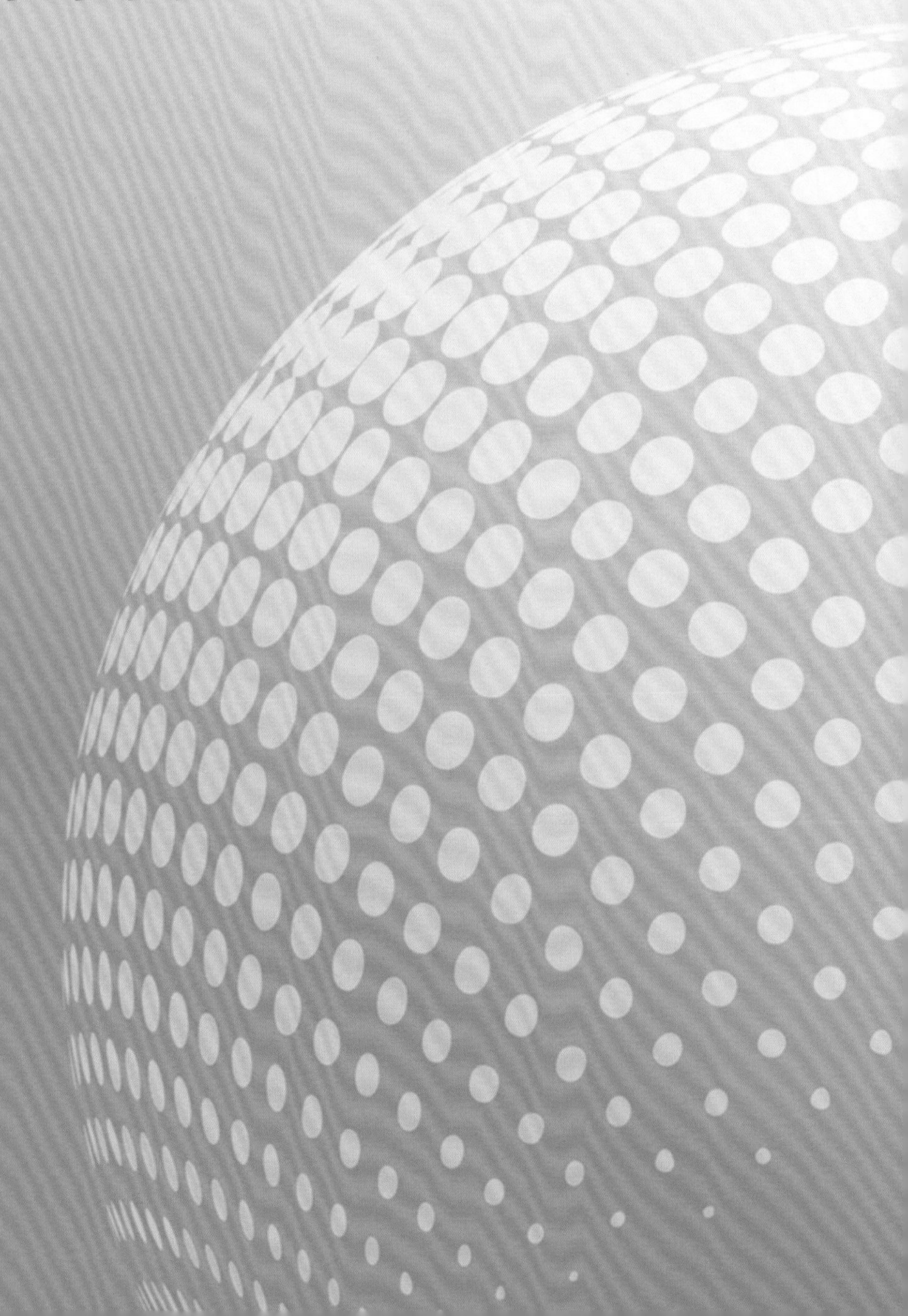

利用中国研究生数学建模竞赛平台提升研究生科研水平和创新实践能力

北京理工大学　杨国孝　安　稳

图 1　我校研究生姚运宝、陈雅洁、夏云卿参加第十九届中国研究生数学建模竞赛颁奖大会并荣获全国一等奖及华为专项奖二等奖

一、明确数学建模竞赛在研究生培养中的定位

北京理工大学在叶其孝资深教授的指导下，是国内最早开展大学生数学建模活动的高校之一，也是全国大学生数学建模竞赛的发起单位之一。从 2005 年起，我校组织研究生参加了第二届到第二十届共 19 届中国研究生数学建模竞赛活动。

19 年来，我校始终将中国研究生数学建模竞赛列为我校研究生每年必须参加的重要的竞赛活动之一，在每年的备赛、参赛的过程中，不断探索和实践如何利用好中国研究生数学建模竞赛这个平台，提升我校研究生的科研水平和创新实践能力。作为工科特色鲜明的学校，我校将中国研究生数学建模竞赛作为培养我校少数对数学有较大兴趣的工科研究生的应用数学能力和水平的重要平台。培养其运用数学理论与技术研究和解决他们所研究领域中重要问题的能力，以发表高质量、高水平研究论文，提高我校研究生培养的学术声誉与学术影响为目标。

近年来，中国研究生数学建模竞赛为我校在以下方面发挥了重要作用。

（1）为我校全体研究生提供了综合运用所学的、以数学为核心的各学科知识，所掌握的各种技能，研究和解决应用学科前沿研究的某些科学问题的机会。

（2）使我校研究生了解中国社会、经济与科技的建设与发展中，与前沿科技紧密相联的、业务需求明确的亟待研究和解决的实际技术与工程问题，拓展了我校研究生的研究领域，开阔了学术视野，为产学研开辟了一条途径。

（3）激发和驱动了我校研究生学习和研究数学的兴趣和热情，使其不断提高学习数学的主动性和自觉性。在应用数学中，理解数学理论，掌握数学技能，不断提高应用数学理论与技术研究和解决科学与工程中实际问题的能力。

（4）提升了我校研究生科研中的创新精神和创新实践能力、拼搏精神和科学研究攻关能力、团队合作精神和协作能力。

（5）为我校研究生人才培养，特别是数学能力培养，创造了以赛促研，以赛促学，以赛促教，以赛育人的良好氛围。

二、精心组织数学建模竞赛系列活动

（一）早期的探索与实践

在早期的研究生数学建模竞赛活动中，我们将此竞赛作为我校研究生数学能力培养的一个实践环节，主要面向有较好数学基础、对数学理论与技术有兴趣的研究生。我们采用的是研究生自愿报名参与的方式，每年报名参赛的研究生人数在 10～50 人。数学学院在研究生院的指导下，安排教师对所有报名参赛研究生进行系列辅导和培训，培训内容主要是根据往年的中国研究生数学建模竞赛题目，强化研究生的数学知识和数学建模能力，主要包括：研究生数学建模常用的数学理论与方法、数学建模案例分析等。

建模培训主要利用节假日，以教师讲解为主、研究生学习讨论为辅的方式进行，直到全国竞赛的前一周，共计培训 30 多个学时。报名研究生在参与竞赛辅导的过程中，通过交流增进相互了解，并组建最终的竞赛团队。研究生院为所有报名的团队支付全额报名费，并在竞赛期间为其提供生活补贴以及公共的竞赛场地。

图 2　2011 年我校研究生刘军、戴荔、何平胜获第八届全国研究生数学建模竞赛一等奖

（二）提升数学建模竞赛定位，组织动员参赛

近年来，我校研究生院认真总结和分析了研究生数学建模竞赛在研究生科研和创新实践能力培养中的意义和作用，将研究生数学建模竞赛定位为：提升我校研究生科研水平和创新能力的平台。研究生院领导亲自指导研究生数学建模竞赛的各项活动和组织工作，设计了“立目标、建机制、强协同、重培育”的研究生实践创新能力培养体系，构建了“赛前培育+辅导—赛中资助+跟踪—赛后奖励+宣传”的模式。各个专业学院也自上而下重视研究生数学建模竞赛工作，将研究生数学建模竞赛列为研究生科研实践的重要活动之一，采取了一系列措施，动员更多的研究生积极参与每年一次的数学建模竞赛系列活动。

赛事由研究生院向全校各专业学院下发通知，宣传学校的主导思想和研究生院的学分奖励、获奖奖励、竞赛报名费资助等政策，利用各种机会和渠道，不断督促各专业学院相关部门、研究生导师等动员和引导研究生报名参赛。数学学院数学建模辅导教师协同研究生院，为有意参赛研究生进行数学建模竞赛相关内容的咨询答疑和指导。近年来，我校研究生的参赛热情、参赛积极性空前高涨，每年都有600～700名研究生成功参加各项全国竞赛。

（三）以共性问题为驱动、以方法为核心设定集中培训内容

首先，我们要求报名参赛的研究生个人或团队，利用互联网等自主了解中国研究生数学建模竞赛，特别是往年竞赛的题目、获奖的优秀论文，过往参赛研究生的体会和感悟等，正确认识中国研究生数学建模竞赛，明确竞赛对参赛者及其团队的知识、能力和技能的挑战和要求，找到个人或团体参赛的目标和努力的方向，制定自己的学习和实践的计划和行动方案。其次，数学建模竞赛辅导老师以调查问卷、座谈等形式，征求和收集研究生对数学建模竞赛系列活动的意见和建议，特别是竞赛辅导和培训的内容、形式和方式，结合我校研究生在过去竞赛中总结的经验和发现的问题等，开展以问题为驱动、以解决问题的思路与方法为中心的集中培训和辅导，具体的培训内容如下。

1. 引导研究生挖掘个人和团队在科研方面的特色与优势

我们将数学建模竞赛定位为各高校研究生数学建模特色与优势的比拼，积极引导研究生梳理、学习和研究中国研究生数学建模竞赛的历年竞赛题目，结合研究生个人的专业和研究方向、研究经验等，深入思考、总结自己在应用数学理论与技术研究和解决科学或实际问题的成功经验和体会，挖掘自己在数学建模方面已有的个性化的特色与优势。之后以分工明确、优势互补为原则构建建模竞赛团队，探索和找到各个团队在数学建模方面具有的特色或优势。

2. 明确个人和团队的学习、研究与实践目标

引导研究生以在竞赛中展示研究生个体和团队的独特研究特色与优势，取得优异成绩为目标，从竞赛问题理解、应用数学、统计学、算法、软件以及写作等数学建模所涉及的内容方面，深入分析和明确个人和团队需要进一步学习、研究和实践的任务和目标，制订自己的学习和研究计划，以个人自主学习、团队不定期讨论交流、老师辅导答疑的方式，逐步强化每一名研究生个人和团队在数学建模方面的特色与优势，形成在数学建模竞赛中的胜势。

3. 强化研究生利用现代技术快速获取、阅读、理解相关知识

我们认为，要教会研究生快速找到适合自己的知识，理解和学会运用这些知识是关键。因此，我们引导研究生通过师生之间、研究生与研究生之间的交流，来掌握各种检搜索工具，利用互联网、专业和学科数据库、专业软件包网站等多种渠道，快速、准确地找到各专业领域和数学建模竞赛有关的理论、算法和软件（代码）。我们帮助研究生了解各种文献的特性和价值，提高文献阅读理解能力，筛选和构建自己的个性化文献数据、资料库，特别是鼓励研究生学习和研究相关英文文献资料等。鼓励研究生在深入理解、

领会已有知识的基础上，敢于进行知识的“重组”或“转换”、“迁移”或“嫁接”，敢于提出自己的想法和观点，敢于尝试和实践。

4. 培养研究生解决复杂问题的系统化、结构化和多元化思维

针对实际中的数学建模问题往往是涉及多学科的相对复杂的问题，我们侧重教会研究生运用系统化思维将数学建模问题拆解为系列的、相对简单的问题的串联，运用结构化思维将每一个简单问题分解到多学科、多任务的各门学科的具体的知识点，采用“分而治之”的策略，从易到难，由简单到复杂，从特殊到一般，逐一解决单个问题，系统化构建完整的建模思路、问题解决方案、撰写建模报告。

引导研究生能够通过构建自己的思维导图的模式，系统化、结构化地将各学科之间、各知识点之间的区别和联系建立知识图谱或知识网络，力争做到融会贯通。从多个层面、多个维度思考问题，探索解决问题的多种渠道、多种方法。

5. 丰富的学术研讨活动，拓展研究生的学术研究边界和学术视野

鼓励研究生参加校内或校外、线上或线下的不同领域、不同专题的学术讲座、学术报告、学术研讨会等，了解各个行业领域研究的前沿动态，鼓励研究生和自己的专业导师的交流，不断地探索和发挥自己在专业研究领域或方向的个性特征，发挥自身的专业优势，从而不断地发掘适合研究的数学建模的领域和方向，组织并鼓励研究生参加跨学科、跨学校乃至全国性的学术活动，发挥这些学术活动的引导研究方向、改善学习环境、推动学术交流的作用。

图 3 我校研究生刘军参加第八届全国研究生数学建模竞赛颁奖典礼并与朱道元教授交流

6. 培养研究生拼搏精神、科研攻关和团队合作能力

引导研究生明确“科研无难事，只要肯登攀”，只有勇于挑战自我，不断突破自我的学习和研究边界，才能在科学研究中取得进步；只有战胜学习和科研中一个又一个的困难，才能增强科研的自豪感、价值感和自信心。数学建模竞赛为研究生提供了挑战自我、成就自我的机会。我们鼓励每个研究生在发挥自我的同时，认识到每个人都有自己的知识和能力的边界，只有和队友有效沟通、通力合作，顽强拼搏，才能形成和展现团队的优势。

（四）不断探索自主性、个性化的赛前学习和训练模式

研究生数学建模竞赛的系列活动面向全校研究生，其训练是在正常的科研、教学和学习过程中，利用课外时间来进行的。报名参赛的研究生，来自各专业学院的各个研究方向、各个研究团队，具有研究方向多元、学习研究和实践的模式差异大、时间分散零碎等特点。为此，我们通过不断探索，总结出了以研究生“个体独立学习和研究团队内部充分交流为主，全校性的辅导和培训为辅”的培训模式。

1. 将数学建模能力培养与专业研究能力提升有机融合

鼓励和引导研究生结合自己的研究领域或研究方向的前沿科学与实践问题，有针对性、有目标地学习相关的数学理论，掌握数学技术，不断提升数学能力和数学水平，在专业导师的指导下，探索运用数学建模的理论和技术研究和解决自己专业领域的科学与实际问题，在实践中掌握数学建模理论与技术，实现在数学建模竞赛中取得优异成绩，同时提升自己专业领域学术研究水平和实践能力的“双赢”。

2. 个体自主学习与实践为主，集体辅导和答疑为辅

我们引导研究生根据个人的学习和实践目标、作息规律和时间安排等，开展自主学习与思考。鼓励建模团队的队长发挥领导能力，利用一切可能的时间和机会，线上与线下相结合开展交流活动。

研究生建模辅导教师，通过网络，不间断地对研究生进行线上和线下相结合的辅导和答疑，收集和整理研究生在自主学习、自己实践的过程中存在的具有一定共性的问题，组织参赛研究生开展集体性的讲座、座谈和交流，与研究生共同探讨解决思路和解决方案。

3. 充分利用暑假，全面提升数学建模水平

在暑假期间，针对数学建模所涉及的专业领域知识、应用数学知识和技能、统计学知识与技能、科技文献阅读与写作等，开展系统性、全面性的案例式的集体辅导、答疑和座谈；引导研究生梳理个人或团队的学习和实践情况，利用集中时间，实现重点突破，全面提升数学建模水平；从赛前准备、开赛选题、问题拆解、分工协作、时间安排等方面引导和帮助研究生制定适合自己和团队的数学建模战术和策略。

图4 我校研究生陈维、南京宏和李勇参加第十四届中国研究生数学建模竞赛颁奖大会

（五）政策配套科学激励

1. 配套政策

研究生院制定发布《北京理工大学研究生实践创新能力培养实施细则（试行）》等制度文件，促进我校研究生实践创新管理工作科学化、规范化和制度化；通过实施“研究生科研水平和创新能力提升计划”，培育关键核心技术创新、多学科综合交叉创新、基础学科领域创新优秀项目。研究生院连续多年设立研究生数学建模竞赛专项经费，支持研究生数学建模竞赛；指导老师开展研究生数学建模有关的学术研讨与实践的研究活动，参加国内研究生数学建模竞赛及其相关的学术和教学研讨会议；所有数学建模参赛团队报名费由研究生院统一支付，将研究生数学建模参赛和获奖情况计入相关专业学院的年度绩效考核当中，全额支付导师和荣获全国一等奖的研究生代表参加研究生数学建模颁奖活动的费用。

2. 激励机制

研究生院制定了《北京理工大学人才培养成果奖励实施细则（暂行）》，设立研究生创新竞赛获奖奖励办法，激发研究生创新实践活力；从研究生培养方案入手，建立竞赛获奖替换选修课学分机制，将中国研究生数学建模活动列入一级赛事，根据竞赛成绩在研究生学业奖学金评比中给予一定的加分，优先推荐免试读博。学校为获奖同学发放奖金，为竞赛辅导老师发放培训和指导费。

三、以数学建模竞赛为契机全面开展创新型人才培养

多年来，我校通过积极参加研究生数学建模竞赛，不断探索和实践以赛促研，以赛促学，以赛促教，以赛育人的模式，全面提升我校研究生培养质量。

（一）以赛促研

通过参赛，我校研究生能够了解到在中国的社会、科技和经济发展中，有大量的科学、技术与工程方面的问题需要研究和解决。可引导研究生将自己的研究与国家的需求相结合，在企事业单位的真实的业务场景中，发现真实的、值得研究的问题，实现“产学研”融合发展，实现科研的经济和社会价值。

竞赛也使研究生体会到，在真实开展的实际业务中，需要考虑的因素复杂多样，要处理的真实一手数据要比文献资料中的二手数据复杂得多，解决问题的经济和社会价值也更高，更能体现研究生科研的价值和学以致用的成就感。鼓励研究生要更多地去研究有价值的问题，而不是在校园内“闭门造车”。

竞赛使研究生学会用数学等科学去认识真实世界，用技术去改造现实世界，用工程去规划未来世界的全方面科研能力。

（二）以赛促学

数学建模竞赛题目往往涉及数学、物理、技术、工程、设计等不同领域、不同学科的知识和技能，要求学生通过跨学科、跨领域的学习和研究，综合运用多个学科的知识和技能才能解决问题。参加竞赛弥补了传统教学模式将各个学科割裂开来、讲授和实践单个独立学科的知识和技能的缺陷，促使研究生打破传统学科、专业壁垒，从研究和解决问题的整体性角度，思考课堂上所学习的各科知识各种技能，在深入理解各个学科领域、各个专业、各个知识点的基础上，找到它们之间的联系和区别，努力做到融会贯通。

数模竞赛为研究生提供了展现和检验自己学习、研究和解决实际问题能力的机会，一方面，能够增强研究生学习和研究的成就感和自豪感，激发研究生学习和研究的内生驱动力，提升自主学习、自主探索的主观能动性；另一方面，也使研究生发现自己所学理论知识和技能的局限性，明确进一步学习和实践的目标，为研究生开展问题驱动的、更为有效的学习和实践提供了方向和指导。

（三）以赛促教

围绕数学建模竞赛的系列活动，促进了我校不同专业研究生的指导教师、任课老师等，在不同程度上开展了跨学科、跨领域的知识和技能学习、研究和教学实践活动，增强了我校不同领域、不同学科研究生导师之间的交流和协作。

研究生数学建模相关老师积极尝试将数学建模相关的应用数学与统计学的理论和技术，融入研究生数学课程的教学当中；在研究生院的指导下，根据我校研究生在数学建模竞赛系列活动中的表现，对工科研究生的课程，特别是数学课程的教学内容、教学模式，不断进行优化与调整；研究生数学建模优秀赛题也为我校开展以研究生的“学和研”为主的、案例式、项目式、问题驱动的教学活动提供了典型性、实践性的案例。

（四）以赛育人

在备赛过程中，我们始终鼓励我校研究生关注中国科技、社会和经济发展中所遇到的挑战性问题，激发研究生将自己的科研扎根祖国的爱国热情，帮助研究生树立为国家的富强、中华民族的伟大复兴而奋斗的远大理想。

通过数模竞赛活动，引导我校研究生不断认识自我，探索和发现自己研究的特长与优势，找到真正有激情、有兴趣的研究领域或研究方向，明确自己终身的研究目标和职业发展规划。

通过竞赛，我们也培养了研究生在科学研究中追求卓越的进取精神、敢于拼搏的竞争精神以及合作进取的团队精神。

（五）工作成效与经验

1. 参赛研究生人数逐年增加，获奖数量和质量提升

2017 年起，我校参加研究生数学建模系列活动的研究生数量逐年增加，团队数量逐年增多，竞赛中的获奖比例、等级和数量也在不断增加。

全校研究生学习数学、用数学的理念不断树立，选修研究生公共数学系列课程的研究生比例逐年提高；研究生运用数学理论与技术研究和解决工程和科学中问题的能力得到一定的提升；发表学术论文的质量、水平和数量不断提高。

表 1　2020～2022 年我校研究生数学建模竞赛获奖概况　（单位：个）

竞赛年份（届别）	一等奖	二等奖	三等奖
2020（第 17 届）	2	27	34
2021（第 18 届）	3	33	45
2022（第 19 届）	3	41	55

2017～2022 年，我校研究生参加的研究生学科竞赛也越来越多，获高水平科技创新竞赛奖 1700 余项，包括中国国际“互联网+”大学生创新创业大赛总冠军 2 次、金奖 22 项；“挑战杯”全国大学生课外学术科技作品竞赛特等奖 10 项、一等奖 18 项；“挑战杯”中国大学生创业计划竞赛金奖 13 项；阿布扎比国际无人机挑战赛冠军；RoboMaster 国际机器人挑战赛第一名等国际、国家高水平大赛奖项。

2. 我们的体会

总结我校十几年来的参加研究生数学建模竞赛的经验，主要有以下几个方面。

1）领导高度重视

研究生院领导高度重视研究生数学建模竞赛活动，发布了系列制度文件，实现了研究生数学建模活

动管理的科学化、规范化和制度化；研究生院培养处设定专职岗位，指导和协调每年研究生数学建模竞赛的各项工作，出台了参加建模竞赛的补助及奖励办法；在竞赛报名、培训和竞赛期间，研究生院和各专业学院的主管领导亲自宣传和动员，并亲临现场指导，主动协调学校各个职能和管理部门，为研究生数学建模竞赛系列活动的开展提供了强有力的支持和帮助。这些都是竞赛能够取得成功的重要保障。

2）建立激励机制

当代研究生的自我意识、自我价值实现的愿望比较强烈，参加中国研究生数学建模竞赛，需要研究生在较短的时间内研究和解决真实的、实践性强的科学与工程问题，对研究生多方面的能力都是极大的挑战，他们的努力和付出需要得到一定的认可和鼓励，同时，他们在这种激烈的竞争中，为学校、为学院赢得了荣誉，因此，对在数学建模活动中表现优异成绩的研究生进行表彰和奖励，不仅是对参赛研究生的奖赏，而且是吸引更多研究生参加数学建模竞赛活动的有效手段。

3）研究生的广泛参与

我们认为研究生的大规模参与是开展研究生数学建模竞赛的基础，吸引到素质优秀，特别是对数学建模活动有浓厚兴趣，数学基础扎实和能力较强的研究生参赛直接影响到竞赛的最终成绩。

因此我校组织动员大量的研究生参加研究生数学建模系列活动，让研究生亲身参与、研究和解决具有实际应用价值的科研与工程问题、经历团队科研攻关的全过程，丰富研究生的科研阅历与研究生活，从而有利于从整体上提高研究型人才的培养质量；同时，我们也特别注重动员和鼓励数学能力强、在本科阶段参加过全国大学生数学建模竞赛和美国大学生数学建模竞赛并取得优异成绩的研究生参赛，通过研究生之间的相互学习以及传帮带，提高我校参赛研究生的整体水平，力争取得优异的竞赛成绩。

4）重视研究生数学课教学

在研究生的教学工作中，往往体现个性较多、共性较少的特点，而数学就是许多学科的共同基础。只要我们严格按照研究生教育的客观规律，抓住研究生教育中的数学教学的共性要求这一重要内容，加强研究生数学公共课程的建设，不断丰富数学课的教学内容，提高教学质量，就可以做到少投入多产出，全面提高研究生的培养效率，保证研究生的培养质量，而这更是数学建模竞赛系列活动取得成功的基础。

数模课程奠基石，数模竞赛挖潜力
——东南大学先进个人优秀工作案例

东南大学　关秀翠

一、背景与理念

作为中国研究生数学建模竞赛的诞生地，在竞赛发起人朱道元教授的带领下，从2003年起，东南大学研究生数模竞赛的参赛规模和获奖队伍数便走在了全国高校的前列。朱道元教授从2004年起担任中国研究生数学建模竞赛专家委员会主任至今，为组织题源、遴选赛题、润色赛题、协调竞赛付出了大量的心血。朱老师从2011年退休后仍然负责东南大学校内的研究生数模竞赛的培训工作，为本校的数模人才培养做出了重要贡献。从2017年起，东南大学数学学院关秀翠教授在学院领导的委托下，组建了研究生数模教练组，2019年起，逐步接手校内的研究生数模竞赛宣讲、报名和培训工作。教练组的8位教师来自数学学院运筹优化（关秀翠、殷翔、徐毅）、计算数学（石佩虎、赵璇）、统计学与大数据分析（赵璇、徐伟娟、赵昕）、复杂网络控制（胡建强）等与数模竞赛密切相关的研究方向。从2019年起，研究生数模教练组承担了校内研究生数模竞赛的宣传动员、组织报名、培训指导等全部工作，此外，教练组成员还参加了竞赛论文的线上初评和线下终评等评审工作和“数模之星”提名队伍的答辩指导工作，关秀翠教授还参加竞赛命题会，参与赛题的打磨、润色与修改。

2019年7月，科技部、教育部、中国科学院、国家自然科学基金委员会联合制定了《关于加强数学科学研究工作方案》[①]，强调了数学是自然科学的基础，也是重大技术创新发展的基础。东南大学研究生数模教练组依托中国研究生数学建模竞赛，探索问题驱动式研究生数学模型公共课教学及创新人才培养，正是为了满足东南大学“培养具有深厚数学基础的工科人才和具有应用创新能力的理科人才”的需求而开展的。

几乎所有利用数学解决的科技、工程、经济、军事等领域的实际问题都要通过数学建模这个桥梁，数学建模已成为用数学方法解决各种实际问题的桥梁和科学研究及工程设计的重要手段。建立数学模型的过程，就是把错综复杂的实际问题简化、抽象为合理的数学结构的过程。它可以在纷繁复杂的事物中，去粗取精、化繁为简、概括共性、提炼本质、发现规律、预测未来。数学的优势在于数学抽象能使我们的注意力更加关注解决问题的思路、方法和抽象形式的表达。

东南大学研究生数模教练组以提升研究生创新实践能力为核心，在“夯实数模基础、提升数学素养、突破自身边界挖掘团队潜力”的理念下，建立了一整套“课内外综合训练，赛前后融合发展”的教练体系。

---

① 四部委联合制定《关于加强数学科学研究工作方案》 [EB/OL].（2019-07-22）[2023-11-15]. https://www.nsfc.gov.cn/csc/20340/20289/41273/.

二、举措与特色

为了迎合东南大学“强势工科，优势理科”的发展需求，数学学院以提升研究生创新实践能力为核心，以提高研究生培养质量为目标，以组织全校理工科研究生参加“中国研究生数学建模竞赛”为依托，创新驱动、“数”见未来，优化提升研究生数学公共课程体系，既强化工科学生的数学思维和综合应用知识解决问题的数学素养，又提升理科学生应用理论解决实际问题的交叉融合能力。

（一）课内外综合训练，夯实数模基础，提升数学素养。

东南大学研究生数模教练组将研究生创新实践能力的提升、综合应用与数学素养的提高、良好数学思维模式与习惯的养成融为一体。

1. 以教学内容和教学方式改革为突破口，提升数学公共课程建设的内涵

（1）将“数学建模”融入研究生公共课程体系，架起理论与实践的桥梁。教练组结合理工科研究生特点，将数学建模这一有力工具融入研究生公共课程体系，构建理工科研究生问题驱动式创新人才的培养模式。在保证基础数学课程自身特色的同时，使教学内容更加注重符合研究生专业的培养要求，增强专业应用场景的介绍。曹婉容教授主持完成的江苏省研究生教育教学研究与实践课题“工科研究生‘数值分析’教学改革与实践”，将课程教学内容和考核方式与工科各专业的实际数学模型以及他们对于科学计算的实际需求紧密结合，大大激发了学生的学习兴趣和研究动力。

（2）提高工科研究生的数学思维能力，增强学生抽取问题本质的能力。数学思维在理工科研究生科研创新能力方面起着重要的作用,代数类课程在研究生数学公共课程体系中承担着培养研究生抽象思维、逻辑推理、非逻辑思维等重要数学思维能力的作用。教练组通过“工程矩阵”教学内容的遴选以及教学方法的设计，强化数学思想、数学思维和创新能力的培养，将其与科学计算和工程应用相结合，增强学生抽取问题本质的能力，更好地培养工科研究生的数学素养和创新能力。

2. 重构“数学模型”课程体系，夯实数模基础，提高学生解决问题的能力

朱道元教授从 1993 年起便为东南大学博士研究生开设“数学模型”课程，他在 2011 年退休前，开设了将近 20 届，每年 2～3 个班，选课人数约为 1600 人。从 2011 学年秋季学期到 2020 学年春季学期，则由陈平教授授课，每年 2 个班，选课人数在 250～300 人。朱老师和陈老师讲授的数学模型课程以多元统计分析为主，很少涉及数学模型知识体系中的其他分支。

1）重构“数学模型”课程体系，夯实数模基础

从 2020 年秋季学期开始，研究生数模教练组承接了博士研究生公共课“数学模型”课程的教学。因为教练组的老师来自运筹优化、计算数学、统计学、复杂网络等多个研究领域，而数学模型需要的知识正好也来自数学的多个领域，所以教练组利用团队自身优势，重构“数学模型”课程体系，选取了包含多个知识模块的“数学模型”教材——《Python 数学实验与建模》。之所以选择这个教材，除了其作者是出版了数模领域多本热销教材的司守奎教授外，还因为该书以 Python 程序语言为媒介，介绍了各个知识模块用 Python 程序实现的场景，这就为研究生夯实数模基础、提升编程能力提供了有力的支撑。在学习数模知识的同时，还能掌握一门编程语言，岂不是带来了 1+1>2 的协同效应吗？从选课学生的课堂反馈情况也可以看出学生对课程期待的超值回馈（图 1）。

2）采用线上线下结合的授课方式，提高学生的自主学习力和课堂专注力

“数学模型”课程的特点是知识面广而不精，各知识点看似独立却相互关联。因此，为方便学生做好课前预习，每位授课教师都会提前一周在 QQ 群发布课件和相关知识模块的 Python 程序，培养学生的自主学习能力。教学采用线上线下相结合的授课方式，在线下授课时同步采用雨课堂直播，为课堂教学提供了多个拓展环节。一是通过雨课堂记录学生出勤情况，通过随机点名的方式在课上请同学回答问题，增

查看主观题结果（2022-2023网上评教 - DB000104 - 数学模型 - 关秀翠）

意见或建议	教学质量高，知识内容全面丰富
意见或建议	课程内容能理论联系实际，反映最新成果，对我有启发性和挑战性
意见或建议	老师上课认真，课堂幽默，效果非常好，引经据典
意见或建议	建议课程内容可以直击历年数模比赛试题，样例试题深度讲解。编程基础课程于博士生而言并非重点，重点在于数学建模的思维培养与实践等。例如参加完22年度数模比赛后，老师可以及时为大家讲解对应试题，充分将学生赛后体验与教师指导相结合。
意见或建议	该课程教学目标设置明确、具体，易激发兴趣，引导自主探究、合作交流，收获很大。
意见或建议	授课内容丰富广博，对理工科学生之后的科研实验、理论分析有非常大的作用，受益良多
意见或建议	教学严谨，启迪性强，好老师值得推荐！
意见或建议	该老师对待授课非常的严格，也注重与学生的互动，课上设有问答环节，虽是线上课程，但沟通融洽，与线下课无异，很喜欢！
意见或建议	教学质量高，课程内容丰富，取得了良好的学习成果。
意见或建议	关老师的教学十分出色，能让人了解知识的前因后果
意见或建议	老师备课认真，讲解深入浅出，课程听下来很增长基本功，也对科研有启发。
意见或建议	老师授课认真热情，我的数学能力提高了。
意见或建议	老师很棒，学到的内容非常丰富，暂时没有意见
意见或建议	关老师的课程深入浅出，在这门课程中，我学到了很多有用的知识，我相信以后一定能够学以致用，为国家和社会做出更大的贡献。
意见或建议	老师上课讲述内容清晰，明确，易懂。
意见或建议	老师上课非常热情认真，使我收获颇丰。
意见或建议	这门课上的太有用了，从算法原理到算法实现统统都上了，既学到了原理知识、又学到了实现技术，对科研学习的帮助太大了。
意见或建议	I really enjoyed this subject, the teacher was so hardworking, and the class was enjoyable and full of knowledge.
意见或建议	老师讲课很清楚，很符合我的节奏，全程我都能保持高度注意力集中
意见或建议	数模课程让我对如何用数学模型分析实际问题，并采用编程软件解决转换后的数学问题有了系统且具象的认识，为我能够在之后的科研学习中有效合理的运用这些计算方法打下了基础。
意见或建议	课程内容有趣，解决了我的知识盲区，老师认真负责，让我的知识库又丰富了许多。
意见或建议	师授课认真，细致，能充分利用时间，形象条理，对重点知识的讲解十分清晰易懂，使同学们对知识易于理解，老师讲课时的激情会感染我们，课堂气氛很好
意见或建议	老师采取多样有效的教学方法，善于启发学生独立思考和积极参与课程讨论

图 1　2020～2023 学年东南大学研究生对关秀翠老师教授“数学模型”课程评教节选

强互动性和公平性；二是在课件中提前设置一些随堂练习题目，在相应的知识讲解后，发布练习题，给学生 3～5 分钟的时间完成选择题、判断题和填空题，既能提高学生听课的专注力，又能检验学生的学习效果，还能增加对学习过程的考核，为综合考评成绩提供更全面、更客观的依据；三是学生课后可以通过雨课堂的回放功能回看同步课件的授课视频，为学生答疑解惑提供了有力的工具，也能有效地缓解数学模型因知识面广学生不易理解消化而产生的学习困惑。2023 学年“数学模型”课程被东南大学确定为研究生在线开放课程，将于 2024 学年上线“学堂在线”。我们希望通过在线开放课程的教学，有更多的研究生受益。

3）坚持以案例式、探究式、研究型等教学方式为主导，强化学生“数学建模”的思想方法和建模能力的培养

首先，通过探究式、研究型的教学方式，引领学生利用科学计算工具和数学建模方法解决其专业课题研究中的实际问题，培养学生在求解实际问题的过程中用数学语言描述问题、设计并优化算法、编程实现算法以验证算法的有效性等数学建模能力；其次，在学习数学建模理论的同时，通过案例教学，结合数学建模竞赛题目应用相关理论，为学生提供真枪实干演练的机会。这不仅活跃了课堂气氛，提升了学生的参与度，而且能够提升学生的实际操作能力、综合分析问题及解决问题的能力。双管齐下，强化

了对学生“数学建模”的思想方法和建模能力的培养。

（二）赛前后融合发展，突破自身边界，挖掘团队潜力

研究生数学建模竞赛提供了一个利用课堂知识去解决实际问题的平台，竞赛题目具有背景的重大性、强烈的实践性、鲜明的前沿性、足够的挑战性、题材的广泛性，是数学公共基础课程教学活动的直接延伸。以组织研究生参加“中国研究生数学建模竞赛”和“江苏省研究生数学建模科研创新实践大赛”为载体，研究生数模竞赛团队为理工科研究生跨学院、跨学科参赛提供平台和桥梁，形成赛前培训演练、团队磨合协作、赛后总结提升的模式，形成跨学科互动的良好氛围，让竞赛真正成为创新人才培养的“第二课堂”。通过参加数模竞赛的演练，不仅大大提高了理工科学生的数学建模能力、分析问题解决问题的能力和创新思维，而且让他们见识到了数学理论的用武之地，激发了他们学习理论应用理论解决实际问题的兴趣，并使他们有更大的动力投身于理论研究中。

1. 竞赛培训成体系：始于大赛宣讲，终于赛前动员，强于算法构建，精于赛题分析

东南大学研究生数模竞赛的培训始于每年 6 月份的竞赛宣讲会。竞赛官网发布大赛报名通知后，我们便启动了新赛季的宣讲。首先，邀请大赛组委会秘书处、东南大学研工部奚社新老师宣传大赛的创办历程、信息渠道和校内鼓励学生参赛的政策；其次，由关秀翠教授重点介绍竞赛赛题的特点、参赛能给研究生带来的收获以及校内的培训计划；最后，邀请上一年竞赛一等奖获奖队员分享他们的参赛经验和建议，这往往是学生们最想听取的干货。

竞赛培训分为两个阶段，以时间节点进行划分，分为 9 月份之前和 9 月份之后。9 月份之前的培训一般都在东南大学的“暑期学校时间”进行，这是我校特有的四周短学期，往年定在 7 月份，近两年改在了 8 月中下旬。9 月份之前的三次培训主要针对在校研一学生，即当年 9 月份升入研二的学生。关秀翠教授首先介绍数学建模工具和优化算法，然后会和石佩虎老师分别对一道国赛赛题进行分析、求解和论文写作的讲解。第二阶段的培训是在 9 月研究生新生报到以后，会重点讲解数模竞赛中常用到的启发式方法、大数据分析和处理的方法以及论文写作的注意事项。新冠疫情期间的培训则都是通过线上腾讯会议直播的方式进行的，为新生观看第一阶段的培训回放视频和所有学生反复观看培训视频提供了便利（表 1）。

表 1　2022 年东南大学研究生数模线上培训情况统计表（包含每次培训腾讯会议参会人数和观看回放的人数）

培训场次	培训内容	时间	主讲教师	腾讯会议参会人数/人	观看回放人数/人
一	竞赛宣讲会	7 月 2 日 10:00～11:30	奚社新、关秀翠、一等奖队员	650	未开放
二	数学建模工具与方法	8 月 14 日 14:00～7:00	关秀翠	485	190
三	赛题分析 1	8 月 21 日 14:00～7:00	石佩虎	210	未开放
四	赛题分析 2	8 月 28 日 14:00～7:00	关秀翠	221	150
五	赛题分析 3	9 月 4 日 14:00～7:00	关秀翠	403	140
六	现代优化算法	9 月 11 日 14:00～7:00	殷翔	309	未开放
七	大数据处理方法和论文	9 月 18 日 14:00～7:30	赵璇	336	未开放
八	赛前动员会	10 月 5 日 10:00～11:30	关秀翠	559（雨课堂 365）	155

同时，在暑假期间会有一个非常好的免费磨炼团队的机会——“江苏省研究生数学建模科研创新实践大赛”。我们会组织在校研一学生参赛，每年组队 50 多支，参赛学生主要是已经参加过上一年国赛的学生，他们想通过省赛积累经验，取长补短，磨炼队伍。自 2019 年省赛开赛以来，江苏省省赛的参赛规模保持在 1000 支左右的队伍，东南大学的省赛获奖成绩始终在全省名列前茅。与国赛评奖略有不同，省

赛一等奖由获得一等奖提名奖的队伍通过现场答辩评选得出。因此，我们每年都会对获得一等奖提名奖的队伍进行答辩前指导，反复带领学生润色修改 PPT，进行预答辩，确保有 80%以上的提名奖队伍能够获得最终的一等奖。

在竞赛开始前两天，关秀翠教授还会专门进行赛前动员与指导，详细讲解参赛过程中的论文下载、MD5 码上传、论文上传和附件上传等各环节的注意事项，重点介绍选题的策略和审题的关键，着重阐述数模竞赛论文写作的框架和规范，合理建议学生竞赛期间的时间分配。

经过几年的探索与实践，我们已经打磨了一套切实可行的竞赛培训体系，始于大赛宣讲，终于赛前动员，强于算法构建，精于赛题分析。在历年的国赛赛题中，用到各种优化方法的题目占比高达 70%，因此我们的培训重点在于数学模型的构建、优化算法的设计、优化软件的实现，这些技能不仅仅用于数模备赛，为理工科研究生今后的科研工作也提供了一个有力的支撑。

图 2　2019 年 9 月 10 日关秀翠教授进行赛题分析，板书为赛题的思维导图

2. 学术工具为支撑，思维导图助力赛题分析，Checklist 围堵参赛漏洞

在培训过程中，我们注重学生数学思维的养成，并借助数据可视化、数据分析方法、思维导图、Checklist 等学术工具，帮助学生多视角分析问题、多角度呈现研究结果。

思维导图是一个同时表达逻辑思维和发散思维的有效的思维图形工具。数模赛题往往背景结构复杂、约束条件众多、小题层次递进，长达几页的题目让学生读起来很难抓住其精髓来探究其本质，借助思维导图的工具，利用其强化逻辑思维的特点，可以帮助学生理清赛题的脉络，明确约束条件与各小题间的从属层次和递进关系。此外，利用思维导图呈现发散思维的特性，还可以引导学生从多个视角探究问题的求解思路，厘清各种角度下求解问题的优劣利弊，以便在有限的时间内更快地找到通往曙光的康庄大道。而赛题答案不唯一，求解框架无设定，寻优方式不限定，正是数模竞赛的显著特点和独特魅力。

数模竞赛长达 4 天半 100 小时的激烈战斗，对参赛学生精力耐力细心韧性的挑战都是巨大的，特别是在最后一夜通宵达旦的冲刺之后，很难保证有清晰的头脑完成最后的论文写作和提交。为此我们精心编写了 Checklist，提醒同学们提交论文时的注意事项和时间节点，方便学生核对确认，以防最后关键时刻手忙脚乱错误百出。诚然，这个 Checklist 也是在总结前几年同学们的经验教训的基础上整理出来的，也希望通过往期学长们的遗憾，提醒当下的同学们如何避坑。

3. 经验分享是传承，引领学生破边界，持续赋能挖潜力

我们的培训始于大赛宣讲，终于经验分享。而每年启动新赛季时宣讲会中的压轴大戏便是来自上一

年一等奖学生的经验分享，他们带来的参赛经历中的得与失何尝不是从再上一届的经验分享中传承下来的呢？因此，我校令人惊喜的400多支队伍的参赛规模便是在这样的薪火相传中持续发展的。

正如2020年第十七届中国研究生数学建模竞赛一等奖获得者何至立同学的分享：

> 参赛原因，概括下来就是超越自我，突破极限。5天4夜的数模之旅，是任务紧张型精力集中型思维密集型的锻炼。我们队伍也都有一定经验。研一，我们获得了二等奖，不过自己认为做得不错，就想试试能不能拿一次一等奖。毕竟不想当将军的士兵，不是好士兵！当然，拿一等奖，在我们学校，运气是不可或缺的。我校参赛队伍太多，一等奖只有3个队伍。上一次是我们，这一次，就是在座的各位！希望大家始终充满信心。

同年获得一等奖的王国标同学分享道：

> 所谓理想丰满，现实骨感，在因为赛程时间和可实施性的原因排除了DRL方法后，当我们开始着手建模NLDP问题时，首先发现该题的机理建模复杂程度远高于我们的预想，在初步建模后打算尝试求解demo时，又发现优化器许可到期，需要重新申请国外公司的license，百折千回，两天半的时间就过去了，但是我们还没有实质性的进展（建议大家赛前抽点时间把可能用到的资料、代码归类，需要的编译器、工具箱配置好）。我们走到了一个分岔路口，“换题还是死磕，这是一个问题”。黄沙百战穿金甲，不破楼兰终不还。“不是因为有希望才坚持，而是因为坚持了才有希望。”关老师在大赛宣讲时的话又回响在我们的脑海。多次的建模经验告诉我们，不放弃，多尝试，就会有希望……最终，在我们三人共同的坚持与努力下，凝聚了我们多少心血的作品跃然纸上，在太阳升起的那一刻，我们提交了我们的最终结果……“勇攀无人之峰，不坠青云之志。”虽然过程百转千回，但幸得圆满。无论是何种组队方式，无论是熟悉的赛题还是知之甚少的方向，建模竞赛都需要大家在短短四天半内完成建模、求解、写论文，这个过程很考验大家快速筛选信息、整理信息、利用信息的能力，也需要很强的抗压能力。每一次数学建模就是一个不断尝试、不断挑战自我的过程。白驹过隙，今日的“苦难”日后回想定会是别样逸趣。

综上所述，经过数学公共课程体系的训练、数模课程和培训的锻炼、数模竞赛真枪实干的历练，研究生一定会如虎添翼、能力倍增，不仅仅是获得一个广泛认可的奖项，更重要的是增强了从事科研工作的信心，挖掘了意想不到的潜力，增强了破釜沉舟的决心。

三、工作成效与经验

数模课程奠基石，数模竞赛挖潜力。东南大学研究生数模教练团队便是秉承这样的理念，探究问题驱动式创新人才培养模式，取得了一系列的成果，这既是对研究生创新教育成果的检验，又是对持续深化研究生创新教育改革的激励。我们以竞赛为平台，通过课程建设、竞赛培训、队伍培养等手段，提升学生的数学素养，提高学生的创新能力，激发学生的科研潜力和突破难关的动力，发挥成果的应用和辐射效果，在全省居于绝对领先地位，在全国名列前茅。

（一）研究生“数学模型”课程深受学生欢迎

自从2020年秋季学期，研究生数模教练组接手博士研究生“数学模型”课程以来，选课人数大幅提升，三年来选课人数在303～448人。选课学生主要来自信息科学与工程学院、自动化学院、电子科学与工程学院、计算机学院、网络空间安全学院、仪器科学与工程学院、微电子学院、机械工程学院、交通学院、土木工程学院等工科学院，而且大多数班级作为专业必修课选修此课程的人数比例都在94%以上

（表 2）。还有一点需要强调，虽然本课程是为博士研究生开设的，但是每年都有一部分硕士研究生因为对数学模型感兴趣而选修了此课程。

表 2　2020 秋～2023 春东南大学研究生选修“数学模型”课程情况统计表

学期	班级	学时/个	选课人数/人	必修课比例/%	博士研究生比例/%	硕士研究生比例/%
2020 秋	四牌楼班	48	151	95	98	2
	九龙湖班	48	163	99	100	0
2021 春	九龙湖班	48	134	97	100	0
2021 秋	四牌楼班	48	73	89	96	4
	九龙湖班	48	109	94.5	97.2	2.8
2022 春	九龙湖班	48	121	98.4	99.2	0.8
2022 秋	四牌楼班	48	115	82	83	17
	九龙湖班	48	144	85	88	12
2023 春	九龙湖班	48	83	94	100	0

从图 1 给出的 2020～2023 学年东南大学研究生对关秀翠教授“数学模型”课程评教节选可以看出，很多同学对于授课内容的丰富广博且理论联系实际、授课风格的严谨细致且深入浅出、教学方法的多样有效且引导自主探究和合作交流等给予了很高的评价。很多学生评价道：“我的数学能力提高了”，“课程听下来很增长基本功，也对科研有启发”；即使是线上授课，“全程我都能保持高度注意力集中”，“沟通融洽，与线下课无异，很喜欢”；“对理工科学生之后的科研实验、理论分析有非常大的作用，受益良多”；“这门课上得太有用了，从算法原理到算法实现统统都上了，既学到了原理知识，又学到了实现技术，对科研学习的帮助太大了”；“数模课程让我对如何运用数学模型分析实际问题，并采用编程软件解决转化后的数学问题有了系统且具象的认识，为我能够在之后的科研学习中有效合理地运用这些计算方法打下了基础”。

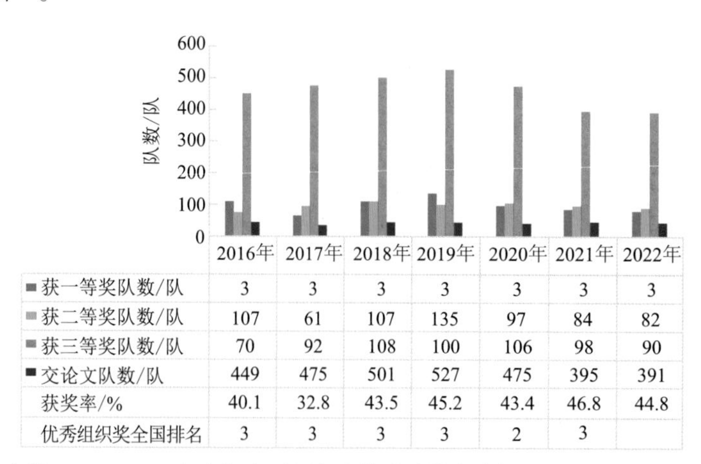

	2016年	2017年	2018年	2019年	2020年	2021年	2022年
获一等奖队数/队	3	3	3	3	3	3	3
获二等奖队数/队	107	61	107	135	97	84	82
获三等奖队数/队	70	92	108	100	106	98	90
交论文队数/队	449	475	501	527	475	395	391
获奖率/%	40.1	32.8	43.5	45.2	43.4	46.8	44.8
优秀组织奖全国排名	3	3	3	3	2	3	

图 3　东南大学 2016～2022 年参加中国研究生数学建模竞赛提交论文队数和获奖队数一览

（二）研究生数模竞赛成绩斐然

近年来，东南大学的研究生数模竞赛参赛规模始终位于全国前三名，始终拿满 3 个一等奖，全国并列第一，连续多年获得“优秀组织奖”。截至 2022 年，东南大学是全国唯一三年获得“数模之星”称号的高校：2018 年劳则立、陈璇、郑坤获得“最佳数模报告奖”亚军和“华为专项奖”；2019 年刘清贺、周柳伶、郜泽飞获得“数模之星”季军，金溯宽、葛昊天、王文浩获得“华为专项奖”；2021 年凌泰炀、张逸洋、钱缪峰获得“数模之星”亚军，陈舒琪、杨鹏飞、丁昊获得“数模之星”提名奖，曹苇杭、钱缪峰、丁明远获得“华为专项奖”；2022 年陈雨荷、王牵莲、朱弘智获得“华为专项奖”。关秀翠教授获得第十八届中国研究生数学建模竞赛“先进个人”称号（图 5）。在江苏省研究生数学建模科研创新实践大赛中，从 2019 年开赛以来，东南大学的省赛获奖比例和一等奖队数始终在全省名列前茅。东南大学连续四年获得“优秀组织奖”，关秀翠教授连续四年获得“优秀指导教师奖”，2023 年石佩虎副教授获得“优秀指导教师奖”。

图 4　2019 年 12 月 1 日关秀翠教授与“数模之星”答辩团队的合影

图 5　关秀翠教授获得第十八届中国研究生数学建模竞赛“先进个人”称号

（三）经验做法示范辐射效应显著

数模教练组组长关秀翠教授受邀到江苏省内外多家高校分享数学建模竞赛引领创新人才培养的宝贵经验，示范辐射效应显著。2020 年 4 月，关秀翠教授受东南大学研究生会邀请为全校研究生开设题为“中国研究生数模竞赛，为你开启挑战之路！”的研究生人文与科学素养系列线上讲座。2018～2022 年，关秀翠教授多次受邀到江苏省内河海大学、南通大学、扬州大学、常州大学等高校分享组织研究生数模竞赛的宝贵经验。在 2022 年和 2023 年，关秀翠教授先后受邀到华东理工大学、中国地质大学（北京）、南开大学、北京理工大学、北京邮电大学、北京林业大学、齐鲁工业大学（山东省科学院）、河北大学、安徽师范大学等分享组织研究生数模竞赛的宝贵经验。

东南大学研究生数模教练团队以组织研究生参加“中国研究生数学建模竞赛”和“江苏省研究生数学建模科研创新实践大赛”为载体，为理工科研究生跨学院、跨学科参赛提供平台和桥梁，形成课内外综合训练、赛前培训演练、团队磨合协作、赛后总结提升的模式，形成跨学科互动的良好氛围，让竞赛真正成为创新人才培养的“第二课堂”。数学建模竞赛注重问题驱动、应用导向、需求牵引，是锻炼学生分析、解决复杂实际问题能力的有效途径，对于培养学生的探索精神、团队精神、刻苦精神、创新意识、自学能力、写作能力等综合素质和挖掘学生科研潜力具有显著作用和效果。

遇见数学建模

浙江理工大学　韩曙光

我最早听说数学建模是在 1996 年的秋天，有关节水洗衣机的问题，当时苏州大学数学科学学院的 94 级学长和团队获得了全国大学生数学建模竞赛一等奖，心中对其充满了无限的膜拜。数学建模的种子也就开始种在心里了，尽管当时全社会对数学建模的认识和理解尚不深刻。

我真正接触到数学建模是在 1997 年的全国大学生数学建模竞赛中（当时竞赛培训还不是很系统），我们小组选择了“零件的最优容差设计”这个题目，当时我们三个人都是大学三年级，有关概率论的课程授课刚刚开了头，拿到题目后一脸蒙，我们分工完成后，立即分头学习有关理论和知识，用了大约半天时间，然后就开始逐步建立模型、分析模型和求解模型，经过总睡眠时间不超过 10 个小时的 72 小时比赛鏖战，首次数模参赛经历画上了句号。现在回望起来，这三天三夜的数模竞赛，对我后续的大学教师职业生涯产生了重大的影响。

研究生毕业后，我就直接参加工作了。我记得刚工作那年快年底时，系主任给我排了一门数学建模类的课程，当时这门课还没有人开设过（系主任将这门课排给我的主要理由是我参加过数学建模竞赛）。接到授课任务后，我立即思考该如何备课、讲什么、怎么讲、用什么教材等等。好在经过一系列的努力和学院领导的指导下，逐步厘清了这门课的教学内容、教学安排和实验设计等，分为专业课程“数学建模（含数学实验与软件）”和实践性环节“数学建模课程设计”，并不断完善着。我还作为第二主编出版了教材《数学软件与大学数学实验》，该教材系浙江省“十一五”重点教材建设项目。因为我参加过数学建模竞赛，系领导也就把我充实到数学建模培训指导队伍中，慢慢学习和进步着。

2006 年上半年，我忽然听说除了本科生数学建模竞赛，还有研究生数学建模竞赛，于是立即查阅了有关资料，请示了学院领导。在学院和系领导的信任肯定和同事的大力支持下，浙江理工大学于 2006 年首次参加了由同济大学承办的第三届全国研究生数学建模竞赛，首次参赛时，我们共组织了三支队伍，经过四天三夜的奋斗，斩获一个二等奖（后来发现这个队的评分其实离一等奖很近很近）。后来，我们和研究生数学建模竞赛接触得更加广泛和深入，向学校争取了更多的政策支持和竞赛资金帮助，参赛规模逐步扩大，数学建模竞赛在研究生中的影响不断扩大，受益面逐年递增。在朱老师等专家委员会的支持下，我本人也更多地参与了竞赛论文的评阅（后来是线上评阅和终评会议评审）。十多年过去了，我们的参赛规模从 3 支队伍逐步扩大到 100 多支队伍，获得了全国一、二、三等奖，华为专项奖，优秀组织奖和全国先进个人等奖项，赛事在校内得到了广泛的认可，学生参赛积极性不断提升。

总结过去，有以下几点经验和体会。

（1）要站在学生的立场看问题、发现问题和解决问题。赛事的参与者和受益者是广大研究生，要确保研究生通过参赛有获得感，无论是数学建模的能力还是科研论文写作能力都要有提升。

（2）要积极争取外部支持，争取政策和资源支持。赛事能不断推进，最关键的是要有比较充足的资源投入，诸如人（指导教师）、财（经费）和物（场地和设备等）的支持以及学校范围内的持续政策支持。

（3）要有能战斗和善战斗的指导教师队伍，指导教师队伍是赛事不断发展的核心力量，需要配齐几个主要方向的核心指导教师和机动指导力量，经常性琢磨推敲赛题，在培训阶段多出力。

图1　韩曙光[①]荣获第十八届中国研究生数学建模竞赛“先进个人”称号

参赛研究生感悟：

恰逢要举办研究生数学建模竞赛二十周年纪念活动，有点感触，顺便记录一二。当年，我和另外两位同学参加了2006年第三届全国研究生数学建模竞赛，经过四天三夜的一起努力，最终荣获了全国二等奖。那个过程现在想来很美妙，一个小房间，3个人，单纯为了解一个数学题，关在里面几天几夜，每个小伙伴都那么废寝忘食、通宵达旦，在最后提交了这摞有公式、算法、模型、程序、示意图，并蕴含着逻辑、推理、论证的27页纸。

对于每一届参加竞赛的同学来说，竞赛可能也就那么短短的几天，但它却能带给我们好多年的深远影响。有人说，这给他的简历带来了浓墨重彩的一笔，让他能在求职者中脱颖而出；有人说，这给他在积分落户上带来了很大的便利，是一记有力的神助攻；对于我来说，那段日子，所经历的、所学习到的，才是最弥足珍贵的东西。

毕业后，我也如愿进入了自己感兴趣的游戏研发领域，一个百人团队，为了让一款游戏资料片如期上线，通宵奋战，日日夜夜，午夜梦回，又仿佛回到了那个小房间。在和小伙伴商量游戏世界的资源和道具的产出和消耗、战斗和技能系统的平衡性等设计问题时，思绪总能把我拉回到那段刻骨铭心的日子，那么地似曾相识。这么多年工作下来，总体感觉，很多事物都可抽象成数学模型去分析。学习数学建模不仅仅能学习到一系列的算法，更多的是能够训练抽象的逻辑思维能力，使自己在面对工作中遇到的问题时，可以比常人更迅速地归入自己熟悉的模型并快速解决问题。

数学建模，就它本身而言，魅力是无穷的。

① 浙江理工大学理学院数学科学系教授，校研究生数学建模竞赛领队和指导组负责人。

图 2 江贵龙[①]荣获第三届全国研究生数学建模竞赛二等奖

回想起研究生期间参加全国研究生数学建模竞赛的过程，往事至今仍历历在目。正是四天三夜的团队工作，让我喜欢上了以建模计算与分析计算为主的科研工作。我深刻了解到团队的重要性，这段经历促使我踏上攻读博士学位之路，并最终留校成为一名高校的科研工作者。工作十余年来，每每念及参赛过程，仍然感触良深。在研究生数学建模的过程中我收获了许多，既有理论知识和实践应用方面的，又有意志品质的磨炼。参加研究生数学建模竞赛后，我的视野较之前更为开阔，提高了分析问题和解决问题的能力。更为重要的是，数学建模的整个过程教会了我心无杂念、专心致志地去做事情。耐住性子，甘坐冷板凳，数学建模的过程和教学科研的过程有异曲同工之妙。只要耐心地去做一些事情，那么所有的问题都有相应的解决方法，注重过程，看淡结果，所有的结果都会向好的方向去发展。同样地，那次研究生数学建模竞赛深刻地验证了这个真理。

中国研究生数学建模竞赛的过程让我学会的是耐性和恒心，竞赛过程中需要查阅大量文献，学习很多新知识，需要不断地试错，才能看到成功的曙光。在那段时光里，我们团队三个成员，分工明确，各司其职，无数次推翻建模的结果。此外，我还面临着自己专业难以解决的问题，幸亏有伙伴成员和指导老师的帮助，才快速突破瓶颈。在建模及攻读博士学位的过程中，我习得了一个科研工作者应有的恒心和毅力的宝贵品质。通过竞赛，我发现了数学的奥妙，也发现了数学建模在科学研究工作中的重要作用。根据我所学的专业——化工过程机械，我发现我们专业领域的许多问题都离不开数学建模。在细分领域，我的研究方向是化工过程机械的流动腐蚀，由于化工过程装备大多体积大、造价高，对其进行 1∶1 的实验研究不太现实，因此根据特定的模型实验研究再结合数据融合建模技术，利用相关流体动力学建模分析软件对化工过程装备进行动力学建模及数值计算是非常行之有效的解决路径。在参加完中国研究生数学建模竞赛后，我将数学建模思想运用到我的研究领域中，此后对化工过程机械的流动腐蚀机理研究及参数化模型表征方面较前人有了重大突破。一部分研究成果已在工程领域成功应用，经济和社会

① 2006 年第三届全国研究生数学建模竞赛二等奖获得者，在思科、巨人网络、360、墨麟集团、字节跳动、腾讯二方工作室曾先后担任过高级软件工程师、服务器架构师、服务器技术负责人等。

效益显著。此外，我也进一步发现了更多的科学问题，促使我攻读博士学位并留校，利用数学建模分析方法开展化工过程机械的教学科研。

总的来说，我非常庆幸在研究生期间参加了此次数学建模竞赛，收获颇丰，对我影响深远。非常感谢学校和指导老师提供的支撑条件，衷心希望我们有更多的学生参加此类赛事，获得更加优异的成绩。

获奖证书

全国研究生数学建模竞赛
National Postgraduates Mathematical Contest in Modeling

授予
浙江理工大学　金浩哲
荣获
二等奖
出色表现于
第四届全国研究生数学建模竞赛
北京

全国研究生数学建模竞赛组委会　北京航空航天大学
2007.12

图 3　金浩哲[1]荣获第四届全国研究生数学建模竞赛二等奖

① 2007 年第四届全国研究生数学建模竞赛二等奖获得者。工学博士，教授，现为浙江理工大学流体传输技术实验室（流体传输系统技术国家地方联合实验室、流体机械及工程国家科技合作示范基地、浙江省流体输送技术研究重点实验室）成员，浙江省安全生产科学技术学会理事、浙江省机械工程学会压力容器与压力管道分会理事。

以培养核心竞争力为导向的中国研究生数学建模竞赛管理模式探索

重庆交通大学 徐 芳 刘明维 杜 嘉 梁 波 江天鹏

图 1 我校参赛队员参加第十六届中国研究生数学建模竞赛颁奖大会

一、背景与理念

2020 年 7 月，中共中央总书记、国家主席、中央军委主席习近平就研究生教育工作作出重要指示指出，中国特色社会主义进入新时代，即将在决胜全面建成小康社会、决战脱贫攻坚的基础上迈向建设社会主义现代化国家新征程，党和国家事业发展迫切需要培养造就大批德才兼备的高层次人才。习近平强调，研究生教育在培养创新人才、提高创新能力、服务经济社会发展、推进国家治理体系和治理能力现代化方面具有重要作用。① 因此，培养研究生核心竞争力（跨学科的知识及综合实践能力、高阶自主学习的能力、信息搜索能力、稳定成熟的道德品质）具有重要的战略意义。

创立于 2013 年的全国研究生创新实践系列活动，旨在以竞赛的方式鼓励研究生勇于创新、勤于实践，提高研究生的创新能力和实践能力。“鼓励办好研究生创新实践大赛”被写入教育部、国家发展改革委、财政部《关于加快新时代研究生教育改革发展的意见》（教研〔2020〕9 号）；获奖成果被研究生教育重要评估评审活动认可。目前，系列大赛已成为在校研究生培养创新精神和创新意识、提高实践能力的

① 习近平对研究生教育工作作出重要指示强调 适应党和国家事业发展需要 培养造就大批德才兼备的高层次人才 李克强作出批示[EB/OL].（2020-07-29）[2023-11-10]. http://jhsjk.people.cn/article/31802887.

平台，成为研究生培养单位提高研究生培养质量、营造研究生创新氛围，推动研究生创新创业教育改革的有力抓手。

中国研究生数学建模竞赛是坚持“以国家战略需求为导向”的中国研究生创新实践系列大赛中最具影响力的主题赛事之一，也是目前我校参与研究生人数最多的主题赛事。

2013～2018 年我校研究生参与的中国研究生创新实践系列大赛只有中国研究生数学建模竞赛，且参赛人数不足 100 人。2019 年以来，我校研究生院管理的各类研究生创新实践竞赛类型及参赛人次呈爆发式增长，2020～2022 年，每年参加各级各类研究生创新实践竞赛的研究生达上千人次，其中参加中国研究生数学建模竞赛的每年超过 300 人次。为了在有限管理资源条件下高效推进中国研究生数学建模竞赛的组织工作，我校自 2019 年开始，以影响力最大的中国研究生数学建模竞赛为试点，对中国研究生创新实践系列大赛管理模式进行了积极的探索。

二、举措与特色

我校贯彻“以生为本、创新为魂、创新实践并重、可持续发展”的创新人才培养理念和模式，每年选拔部分优秀研究生（5～6 人），组建“重庆交通大学研究生创新实践竞赛培育中心助管团队”，通过该研究生助管团队联系研究生、学院、研究生院、培训导师联动开展工作，为学有余力的研究生提供创新实践平台的同时解决了研究生创新实践竞赛管理人员和经费不足问题，逐步形成“多位一体，突出自主管理，培养研究生核心竞争力”的高效集约化竞赛组织管理模式。

（一）贯彻“以生为本、创新为魂”的创新人才培养理念，组建研究生助管团队，为优秀研究生提供管理创新实践平台

研究生助管团队坚持“授人以渔”的教育思想，每年或每学期在全校范围内招募有创新实践竞赛经验、乐于分享指导且具有一定组织管理能力、学有余力的研究生 5～6 人，组建“重庆交通大学研究生创新实践竞赛培育中心助管团队”。把学生作为教育活动的出发点和归宿、千方百计为学生打造创新平台、建立可持续发展运行机制，确定“以生为本、创新为魂”的建设原则、“启迪智慧、实践创新”的工作

重庆交通大学 CHONGQING JIAOTONG UNIVERSITY 新闻网

学校首页 | 新闻首页 | 时政要闻 | 教学科研 | 人文交大 | 学术信息 | 合作交流 | 学院动态 | 莘莘学子 | 招生就业 | 学者学人 | 校友风采 | 媒体交大

教学科研　当前位置：新闻首页 >> 教学科研　字体：【小】【中】【大】 打印：

研究生助管团队助力我校“华为杯”第十七届中国研究生数学建模竞赛

日期：2020年09月21日 16:36　作者：研究生院　来源：研究生院　点击率：410

为期5天的“华为杯”第十七届中国研究生数学建模竞赛于9月17日正式开赛。研究生院组织我校104支参赛队参加了本次比赛，比赛准备工作自今年4月启动，经组织报名、资格审查、为期3个月的赛前“线上+线下”指导答疑、模拟竞赛等环节，参赛队员都做好了充分的准备。

图 2　部分参赛队在指定教室参加竞赛

为配合我校《研究生科研创新能力提升行动计划》的实施，充分利用好这个平台，高效促进研究生培养质量的提升，研究生院高度重视本次竞赛组织工作。首次制订了详细的《重庆交通大学研究生数学建模竞赛组织工作方案》，并首次组建研究生助管团队，协助指导老师制定《重庆交通大学研究生数学建模竞赛赛前指导方案》，全程参与竞赛组织、“线上+线下”赛前指导和答疑等工作。

研究生助教团队由去年获一等奖选手组成，他们具有较丰富的参赛经验、数模知识储备、较好的组织管理能力、热情且善于分享，能为参赛学生提供有效的指导和帮助。研究生助教团队的建立既有利于激励优秀学生，营造以学生自学和自我管理为主、积极向上、共同进步的科研创新实践氛围，同时又达到了高效组织管理的目的，今年我校研究生参赛积极性高涨，参赛规模为历年最大，参赛组织工作有序进行。

图 3　参赛队员接受赛前指导和培训

研究生助管团队 2021 年竞赛工作总结

一、竞赛组织、获奖情况

研究生助管团队自 2021 年成立以来，共组织协调了数学建模竞赛、“互联网+”大学生创新创业大赛、科慧杯研究生创新创业大赛、智慧城市技术与创意设计大赛、电子设计竞赛、未来飞行器创新大赛、创“芯”大赛、人工智能创新大赛、机器人创新设计大赛、能源装备创新设计大赛、公共管理案例大赛共十二个赛事的顺利开展并积极动员本校研究生参与竞赛。迄今，共有八个竞赛已经结束，还有四个竞赛还处于决赛评审阶段。我校研究生的竞赛主战场主要是数学建模大赛、互联网+创新创业大赛和科慧杯创新创业大赛，今年我校数学建模竞赛的获奖名额主要分布在 B\D\E 题，科慧杯的获奖名额主要分布在科技创新和创业实践组，明年的竞赛组织工作开展可以更多的将注意力放在这三个竞赛上。

2021 年，我校研究生斩获科慧杯创新创业大赛一等奖一队、二等奖 4 队、三等奖 3 队、优秀奖 1 队，报名参赛共计 20 队，竞赛获奖率达 45%；数学建模

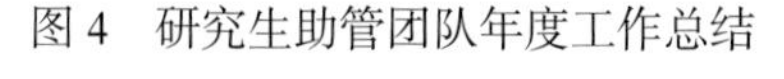

图 4　研究生助管团队年度工作总结

图 5　研究生助管团队荣誉证书及聘书

原则、“立足全校、面向全市、走向全国”的发展原则，以及突出研究生自主思考、创新管理的原则，通过研究生助管团队联系研究生、学院、研究生院、培训导师，联动开展工作，把研究生助管团队打造成研究生院联系学院、研究生的桥梁和纽带，为优秀研究生提供管理创新实践平台，充分激发研究生助管团队主动思考的积极性和管理实践的创造性。

（二）探索“创新实践并重，可持续发展”的创新人才培养新模式，在全校范围内营造浓郁的研究生积极参与创新实践竞赛氛围

我们构建了可持续发展的研究生创新实践竞赛管理新模式。通过在全校范围内招募有创新实践竞赛经验、乐于分享指导且具有一定组织管理能力的研究生组成研究生助管团队，搭建了研究生自主管理、自主学习的平台。激励和启发助管团队通过调研分析、形成研究生学科竞赛管理工作流程和工作职责、

图 6　研究生创新实践培育中心举办 2023 年研究生创新实践系列竞赛宣讲会

图 7　研究生助管团队自制的宣传海报

探索高效集约化竞赛管理模式和办法，促进学科交叉融合，提升研究生团队意识、创新精神和实践能力，打造优秀研究生助管团队。同时“授人以渔”，通过研究生助管团队提供的创新实践竞赛服务，提高研究生创新实践意识和积极性，鼓励研究生通过参赛提高创新实践能力，拓宽创新视野，营造浓郁的校园学术和创新实践竞赛氛围。

（三）初步形成“多位一体，突出自主管理”的高效集约化管理运行机制

初步形成研究生院统筹建设、突出研究生自主管理、各学院和研究生积极参与的“多位一体，突出自主管理”的高效集约化的运行机制，吸收优秀研究生加入助管团队。将竞赛、助学、创新实践活动相结合，既为研究生提供自主管理的创新实践平台，让研究生积极参与创新实践管理活动，通过建立有效的“进入退出”机制，形成动态但相对稳定的可持续管理队伍，形成一套特色鲜明并适合研究生创新实践竞赛的组织管理体系，大力提升研究生的核心竞争力，同时解决研究生院创新实践竞赛管理人员和经费不足的问题。

通过研究生创新实践竞赛管理模式研究，更多研究生通过参与研究生创新实践竞赛，在探究实际问题、开展学术交流中的主观能动性和积极性、创新意识、自主学习能力、信息收集能力、团队协作能力等方面都得到了较大提升，培养更多国家急需的具有较强核心竞争力的高层次人才。

三、工作成效与经验

（一）重庆交通大学研究生创新实践竞赛培育中心助管团队的设立，为优秀研究生提供了展示管理创新实践能力的平台

2019 年至今，该研究生助管团队经历 4 年的成长，已接纳 30 余优秀研究生自主管理中国研究生创新实践系列大赛（含中国研究生数学建模竞赛）及其他赛事，加入研究生助管团队的研究生在校期间和毕业后都展现出很强的核心竞争力（跨学科的知识及综合实践能力、高阶自主学习的能力、信息搜索能力、稳定成熟的道德品质）。

（二）通过研究生助管团的工作，全校范围内形成了研究生积极参与各类创新实践竞赛（含中国研究生数学建模竞赛）的良好氛围，助力我校研究生拔尖创新人才培养

2019 年以来，通过研究生助管团联系广大研究生、学院、研究生院、培训导师，联动开展工作，服务各类参赛研究生近 5000 人次（其中数模竞赛参赛 1000 以上人次），研究生参赛热情和获奖种类及参赛人次均有提升。全校研究生通过参与各类学科竞赛，在探究实际问题、开展学术交流中的主观能动性和积极性、创新意识、自主学习能力、信息收集能力、团队协作能力都得到较大提升，形成更强的核心竞争力（跨学科的知识及综合实践能力、高阶自主学习的能力、信息搜索能力、稳定成熟的道德品质），培养了一批优秀的研究生拔尖创新人才。

（三）解决了研究生创新实践竞赛（含中国研究生数学建模竞赛）管理人员和资助经费有限问题，逐步形成了“多位一体，突出自主管理，培养研究生核心竞争力”的高效集约化竞赛组织管理模式

目前已形成《重庆交通大学研究生创新实践竞赛管理办法（试行）》初稿，研究生助管团队已逐步成为研究生发挥自主管理创新能力、营造良好创新实践竞赛氛围、提升研究生核心竞争力并高效运行的平台。

新闻网

请输入关键字

学校首页 | 新闻首页 | 时政要闻 | 教学科研 | 人文交大 | 学术信息 | 合作交流 | 学院动态 | 莘莘学子 | 招生就业 | 学者学人 | 校友风采 | 媒体交大

教学科研　当前位置：新闻首页 >> 教学科研　　字体：【小】【中】【大】 打印：

我校研究生在2019年“华为杯”第十六届中国研究生数学建模竞赛喜获佳绩

日期：2019年12月04日 11:23　作者：研究生院　来源：研究生院　点击率：1736

12月1日上午，“华为杯”第十六届中国研究生数学建模竞赛颁奖大会在福州大学举行，我校获奖研究生代表和教师代表参加了颁奖大会。

中国研究生数学建模竞赛是以教育部学位与研究生教育发展中心为指导单位、中国科协青少年科技中心主办的“中国研究生创新实践系列大赛”主题赛事之一，是一项面向在校研究生进行数学建模应用研究的学术竞赛活动，是广大在校研究生提高建立数学模型和运用互联网信息技术解决实际问题能力，培养科研创新精神和团队合作意识的大平台。本次竞赛我校共70队成功参赛，25队获得三等奖以上奖项，其中一等奖2队，二等奖8队，三等奖15队。本次竞赛我校在参赛队和获奖队数量上、获奖等级上都实现了新的突破，其中1队还获得“数模之星”提名奖，为我校研究生首次获此殊荣。此外，继2017年以来，我校已连续三年获得本赛事优秀组织奖。

具体获奖名单如下：

序号	队伍编号	奖项	队长姓名	队友姓名	队友姓名
1	19106180041	一等奖 （“数模之星”提名奖）	侯雨彤	王锡峰	青宇
2	19106180028	一等奖	余波	陈军江	凌静
3	19106180004	二等奖	纪柯柯	刘亦欣	林东源
4	19106180030	二等奖	唐田	白思轩	郜聪
5	19106180043	二等奖	聂秀颖	郑梦琴	吴钊
6	19106180011	二等奖	孔德学	余涛	夏瑜
7	19106180001	二等奖	樊博	马筱栎	雷小诗
8	19106180010	二等奖	杜鹏	简传熠	余忠儒
9	19106180034	二等奖	刘浩	朱影含	吴非
10	19106180017	二等奖	陈林	李琴	和秀娟

图 8　研究生助管团队在赛后进行的新闻报道

6

专家工作案例

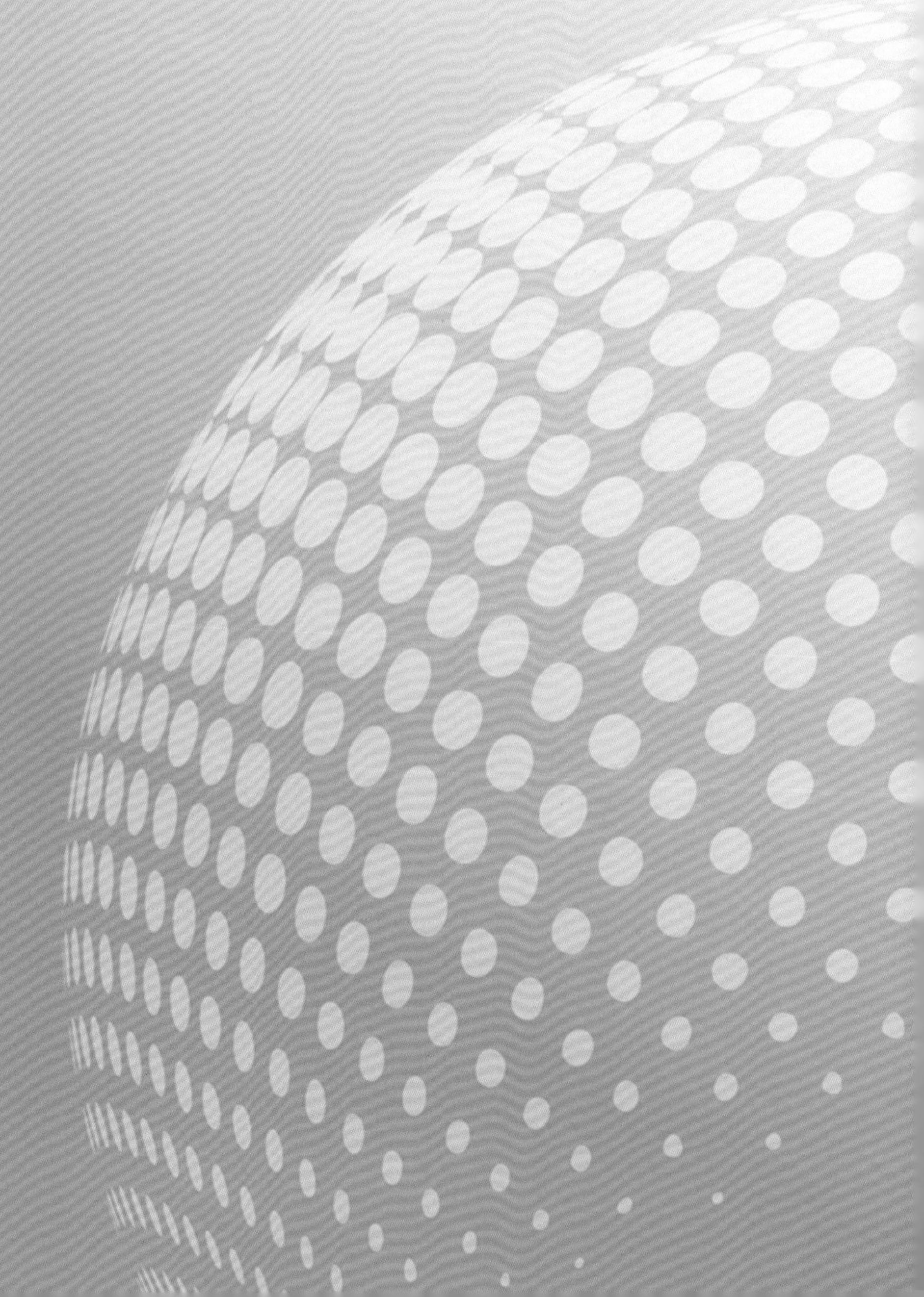

研究生数学建模竞赛与数学学习

北京理工大学　杨国孝

研究生数学教育的目标是让研究生获得和理解数学知识、掌握数学技能、发展数学能力，使其具有良好的数学素养，能用数学知识和数学技能研究和解决科学、技术与工程中的问题。

目前工科研究生数学课程教学，主要是对数学各个学科中的定义、定理、法则、公式等知识的讲授，对这些数学知识的背景和应用的介绍和讲授不够充分，使工科研究生难以将所讲和所学的数学知识与自己的研究领域或研究方向紧密联系起来，更不清楚如何应用所学数学知识和数学技能，研究和解决他们所感兴趣的问题，导致研究生学习数学目标不太明确，学的时候兴趣不高，学完之后不会应用，更缺乏应用数学创造性地解决实际问题的能力，面对新的数学知识或新的问题，不能通过自主学习，掌握并应用新的数学知识和技能，灵活地解决实际问题。

在研究生的数学教育中，开展数学建模教学或数学建模竞赛，不仅可以使研究生深入了解数学在科学、技术和工程的各个领域的实际应用的前沿问题，激发研究生学习数学、应用数学的热情，而且可以通过研究生的亲身参与、具体实践，体验应用数学解决实际问题的过程，提升研究生数学学习能力和数学认知水平，提高研究生应用数学解决实际问题的能力。

一、数学建模活动能激发研究生的数学学习兴趣

研究生学习数学的最终目的应当是，应用数学知识和技能，高水平地研究和解决他们自己所感兴趣的研究领域或方向的科学、技术与工程问题，因此，将数学教学活动与研究生的学习目的联系起来，应当是激发研究生学习数学兴趣的关键。

应用数学专家从宇宙之大、粒子之微、火箭之速、化工之巧、地球之变、生物之谜、日用之繁等角度，列举了大量数学在航空航天、国防安全、生物医药、信息、能源、海洋、人工智能、先进制造等领域的成功应用案例，来说明数学是自然科学的基础，几乎所有科学与技术的重大发现都与数学的发展与进步相关，说服和吸引年轻人热爱数学，学习数学。而研究生更希望深入了解的是，在他们所感兴趣的研究领域或研究方向中他们能够理解的、可以尝试去做的、各个学科有待研究和解决的前沿问题，研究生数学建模竞赛为研究生提供了这种机会和可能。

首先，研究生数学建模竞赛所给出的竞赛题目都是与科学前沿研究相关的有待研究和解决的科学问题，或是与科技、工程相关的实际问题，多种多样的、开放性的竞赛题目使不同专业、不同研究领域或方向的研究生都能找到他们感兴趣的竞赛题目；其次，考虑到研究生的数学知识和数学能力，竞赛题目是专家组基于绝大多数研究生的数学水平和数学能力，对原始的研究问题进行了精心的简化，通过分步设问等方式，将问题所涉及的数学知识由浅入深、数学技能由简单到复杂展现在研究生面前，为不同数学基础、不同数学水平的研究生提供了参与学习与实践的机会，同时提出了不同的挑战。

研究生参与数学建模竞赛活动，使研究生真切地体会到他们所学的数学知识、所掌握的数学技能，

在解决他们所感兴趣领域中的问题中的价值和魅力，获得应用数学解决实际问题的成就感，激发研究生学好数学的内生欲望和内在驱动力。

二、数学建模提升了研究生的数学认知

传统的数学教学是按照数学学科的逻辑，将数学分成分析、代数、几何、概率等课程，每门课程按照学科本身的科学逻辑进行教材编写、组织教学活动，往往先引入定义、讨论定义的内涵和外延，然后介绍公理或定理，根据定义和定理，按照演绎逻辑进行推理，得出许多研究对象的性质或推论等。这使研究生对数学的认知是各个不同科目、独立的数学学科知识，缺乏对数学学科的整体上的理解和把握。数学建模竞赛则是以研究和解决实际问题为目标，要求研究生综合、灵活地运用所学的各种数学学科知识和技能，才可能有效地研究和解决问题，这促使研究生不得不从更高维度、整体的角度，来思考和理解数学知识和数学技能，与具体的、零散的数学知识相比，整体性的数学知识更为重要，它为研究生学习和应用数学提供了必要的认识框架。

研究生数学建模竞赛活动，能促进研究生将所学的数学知识做出系统性的概括和总结，真正领会数学的基本原理和思想，找出不同概念之间、不同学科之间的区别和联系，扩大或提升数学认知，不断形成、发展和完善研究生的数学知识结构。在这个过程中，研究生按照自己理解的深度、广度，结合自己的感觉、直觉、记忆、思维、联想等认知特点，对数学知识进行感知、消化、改造、使之适合自己的数学认知结构，通过反思、交流、批判、检验、改进、发展来主动构建个性化的数学认知，实现由“外”到“内”的转化过程，这种过程的多次重复实践，使研究生的数学认知结构臻于完善，数学技能不断提高，最终形成自己的、独特的、良好的数学素养。

三、数学建模促进了数学概念的理解和掌握

数学概念是人们通过实践，从所研究的对象的许多属性中，抽出事物在数量关系和空间形式方面的本质属性概括而成的。概念的形成，标志着人的认识已从感性认识上升为理性认识，具象思维已转换为抽象思维。数学概念是进行数学推理、判断的依据，是建立数学定理、法则、公式的基础，也是形成数学思想的出发点。因此数学概念学习是数学学习的基础。

数学概念也是人们对生产、生活中具体事物的直观感知，通过比较、反思、抽取它们共同数量关系或空间形式，然后进行命名而得到的，概念的形成意味着我们找到了事物之间的普遍性或者说共性，同时也意味着丢掉了事物之间的差异和个性的东西。在此过程中，略去的事物的区别特征越多，这个概念就越抽象。

数学教材所呈现在研究生面前的数学概念包括：概念的名称、定义、例子、属性等，都是相对抽象的描述和解释。但是却花很少的篇幅，甚至忽略介绍针对一个数学概念，人们是如何从大量的实际例子出发，经过比较、分类，从中找出一类事物可量化的、共同本质属性，提出抽象概念的过程。这无疑为研究生学习、理解教材中相对抽象的数学概念造成了很大的困难，因为它跳过了面对实际对象的具象思维过程，直接展现了抽象思维的结果。这也导致了研究生觉得数学概念抽象、无趣和难懂，不愿在数学概念学习中投入更多的精力，对数学概念的理解不够深入。

数学建模过程则为研究生学习和理解数学概念提供了有意义的场景。首先，研究生要针对真实的、具体的实际问题，根据自己对实际的物体或事件的直接经验，从这些物体或事件中抽象出它们的共同可量化的变量关系或空间属性，用恰当的数学理论、数学概念来描述事物对象的数量关系或空间形式，建立数学模型，从而使研究生对相关的数学概念，既有感性认识又有理性认识，从具体到抽象，符合研究生的认识规律，有助于研究生深入了解和体会数学概念的形成过程；其次，数学模型求解所得的数学解

和数学表达，研究生必须给出它们在实际问题中的含义和意义，使研究生体会到抽象数学概念的具象化、具体化过程。

数学建模过程中，这种通过对实际、具体的物理对象分析，从直观感知抽象到数学概念，体会数学概念的抽象过程；再从抽象的数学解和数学结论到实际问题中的具体且直观含义的分析，能够帮助研究生理解和掌握数学概念的内涵和外延、建立概念的思维，为基于概念的逻辑推理和推导打下基础。

四、数学建模是数学命题发现学习的实践

数学命题学习主要学习数学公理、定理、法则、公式，其目的是掌握这些数学命题，并能应用数学命题解决实际问题。

数学建模是研究生对数学命题进行发现、学习的实践。首先，研究生要从具体实际问题出发，通过分析，探索发现实际问题中某些变量之间关系和空间形式的特性，通过概括，提出假设，建立数学模型，形成主观、用数学语言描述的抽象对象，将所发现的可能结果上升为数学命题；其次，应用数学公理、定理、法则等推导或判断命题的真假，应用数学公式表示变量之间的关系，通过数学理论的逻辑论证或实际问题应用效果的检验，对提出的数学命题或初步的数学模型进行反复验证，不断修正数学命题，使数学命题更为完备，表达更为确切，在对数学命题的结果进行充分验证的基础上，得出一般结论，也就是最终的数学模型。

这种数学命题的发现学习，是研究生独立获得数学知识的学习方式。其强调学习过程，重视直觉思维，有利于激发研究生的智慧潜能，培养研究生的内在学习动机，学会发现的技能。同时，加深了研究生对数学中的公理、定理、法则和公式的理解以及对数学的逻辑推理等思想方法的学习、领会和掌握。通过解决探索性问题、应用问题的数学活动，研究生可以学会如何根据现实世界中的数学事实、现象、关系等，经过观察、比较、分析、综合、抽象、概括等步骤，提出科学猜想和假设。

五、数学建模促进了数学技能的掌握

数学技能指的是研究生顺利完成某项数学任务的动作或心智活动方式，通常表现为完成某一数学任务时，所必需的一系列动作的协调和活动方式的自动化。这种协调动作和自动化是在已有数学知识、经验基础上经过一定的练习而成的。

数学建模为研究生提出了明确的数学任务和目标，需要研究生运用自己的数学知识和数学技能，将这些任务和活动分解，分阶段、分步骤去探索问题解决的方法和途径，找到解决问题的操作程序，反复进行操作和实践，不断修正错误，优化操作方法，在实践中获得和掌握数学技能。

数学技能是通过训练而形成的一种动作或心智的活动方式，掌握数学技能必须进行训练与操作。数学建模为研究生提供了多种多样、多种难度的数学任务，这种数学任务研究和解决的实践，加深了研究生对数学知识的理解，使其对数学技能及其意义有了明确的认识。这种有计划、有目的练习，提高了研究生数学技能学习的主动性与积极性，加深了研究生不同技能的协调、配合，全面提升了研究生解决实际问题的能力。

六、数学建模提高了解决数学问题的能力

波利亚把数学问题解决分为 4 个步骤，理解问题、制定计划、实施计划、回顾与检验。

数学建模竞赛通过来自不同领域的竞赛题目，使研究生了解到在科学、技术和工程领域有大量的问题还没有得到很好的解决，数学是他们研究和解决这些问题的重要工具之一。

数学建模竞赛引导研究生在深入理解问题的科学、技术和工程背景的基础上，更深入地理解和掌握与此相关的数学知识，进行自我思考，把实际问题中的变量关系或空间形式抽象成数学问题，运用数学知识，制定解决问题的数学方案，采用恰当的数学技能实施数学方案，将所得的数学结果，应用到实际问题中去，不断检验和优化，得出解决实际问题的自己的最优方案和结果，为研究生提供了解决问题学习的全过程体验。

以问题为导引的学习，使学习的目的和目标比较清晰。围绕问题开展的教与学则更具吸引力，更有可能激发学生的学习兴趣，增强其学习的动力。在解决问题过程中，需要交叉学科的知识。但这些知识不是每个学科的所有的系统化知识，只是不同学科的不同知识点。因此，这要求研究生根据所需要解决的问题，将碎片化的不同知识点有效地关联起来以及科学有效地组合起来。

解决问题的学习是发现学习，让研究生自己去获得结论，这会使研究生体会到若不能正确理解数学的概念、原理、法则、定理，若不理解数学技能各部分的意义，就不可能有效地解决问题，不可能得到真正的、有意义的发现。学数学并不是学定理、背公式、刷考题，学数学能让人更聪明、思维能力变强、做事更有条理，更认真，精益求精。

数学建模这种解决问题的学习，提高了研究生分析问题、解决问题的能力，使研究生品尝到解决问题的喜怒哀乐，领略到数学的真谛。

从科学研究的视角开展研究生数学建模竞赛活动

天津工业大学　汪晓银

一、普通高校开展研究生数学建模竞赛活动的困境

中国研究生数学建模竞赛已经开展二十年了。在以朱道元教授为代表的老一辈数学建模人的带领下，竞赛从无到有、从小变大、从弱到强，已经成为研究生创新能力培养最主要的竞赛之一了。然而，对于一般普通高校，研究生数学建模竞赛的开展还是有着较多的困难。

一是激励政策力度不够。与本科生数学建模竞赛相比较，研究生数学建模竞赛获奖无论在物质奖励上还是在奖学金评比上都差之甚远，竞赛获奖对于研究生毕业申请也几乎没有帮助。这样，研究生参加数学建模竞赛的原动力也就不够，无形中加大了竞赛组织的难度。

二是学习时间难以保障。研究生是以科研为主，管理上实行的是导师负责制。由于导师有科研任务，研究生一般没有多少时间投入到数学建模的学习当中，很难有时间参与到数学建模集训中。一些热衷数学建模的研究生通常是瞒着导师参加数学建模，还时常因为参加建模学习没有完成导师的科研任务而被责备。

三是学生基础较差。一般普通高校的研究生往往是来自更普通的高校，他们中很多人在本科阶段没有参加过大学生数学建模竞赛，甚至没有学习过数学建模最基本的知识。零基础学习数学建模对于学习和科研任务本来就重的研究生而言困难很大。这样就导致研究生数学建模水平校际间的差距比本科生数学建模校际之间的差距更大，普通高校的研究生参加数学建模竞赛的难度也就更大，自信心不足严重影响了学生参与竞赛的积极性。

四是竞赛组织难度大。研究生的管理相较于本科生更为松散，很难组织高质量的赛前集训，无法在短时间内提高学生的数学建模水平。目前的现状是，学生几乎是自己报名，自己学习，竞赛能力弱，参加竞赛的热情很难提高。

正如中国研究生数学建模竞赛官方网站所言,竞赛是“培养科研创新精神和团队合作意识的大平台”。也就是说举办竞赛的本质目的是培养研究生的科研创新能力，而研究生最本质的任务就是科学研究，如果将竞赛和科学研究能力的培训有效结合，数学建模竞赛是否可以提高科学研究能力？普通高校研究生参加数学建模竞赛的困境是否可以打破?

二、开展研究生数学建模竞赛活动的理念

当今世界，国家之间的竞争实质上是科学技术的竞争，是创新人才的竞争。高等教育最为迫切的任务就是培养能够运用所学知识解决实际问题和科研问题的人才。一般来讲，用人单位满意的人才一般具备三个基本素质：一是能干事，具有较强的实践能力，能够创造性地解决问题；二是能来事，具有一定的创新或创造能力，能提出问题并能解决难题；三是能处事，具有较强的合作能力和坚强的意志力。显而易见，培养善于发现问题、提出问题并能解决问题的具有科学研究素养的人才是高等院校工作的重点。

科学研究是指对一些现象或问题经过调查、验证、讨论及思维，然后进行推论、分析和综合，来获得客观事实的过程。从这个定义中可以得出，科学研究包含三大基本要素。要素一是研究对象，即研究什么，指的是各行各业的现象和问题，如材料、航空、电气、农业、生物、交通等；要素二是研究方法，即怎么研究，指的是设计研究思路和实现研究思路的一切研究手段和装备；要素三是研究结论，即需要得到什么，指的是需要认识客观事物的本质和运动规律。三大要素相辅相成，如同农民种地，土地如同研究对象，是农民耕作的领域；农具或农机是耕种的装备，如同研究方法；农产品如同研究结论，是农民遵循农作物的生长规律得到的劳动果实。

那数学建模是什么呢？数学建模是对一切实际问题在经过调查、验证、讨论及思维的基础上，通过推论、分析和综合等方式建立数学模型并求解，然后根据计算结果去指导实际问题的解决。它也包含三大基本要素：一是将实际问题抽象成数学问题，即数学模型；二是将数学问题进行求解，即模型计算；三是运用得出的结论去解决实际问题，探索奥秘发现真理。三个要素紧密相连，如同战争，纷繁复杂的战场（实际问题）如何进行抽象简化（建立数学模型），兵力如何分布、如何协同（模型计算），最后战争效果如何（结果分析）。

科学研究的本质是探索奥秘，运用的方法就是将纷繁复杂的实际问题通过假设进行简化，通过符号公式进行表达，同时需要得到结论，而这也正是数学建模教学中需要学生学习并要求掌握的。因此，数学建模就是科学研究的最主要的部分。科学研究从所需要的知识角度上讲，主要包括专业知识（研究对象所从属的领域）、语言（包括中文和外文）、数学、计算机。

在二十多年的科学研究过程中，笔者所在的数学建模团队先后承接了253个大小科研课题，就是在专业知识并不精通的前提下，团队成员也能够较好地完成专业老师委托的科研任务，这是因为数学建模人掌握了科学研究最主要的部分，即语言、计算机和数学。数学建模教学和竞赛就是结合实际问题不断训练学生这三方面以及查阅整理文献的能力。因而，数学建模是科学研究的重要思想和武器。科学研究实质上也就是“专业+数学建模”。

三、研究生数学建模的改革措施

明白了数学建模和科学研究的内在逻辑关系后，如何结合科学研究提高研究生参加数学建模竞赛的热情就是一个重要的课题了。笔者结合多年来的带队经历，总结出竞赛与科研互促互融的经验和体会。

（一）从科学研究的角度开设了研究生数学建模课程

通过多年承接的科研合作任务，不难发现，科学研究的目的大致分布在六大方面，即优化控制、预测预报、综合评价、机器学习、关联分析、比较分析等。为此我们编写了研究生数学建模教材《数学建模与算法设计》，并与早期编写的《数学建模方法入门及其应用》一起构成了这六个方面的知识。

近年来，相继在全校开设了选修课“数学建模与算法设计”以及在世界双一流学科“纺织科学与工程”里开设了数学建模必修课“数学建模与算法设计”，均为30学时。在纺织科学与工程博士班上开设了必修课“纺织数学建模与分析”，56学时。课程的教学内容以机理优化、系统优化、随机优化为核心，以专题讲座、线上视频、论文阅读等形式讲述了科学研究所需要的基本数学知识。教学内容强化基础，突出应用，培养创新，注重课程内容与各相关专业的其他研究领域的知识交叉融合。满足各优势学科的科研需求，调整与完善数学应用教学内容，培养和提高研究生的实验动手能力和创新能力。

为了更好地让学生进入科学研究的状态，在数学建模的教学中，按照科学研究的目的进行数学建模方法的讲授。同类方法归类在一起讲授，便于对比分析，便于了解每个方法使用的背景、条件和假设，从而最大限度地减少学生胡乱套用数学建模方法的现象。

（二）建立了研究生数学建模科研交叉合作机制

（1）建立了“数学建模”接待日制度。每周一次接待全校对数学建模有需求的师生，探讨如何运用数学建模知识去解决科研问题和工程问题。简单的问题就当场提供数学建模思路、方法和代码。复杂的问题就要求师生填写“科研问题叙述”表格，提供研究的目的与意义、参数与素材、需要解决的问题以及主要参考文献，并进行多次讨论交流。在科研交往过程中不失时机地鼓励研究生参加中国研究生数学建模竞赛。

（2）借助科研机构“大数据与数学模型研究中心”积极与全校优势学科进行合作科研。积极拜访科研团队，以研究生作为合作的纽带，实行双导师制与双通讯作者制，联合培养研究生。在与研究生导师的交往过程中，游说研究生导师支持研究生学习数学建模知识，允许研究生来参加高质量的数学建模集训，以期更快地提高科研水平。

（三）进行了研究生数学建模竞赛运行机制的研究

与研究生导师合作，定期培训研究生的数学建模能力和编程计算能力，用实际的科研合作项目去训练和提高研究生实际的科学研究能力。在实战中学习建模，在建模中提升科研。

近几年来，我们培训学生所用的题目全部来自老师实际的科研项目。训练结束后，由题目提供的老师进行评判，题目做得好的研究生被邀请临时加入老师的课题组进行更深入的研究。这种用项目培训学生的方法特别适合于没有研究生或者是研究生数学基础比较弱的老师，既培养了学生，又帮助老师完成了科研项目，一举多得。

（四）加强了研究生数学建模师资队伍建设

我们组建了跨学科跨学院的数学建模团队，成员包括来自纺织、大数据、数学、材料、人工智能、软件、计算机、经济管理、电子信息等学科的25名教师，队伍呈现出学历职称高、研究领域广、年龄结构合理的特点。

团队注重各学科的交叉融合，成员几乎都有科研课题，先后主持或参与国家自然科学基金、国家社会科学基金、科技部、教育部等省部级以上项目50多项，主持企业委托横向项目30多项。他们加入数学建模团队的主要目的不是带学生在竞赛中获奖，而是想在团队中方便讨论如何运用数学建模解决自身的科研问题。他们把中国研究生数学建模竞赛作为培养研究生科研能力的平台，在这个平台中更好地发现和挖掘学生的科研潜力，从而更好地为科学研究服务。

（五）建设了网络资源共享平台

建设了在线课程、微信公众号“TG数模”以及哔哩哔哩学习平台“数模哥”等各种共享资源平台。在平台上分享数学建模学习和培训经验，扩大了数学建模的影响力。

四、研究生数学建模的改革成效

（一）课程建设成效显著

除了建设线下课程外，我们还建设了在线课程“数学建模”供研究生课外自学，2020年已经在中国大学MOOC（慕课）国家精品课程在线学习平台上线。我们探索了线上线下混合式教学方式，将其娴熟运用，扩大了学生学习受益面，效果良好。

我们还成功地将思政教育引入“数学建模与算法设计”教学。该课程在2018年获得天津市“课程思政”改革立项之后，教学团队经过 3 年的实践，在数学建模课堂教学和课外科技活动当中，全面引入思政教育。构建了 17 个经典案例，并制作了视频课，贯穿了整个课程。2021 年该课程被天津市授予研究生“课程思政”示范课程荣誉称号。

（二）人才培养进步明显

（1）学习数学建模的人数逐年攀升。在改革前 2015 年，我校学习数学建模人数几乎没有。而到 2023 年，我校学习数学建模的人数已经超过 400 人。不仅学习规模扩大，学生来源也愈加广泛。

（2）参赛人数逐年增加。2015 年我校参加中国研究生数学建模竞赛的队伍仅有 5 支，到 2022 年参赛队伍数已达到 30 多支。随着数学建模与算法设计课程改革的不断深入，相信今后参赛规模还会继续扩大。

（3）竞赛成绩进步明显。2016～2022 年，我校团队共指导研究生在中国研究生数学建模竞赛中获得一等奖 7 项，二等奖 21 项，三等奖 29 项。这 7 年间所获奖项是以往 12 年（2004～2015 年）间所获奖项的三倍多。成绩虽不及一些建模强校，但与自身相比，进步还是比较明显的。

（三）科研合作渐入佳境

2016 年以来，我校团队先后与校内外科研团队进行了 50 多项交叉学科数学建模合作项目的研究，项目涉及经济、管理、生态、生物、信息、工程、农学、医学、材料、纺织、电气、自动化等众多领域。其中绝大部分是在 2018 年以后进行的。这表明，天津工业大学数学建模的影响力已经逐步扩大，交叉合作研究能力越来越得到认可。

五、结束语

数学建模作为科学研究的重要手段，其创新性、综合性可以有效地培养学生的创新思维，能有效地培养复合型人才，加强数学与其他学科的交叉融合。研究生数学建模竞赛的推广与普及必然会增加科研人才培养的广度和深度。作为研究生重要课外科技活动，一年一度的中国研究生数学建模竞赛必须要与研究生培养目标进行有效融合，这样才能焕发出真正的生命力。

数学建模与科学研究，在形式上、内涵上两者有着异曲同工之妙。科学研究是一种意识，一种文化，它的深入不是一蹴而就的，需要我们基层教育工作者，特别是我们数学建模教育工作者，借助中国研究生数学建模竞赛这个大平台，将竞赛和科学研究有效结合起来。需要我们放弃以竞赛为中心的教学模式，探索出一套教研相长、科教融合的实用性强的教学模式，为国家创新人才的培养做些基础性工作和探索性工作，为中华民族伟大复兴而努力。

任务驱动模式为主的数学建模竞赛训练经验分享

华东交通大学 周 娟 李 雄 吴泽九 张文明

中国研究生数学建模竞赛是中国研究生创新实践系列大赛主题赛事之一，该赛事最早由东南大学朱道元教授等发起，2006 年 3 月教育部学位管理与研究生教育司正式将该项竞赛列入教育部研究生创新教育计划，2013 年被纳入教育部学位与研究生教育发展中心“全国研究生创新实践系列活动”，2017 年竞赛名称由全国研究生数学建模竞赛更改为中国研究生数学建模竞赛，2023 年是该竞赛办赛二十周年。二十年间，该竞赛的参赛研究生人数从 2003 年的 200 余名增加到 2022 年的 53910 名。笔者所在的华东交通大学自 2007 年首次十余支队伍参赛、两支队伍获奖，发展到 2022 年 282 支队伍参赛、59 支队伍获奖。2012～2022 年，本校夺得中国研究生数学建模竞赛三等奖及以上奖项的有 307 队，其中有 12 队获一等奖，这 11 年本校的总奖牌数占本省的 38.6%，本校也累计 6 次获得全国优秀组织奖。

研究生数学建模竞赛不仅激发了研究生的创新活力和学习兴趣，提高了研究生建立数学模型和运用计算机解决实际问题的能力，也培养了他们的团队合作精神。我校一些参赛研究生纷纷表示“参加数学建模竞赛是人生中一笔宝贵的财富，受益匪浅。”“科研很多时候需要建立数学模型，参加数学建模竞赛对科学研究、发表论文都十分有益。”研究生数学建模创新培养下的高校实践育人模式具有优越性，其创新培养的发展模式有着广阔的发展空间。高校可以通过研究生数学建模竞赛全面提升研究生的数学修养和素质，促进研究生中的优秀人才脱颖而出，从而推动研究生创新教育体制改革，持续为经济社会发展输送适用人才[1]。在指导学生参训参赛过程中，笔者发现任务驱动模式是该赛事最显著的教育优势。

本文以任务驱动模式为主，分享数学建模竞赛训练经验。运用任务驱动模式是指，将现实问题作为数学建模的试题任务，使学生在任务驱动下能进行自主学习与合作探究，从而促使学生对数学模型的内容有深度理解，提升学生的综合学习能力。任务驱动模式是一种以构建主义为依据的教学模式，它主要由设置任务、落实任务、完成任务以及评价任务四个环节构成。教练在指导过程中，努力使学生带着好奇心和喜悦感去探索这个世界，让学生感受成功、快乐，并拥有掌握幸福的能力。在人工智能时代，面对现实生产生活问题，特别是国际、国家时事大事相关的问题，学生能将所学的数学知识利用起来，构建模型并运用计算机去解决问题，这将是多么奇妙和自豪的一段旅途！

本文从任务驱动模式、组织管理、政策支持、系统训练、教练队伍及资源建设等方面工作分享教练团队在数学建模竞赛方面十几年的经验总结，讨论研究生编程能力如何提高、建模中如何运用可视化等数学建模技巧。

一、训练理念

（一）任务驱动模式

参加竞赛时，四天时间完成竞赛解题及论文，本身就是高强度的任务驱动模式。要达到顺利完成竞赛的最终目标，我们不仅分阶段地开展训练，而且在数学建模赛前训练过程中，还将往届一些真题拆解成多个任务，以作业形式布置给学生，让学生能够分阶段更有效地完成相应任务，以增加学生的自信心和激发学生主动思考。同时，我们安排若干个较为积极的学生，启发他们先行完成任务，并鼓励其在培训群内积极讨论。[1]教师以此种方式活跃研究生的学术讨论氛围，往往能收到良好的培训效果。在良好的群体学习氛围中，最终更多学生更积极地投入学习。除了在训练学生方面采用任务驱动模式，在教练组的组织和管理工作方面，我们亦采用任务驱动模式，组长与成员将讲座任务、单独指导任务等合理划分，达成 1+1 大于 2 的效果。

（二）培育研究生创新思维

现代社会的飞速发展，推动着各学科向更深更广的方向前进，各学科交叉融合已成为不可逆转的趋势。如今早已不是“百科全书式”学者的旧时代，科研人员只有联合多学科、多专业的人才组合攻关，才能在科学研究中取得突破性进展。在研究生数学建模的培训中，教师需注重灵活运用多种教学模式并综合教育心理学等相关知识。[1]多种形式鼓励学生多讨论，无论是在讲座上、课堂上，还是在线上教学群里，鼓励是教师最好的法宝，兴趣是学生最好的老师。指导教师应鼓励学生大胆想象，发散思维，勇于提出不同见解，在日常学习和科研中不受传统思维的束缚。由于参加研究生数学建模培训的学生来自全校不同学院、不同学科和不同专业，这为具有一定专业背景的学生提供了不同专业交融互动的平台，产生了一个个诸如人文学院研究生和软件学院研究生组队参加数学建模竞赛并取得良好成绩的鲜活例子。跨学科融合不仅可以达到极佳的竞赛组队效果，而且专业间的交汇与融合将产生新的创新原动力。

二、组织和政策支持

（一）组织管理

在组织管理上，我们从教师、学生、管理部门三方面同时展开，设立专门的校研究生数学建模教练组，在研究生会中设立数模部，在研工部中设立研究生创新创业专岗科长或科员。

教练组吸纳学校对该赛事指导感兴趣的教师共同分担指导任务，并经常一起研究赛题和交流讨论从而提高教练们的自身指导水平，大家在宽松和谐的氛围下，既自由又自觉，而且具有凝聚力。中国研究生数学建模竞赛是面向全国在读研究生的科技竞赛活动，目的在于激发研究生群体的创新活力和学习兴趣，提高研究生建立数学模型和运用计算机解决实际问题的综合能力。因此在组建一支高水平研究生数学建模教练队伍的基础上，高校需不断完善竞赛指导理念、方法与流程，逐渐形成不同学院资源共建、学科优势互补、专项训练的数学建模竞赛指导体系。[1]

数模部的学生协助教练组和研工部，鼓励研究生勇担时代责任，组织学生参赛，做好宣传、资料整理等工作，而本校多年来形成了良好的数模竞赛氛围，学长们大部分都会带动着学弟学妹参赛，全校的学生大部分也都乐于参赛。

研工部已形成规范的组织竞赛流程和工作方式。学校可以建立专项奖学金制度，提供科技竞赛奖金，这能在一定程度上激发研究生的参赛热情、提升学生的学术创新能力，为学校组织参加中国研究生数学建模竞赛保驾护航。同时，在如今研究生教育更为注重学术创新能力的时代背景下，我们积极开展各类学科竞赛、学术论坛等学术活动，全面做好竞赛前的宣传动员、竞赛中的组织协调以及竞赛后的总结工作，为提升研究生的学术创新能力搭建良好平台。

（二）政策支持

在政策支持上，研工部和研究生院领导、校领导等相关领导高度重视研究生数学建模等创新训练及竞赛活动，制定对教师、对学生的相关奖励文件，根据学校财力设定相应资金支持；研工部与创新创业学院或教务处联合制定对教师的考核考评制度，将指导竞赛成果纳入每三年的教师聘期考核之中，也与其他重要竞赛一并纳入职称评定的教学条件之中。

（三）赛中关怀

赛前要多强调纪律，在竞赛过程中，则需要多关心学生的生活作息，给予他们鼓励。尽管教练组在巡视时仍然要强调竞赛纪律，即既不能抄袭网上他人文章，也不能与其他队伍讨论，但有些学生仍然不够重视，此时老师到队伍进行逐一的叮嘱与亲切的关心就能产生很好的效果。竞赛期间，研工部领导也会携带慰问品看望队伍成员，给学生精神鼓励，这也是一种非常好的方式。

（四）经费支持

笔者建议，学校或研究所应该充分信任和鼓励师生们开展数模活动，因为数学建模竞赛及训练确实是能够非常好地培养学生的创新精神和提升他们的科研能力。建议可以从以下几方面予以经费支持。

对于省赛获奖的队伍参加国赛，可给予一定参赛费的支持。对重新组队的也可给出相应细则办法来支持，比如重组队伍中如果有至少两名获得省赛奖项的，就由学校提供国赛报名费。

（1）如参赛学生获奖，可给予一定奖金。比如获得国家一等奖、二等奖、三等奖分别给予 9000 元、6000 元、3000 元奖励，获得省赛一等奖、二等奖则分别给予 3000 元、1500 元奖励。

（2）对指导老师也可同时按照获奖等次给予同额度的奖金。

（3）对教练组的讲座和指导活动等可给予专项经费支持。

各单位可根据自身经济状况考虑如何支持，上述数额只是一个参考，一般为 3 的倍数，利于一支队伍的三个队员自行分配。除了按队伍给奖励，也可以采用另一种方式，即按照单个获奖队员来给予奖励。

可能有的单位有时经费紧张，教练们凭着热情和奉献精神而辛劳地工作的情况也存在，但建议等经费问题缓解了，还是要考虑对劳动的认可。

三、系统训练

（一）分阶段训练

在训练上要分阶段科学有效地开展，并每年不断迭代改进。

第一阶段，组织教练组对学生开展讲座，讲座内容主要分为几类：一些常见数学模型、真题讲解、计算思维训练即计算机算法设计与分析、数学建模论文写作、竞赛实战技巧和队员配合及竞赛纪律等。在数学模型方面，适当给予学生一些基本数学模型知识的讲座，不求全面，但是每一个点力求讲解得细致深刻，并且告诉学生这个知识点在哪些真题中出现过，这样避免了泛泛而谈而不得要领。在真题讲解上，要给出可实现代码，并运行演示，要求学生在后续的赛前实战演练中可以分步骤训练。比如可以先将公开的优秀论文中的方法重现其代码，再优化，最后提出自己的解决方案并加以实现，让学生深知数学建模竞赛只建立模型是不行的，运用计算机的求解能力非常重要。这也是我们培养创新人才需要达到的目标之一，实践动手求解出来才是真本事。

传统的数学建模培训内容主要包括初等模型、数学规划模型、微分方程模型、概率模型、统计回归模型、优化模型等[2]，其背后隐藏的往往是教科书式的讲解模式，知识点零散且枯燥无味。为打破传统的教学模式，教练首先要从算法入手，以此打开学生的逻辑思维之窗，再用真题引导学生创新发散思维，并自然过渡到数学模型的内容讲解上，最后一个环节需要进行误差分析与评价。如此，每位学生都能够感受到构建数学模型解决实际问题的强大魅力。矢量运算不再是枯燥公式的演绎，而是生动活泼的二维或三维空间的图形构架的灵动；线性代数不再是方程的死板罗列，而是评价或优化的巧妙工具；概率论不再是讳莫如深的抽象逻辑，而是正态分布的现实机遇；计算机算法设计与分析不再是计算机专业的专属武器，而是各专业的杀手锏；动态规划不再是抽象的规划方程的设计，而是贴近生产生活的自然描述。[1]

第二阶段，组织网络集体训练，鼓励每个学生设计训练计划，并展示出来。采用共享表格的方式，设计的栏目有：数学模型名称、数学模型类别、阅读真题及优秀论文、推荐网络学习资源、自选真题实战[3]、遇到的困难、擅长的计算机语言等等。比如在全校参赛学生的 QQ 大群之中，举办这样的集体训练活动，会有群体正能量效应，学习比较被动的学生会被带动起来，一些积极的学生也有了才华展示机会，还可为后续寻找队友提供交流平台，同时也让学生能够互帮互助，促进跨学科交流互动。随着时代的发展，年轻人喜欢什么形式、什么花样，都是在变化发展中的，教练只有与学生不断交流，才能融入学生群体中，推动教育的发展，比如笔者在发布集训公告时采用诗文并夹杂 QQ 表情，令通告在视觉上受欢迎，文字读起来朗朗上口，同时又不失诙谐，避免了刻板教条的作业形式。有的时候可以先私聊一些学生骨干，并将拟好的一些文字材料发给学生骨干，那么他们会站在学生的角度把段落改得更贴近学生，有的时候会惊讶地发现，学生比我们教师还喜欢严厉的教育方式。这样做也能让学生感受到他们被尊重、被认可，让学生体会到这是一个积极向上的由学生自主的兴趣驱动的学习活动。

第三阶段，暑期冲刺训练，在前面的两个阶段中，通过在讲座中布置的一些小作业和网络集训会发现一些非常积极和优秀的学生，那么在暑假鼓励这些学生参与暑假冲刺训练，继续深入地学习数模知识。毕竟不可能所有的学生都对数学建模十分感兴趣，也不会所有学生都有时间深入学习。

（二）分类精准学习

赛前教练组或参赛队伍将历年真题归类分析，将同一个类别的放在一组里，可以将每组中的优秀论文的摘要和关键词拿出来，把这类题型涉及的模型和算法等名称列出，甚至给出每个关键词出现频次。让参赛队伍选择自己感兴趣的题目类型，他们可以很清晰地看到解决这类题型，常用的模型和算法有哪些，专门去挑选一些深入学习，其他的加以了解，并在赛前整理一些相关的程序模板，这样在竞赛时，就能有更充分的时间去分析问题本质，一旦契合了哪种模型，选手就能快速地拿出之前准备的模型套用上去计算及调用相关子程序。

（三）分辨试题难度

众所周知，数学建模竞赛覆盖了理工农医经等几乎所有学科领域，那么就免不了对一些看上去离自己专业特别远的专业有所敬畏。这或许是一个更高深的话题，有的题目乍一看，是某个学科很专业的题，学生可能因为跨专业而不敢去触碰，担心各种专业名词就把自己难倒了，不妨强迫自己静下心来看，适当搜索了解一下那很少的几个专业名词，最后会发现这其实就是一道纯粹的数学题，是积分模型，或者微分模型，又或者是需要迭代求解什么，并没有那么难以下手。而能够有此分辨能力，也是需要在赛前研究了几个此类真题才能把握的。

（四）研究生编程能力如何提高？

当前，随着社会信息化的迅猛发展，从社会需求的角度来看，程序设计技术的地位已经发生了重大的变化，其已经成为当前信息社会所需的关键技术。诸如大数据、人工智能、区块链等等，都是通过程序设计技术来实现的。因此，对于计算机专业人员的编程解决问题的能力就有了更高的要求。从教学的角度来看，程序设计类的课程，特别是程序设计语言，也已经从大学计算机专业的核心课程开始向全民素质教育转换，并向中小学教育下沉。[4]为此，世界上许多国家，都从国家战略层面，对于程序设计课程教育的普及，给出对应措施和高额经费支持，并付诸实施。我国教育部则分别从“制定相关专门文件推动和规范编程教育发展”、“将编程教育纳入中小学相关课程”以及“培养培训能够实施编程教育相关师资”三个方面开展工作。

程序设计竞赛是“编程解决问题”的竞赛，在 20 世纪 80 年代中后期走向成熟之后，近 40 年来，累积了海量的试题。这些来自全球各地，凝聚了无数命题者的心血和智慧的试题，不仅可以用于程序设计竞赛选手的训练，而且可以用于教学和实验，系统、全面提高学生编程解决问题的能力。

为此，复旦大学吴永辉教授对海量的程序设计竞赛的试题进行了分析和整理，从中精选出相关试题，基于程序设计竞赛的知识体系，以系统、全面地提高学生编程解决问题的能力为目标，以实验为单位，进行教材建设，编写和出版了“大学程序设计课程与竞赛训练教材”系列。在教材建设的基础上，作者对于基于程序设计竞赛试题及其解析的实验，以案例教学为教学方法，并以在线测试系统等信息化技术作为学生磨炼编程解决问题能力的平台，展开实验课程的建设。《程序设计实践入门》[5]84 题、《数据结构编程实验》（第 3 版）306 题、《算法设计编程实验》（第 2 版）314 题、《数据结构解题策略》121 题以及笔者编著的《程序设计竞赛入门》105 题，加起来有近千题。

研究生参加数学建模竞赛也是需要编程来求解模型，如果单从研究生的编程能力通过什么方法来提高来说，那么以国际大学生程序设计竞赛（International Collegiate Programming Contest，ICPC）的试题来练习，也是一份非常好的资源。

从参加数学建模竞赛的角度来看，ICPC 庞大的知识体系中有一小部分也是数学建模竞赛中也常用的，比如贪心、动态规划和图论算法等。研究生备赛时，可能没有那么多时间系统学习 ICPC 知识体系，但是不妨挑选其中的这些章节来学习：《程序设计竞赛入门》[6]中第 12 章“简单搜索”、第 15 章“动态规划初步”中的第 1 节到第 3 节、第 16 章“图论初步”；《数据结构编程实验》[7]中第 3 章“递归与回溯法的编程实验”、第 11 章“应用图的遍历算法编程”、第 12 章“应用小生成树算法编程”、第 14 章“二分图、网络流算法编程”、第 15 章“应用状态空间搜索编程”中第 1 节“构建状态空间树”到第 2 节第 3 小节“A*算法”；《算法设计编程实验》[8]中第 6 章“动态规划方法的编程实验”的第 1 节第 1 小节“线性 DP 问题”到第 2 节第 5 小节“二维背包”。

再进一步，备赛数学建模除了需要上述编程和算法基础，最好再选择 MATLAB 或者 Python 等中之一来学习，当然近年又出现了 R 语言等，也可以选择。除了传统的这些建模语言来练习建模及数学挖掘等，近年机器学习等能运用到几个赛题中，有兴趣也可以结合自身的专业来学习。

数模竞赛的准备是长期的过程，不是一两个月就够的，往往需要全年时间，特别是编程能力，有的队伍靠的是某队员本科阶段的老本，但不少队伍在研究生阶段通过参加数学建模竞赛，编程水平上了台阶。即便长时间的准备，那也是有技巧的，怎么才能更加有效地提高呢？笔者给出一些不错的建议。

首先通过上述 ICPC 子集学习，然后下载历年研究生数模竞赛的优秀论文，挑选自己感兴趣的题目，先理解学长的模型，再自己通过 MATLAB 或者 Pyhon 等高级语言编写程序来求解模型，在学长论文的引导下再现学长实验。有的时候，学长会在论文后面附上部分代码，这都是不错的学习资源。但不能光阅读代码，仔细看了五六篇或更多之后，可以选择其中 1 篇，自己动手来敲出所有代码，完全实现其求解方法。最后可以加上自己的一些思想，改进模型，或者提出新模型，并且加以编码实现。试想，正式竞赛要在 4 天时间内，完成模型建立和编程求解模型，还要完成大论文，虽然是 3 个人一起做的，但是时间也是非常紧张的，哪怕 1 个人足足做 12 天，也是非常不容易的。所以要在竞赛前，把适合数学建模竞赛的编码水平提高了，那么在竞赛时，才可以游刃有余地输出自己的想法。如果竞赛期间，还在纠结那个语法怎么回事，是非常影响进展的。即便不能所有函数都先练习到，在训练过程中，也已经培养了快速找合适函数以及快速看懂帮助文档等从而快速使用新函数的能力了。

（五）对赛题展开讨论

看来组织研究生讨论题目是很有效的手段，但研究生一般比较忙，要怎么让讨论达到想要的效果？

课堂讨论、线上讨论等对教学来说都是有效的手段。因为确实研究生一般比较忙，除了教练可以设计好一些问题而发起讨论，未来还可以考虑鼓励研究生将自己在科研中遇到的一些问题拿出来讨论，往往不少研究课题都需要建立数学模型，并寻求解决方案，而此时，即便其他同学可能不是自己这个研究方向，但是更多人参与讨论，可能会碰撞出思维的火花。大家能够积极地开展讨论，营造一种学习数学建模的气氛，就是我们追求的效果，而并非太过追求水平的高超。

除了具体课题的问题，还可以开展资源分享会。学习了一段时间，研究生们在网上找寻了不少资源，其中非常适合自己学习的可能并不多，大家把更有效的学习资源分享出来，说说自己是怎么利用这些资源的，那么就达到 1+1 大于 2 的效果了。相比于老师们收集了资源而发布出去，后者显得死板，也不利于激发学生自主学习的欲望。开展研究生数学建模学习资源分享会，更能够让研究生产生共鸣和展开更深入交流，最终一些学生能够利用这些资源，选择一些来制定学习计划，在后续的学习过程中，也方便与分享者持续交流。读者还可以展开更多讨论，提供更多手段。

（六）建模中充分运用可视化

在撰写建模论文过程中，多使用可视化手段，利用 MATLAB、Python 等高级计算机语言，将数据可视化展示，包括预处理后数据、重要的中间数据、执行结果等，从多个角度图像化和表格化来展示。也可以使用一些技巧，比如有的属性取各种函数，再与其他数据构成的二维或三维图形后，不仅可以展示出很好的视觉效果，而且能够推进建模进程，这利于把实际问题形象化、具体化，甚至通透地展示出问题的内在特征，最终更利于看清问题本质。采用二维和三维等各种丰富的展示，还要注意对给出的图形要加以解释。同时设计表格，要注意一些重要指标的展示，比如占比、精确率、准确率、误差等，要比题目所问更深地去思考需要展示哪些指标。在时间允许的情况下，最后适当考虑美观性。

我们注意到一个新名词“信息可视化”（information visualization）正在兴起，它是一个跨学科领域，旨在研究大规模非数值型信息资源的视觉呈现。数据可视化囊括了信息可视化、信息图形、知识可视化、科学可视化以及视觉设计方面的所有发展与进步。在这种层次上，如果加以充分适当的组织整理，任何事物都是一类信息：表格、图形、地图，甚至包括文本在内，无论其是静态的还是动态的，都将为我们提供某种方式或手段，从而让我们能够洞察其中的究竟，找出问题的答案，发现形形色色的关系，或许还能让我们理解在其他形式的情况下不易发觉的事情。不过，如今在科学技术研究领域，信息可视化这条术语一般适用于大规模非数字型信息资源的可视化表达。信息可视化致力于创建那些以直观方式传达抽象信息的手段和方法。可视化的表达形式与交互技术则是利用人类眼睛通往心灵深处的广阔带宽优势，使得用户能够目睹、探索以至立即理解大量的信息。从百度百科上描述的“信息可视化”看，这也正是我们在数学建模过程中一直力推的可视化观点。

对于数学建模竞赛而言，信息可视化更多地体现在图文表并茂、多角度展示和说明问题、显示数据特征等。下面以一些公开的优秀论文中的亮点展示为例。

例 1 将迭代次数与误差展示在二维坐标图中。（选自 2021 年 A 题数模之星东南大学队伍）

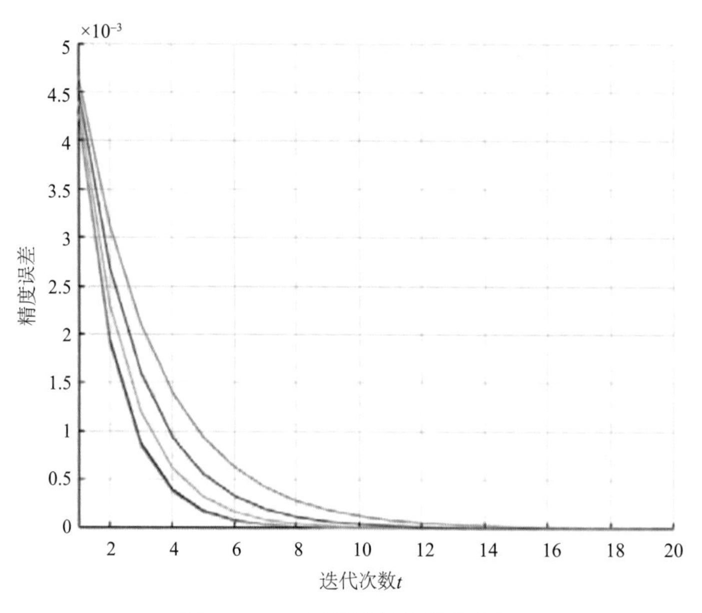

图 1 Jacobi 迭代法的收敛曲线图

“由 MATLAB 仿真可以得到 Jacobi 迭代法较慢，对于本题的 6 组数据集，需要 T=17 次左右迭代。”

选手给出了多种迭代法的收敛曲线图，可以一目了然地了解其性能。

例 2 将精度和复杂度两种指标展示在同一张图中，得到鲜明的对比。（选自 2021 年 A 题数模之星东南大学队伍）

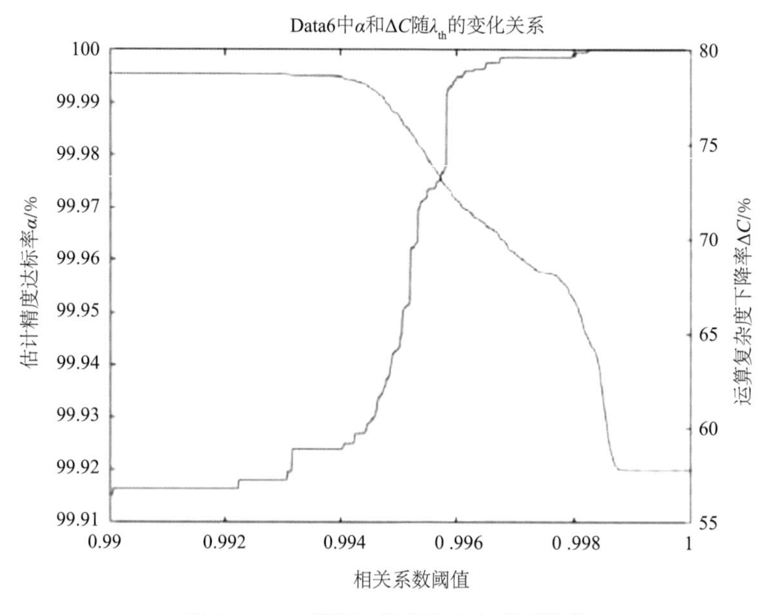

图 2 Data6 精度达标率和复杂度下降率

竞赛选手针对给定的 6 组数据，绘制估计精度达标率 α 和运算复杂度下降率 ΔC 随相关系数阈值 λ_{th} 的变化图像，给出了 data1 到 data6 的 6 张图。并且佐以段落，很好地解释了图中现象。

“可以看到，随着相关系数阈值的增大，能够被邻近矩阵右奇异向量替代的 Vjk 数量变少。这在导致估计精度达标率提升的同时，也将带来更多次数的 RSVD 和 SOR 求逆运算，从而导致最终的计算复杂度上升，因此运算复杂度的下降率会降低。”

例 3 分别以表和图的形式展示变量的显著性。（选自 2021 年 D 题数模之星上海大学队伍）

“对建立的集成特征筛选模型进行求解，由此得到的问题 1 的结果，前 20 个对生物活性最具有显著影响的分子描述符（即变量），变量的具体信息见下表。”

表 1 集成筛选模型的前 20 个显著变量

排名	分子描述符	重要性	排名	分子描述符	重要性
1	MDEC-23	0.041840	11	C3SP2	0.013543
2	LipoaffinityIndex	0.022608	12	ATSc4	0.013393
3	C1SP2	0.021030	13	nHother	0.013308
4	MLFER_A	0.015666	14	ETA_Eta_R_L	0.013277
5	minsOH	0.015370	15	SP-7	0.013265
6	BCUTp-1h	0.015364	16	SsOH	0.013027
7	maxsOH	0.014963	17	SsssN	0.012685
8	ATSc3	0.014854	18	n6Ring	0.012660
9	hmin	0.014638	19	SaasC	0.012533
10	MDEC-22	0.013979	20	SHCsats	0.012274

“通过下图的可视化，可以发现前三 MDEC-23、LipoaffinityIndex、C1SP2 分子描述符的特征重要性较高，后 17 个特征的重要性基本持平。”

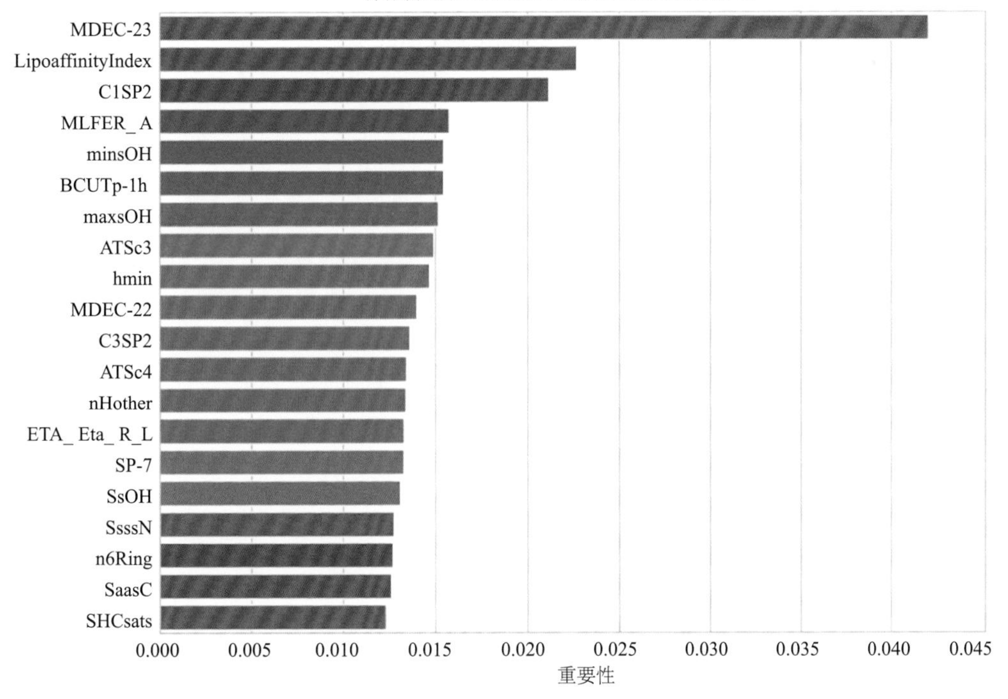

图 3 集成筛选模型的特征选择结果

选手清晰地描绘了图表所展示的结论。

例 4 分别以多图和表的形式展示误差，得出提出的优化方法的合理性。（选自 2021 年 E 题数模之星福州大学队伍）

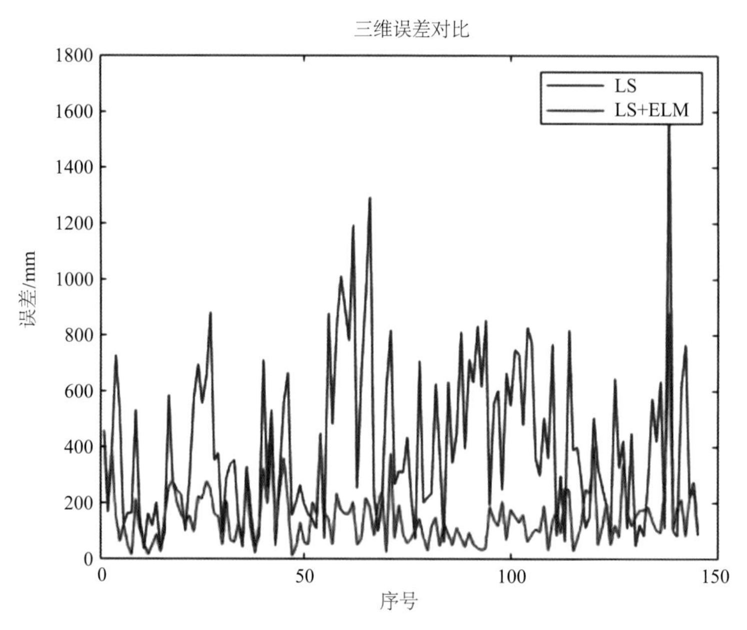

图 4　正常数据定位坐标的三维误差

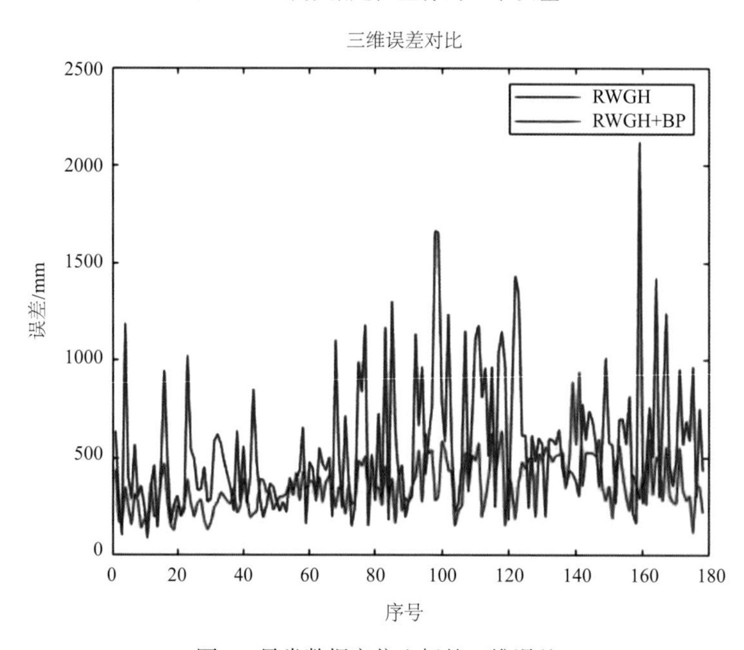

图 5　异常数据定位坐标的三维误差

文中对二维和三维都展开了解答，并都清晰描述图中现象和说明效果：“由上面两图可以看出对于三维来说，LS+ELM（RWGH+BP）复合模型的误差较比之前 LS（RWGH）单个模型有明显减小，说明用复合模型能够对 x，y，z 起到良好的修正效果，其中对 z 的修正效果最为明显。”

描述表中事实。“经过计算，对于正常数据的定位，利用 LS+ELM 神经网络的模型得到 x，y，z 的平均误差分别为 25.67mm，27.02mm，130.29mm；对于异常数据的定位，利用 RWGH+BP 神经网络的模型得到 x，y，z 的平均误差分别为 137.62mm，127.94mm，364.84mm。正常数据定位模型和异常数据定位模型的 3 维（x，y，z）精度、2 维（x，y）精度以及 1 维 x，y，z 的精度见下表。”

表 2 模型的精度 （单位：mm）

数据类型	三维(x,y,z)精度		二维(x,y)精度	
	LS (RWGH)	**LS+ELM (RWGH+BP)**	LS (RWGH)	**LS+ELM (RWGH+BP)**
正常	406.0	**141.7**	60.2	**41.3**
异常	564.1	**419.4**	237.1	**199.1**

通过分析表格得出结论："通过对上表分析，我们发现利用 LS+ELM（RWGH+BP）复合模型计算出靶点的定位坐标的误差比只用单一的 LS（RWGH）模型计算出来的定位坐标误差有较为显著的下降，说明我们利用 ELM 极限学习机（BP 神经网络）对 LS（RWGH）算法定位出来的三维坐标进行优化是合理的。"

例 5 设计分区域极小策略多目标遗传算法求解无人机的飞行路径，得到飞行轨迹结果。（选自 2017 年 A 题一等奖华东交通大学队伍）

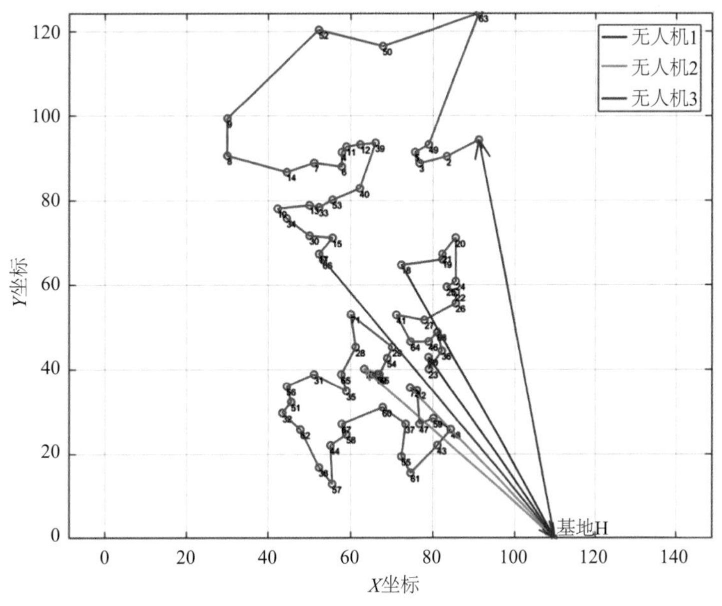

图 6 3 架无人机的飞行路径示意图

"无人机从 H 出发分别走向 3 个分类的初始点，按照路径连线的轨迹飞行，在终端区域速度降到 70km/s 时，即可使得每一架无人机能够成功传输完路径上所有终端的信息，飞行轨迹见上图。"

例 6 展示全局图的同时展示了其中细节。（选自 2012 年 D 题一等奖华东交通大学队伍）

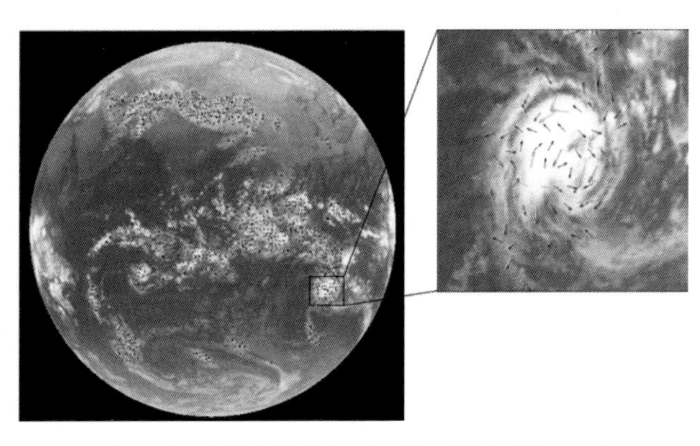

图 7 灰度梯度计算方法下生成的新风矢云图

“本章提出的新方法在总结现有云导风反演方法的基础上,将数值微分方法计算出的图像灰度梯度信息加入到云导风追踪运算中，利用正则化构建了云导风反演新方法。经过对比两种方法计算出的风场结果，加入图像梯度后能够有效降低观测干扰引起的误差，较大地提高了反演的精度，研究表明图像灰度梯度能够有效改善云导风反演的精度。此方法生成的新风矢云图如上图所示。”

通过以上示例可以看出，做数学建模论文，不仅要设计非常直观的图标，还要佐以段落，以精准地描述其中有意义的现象和结论等。读者在读优秀论文时，可以继续发掘讨论亮点。

四、教练队伍及资源建设

(一)教练队伍的组成,尤其是怎么吸引其他专业教师参与,教练员自身水平怎么提高?

物以类聚，人以群分。一开始团队里只有少少几个人，都是对数学建模非常感兴趣、有感情的。经过努力，这些人取得还可以的竞赛成绩，学校发报道宣传鼓励同学们，也肯定了教练组的工作。接着零星地会有老师找寻过来，有的是学生时期参加过数学建模竞赛、对此有一定情结的老师，有的是考虑到自身评职称有这方面需求而想试着参加的。无论对方什么想法，我们可以当作对方愿意投入一些时间精力，因此向其真诚地介绍教练要做的一些工作，要研究真题制作教案，要给学生们做讲座，省赛要参与收试卷，要服从教练组的安排……一些仅仅想挂名的老师，看到需要付出那么多努力，需要那么有热情指导那么多学生，工作量还不少，那么他也会因为时间无法投入而知难而退。真正坚持来指导的，那就是志同道合的老师。

对于教练员自身水平怎么提高，笔者认为自身水平要从两个方面来看，一是数学建模水平，二是指导水平。数学建模水平，自然就是把自己当作学生，与学生共同成长，对每年的赛题，赛后要持续地研究，甚至把它做成教案。有什么特征？怎么初始化数据？怎么给出理想化或简化问题的假设？从哪些角度来看问题、建立模型，最后给出多个模型？对一些细节进行证明，比如，分别编程计算模型结果？从哪些角度来展示结果及过程数据？从哪些角度来评价？等等。

对于指导水平，从教师到教练有个过程，其中最核心的是什么？并不以传授知识为主，因为数学模型太多了，不可能讲得完，也学不完。传授知识分两类，一类是典型的模型[9-10]，给学生详细讲解原理，怎么运用，举例很重要，不能讲得太抽象，要具体一些，因为接受培训的是各个专业的学生，要让学生们听懂并觉得有趣味，在教练眼里的知识，不再是知识，教练要考虑怎么讲学生会更容易理解。另一类是介绍一些模型，让同学们自己有选择地去自学。

最核心的是以启发引导学生思考为主，并引导学生去编程实现一些真题或小的题目。抛出问题，循循善诱，让学生自己想到点上去，展开讨论，甚至是辩论，根据学生的回答，灵活地追问并进一步引导。这样的指导需要教师自身思维敏捷，才能够让学生感受到醍醐灌顶的感悟，这需要多年历练。有的人天生有创新精神，天生爱思考，有的人天生有较好的沟通能力而容易获得他人信任，有的人天生有魅力……没有谁天生把优点全占了，所以作为教练，我们把自己往优秀的这些方面去发展，自然就能成为指导水平高超的大师，过程中时有差池也在所难免。

笔者从不敢言在数学建模领域自己水平高超。作为一名专业的计算机老师，笔者一直很崇拜数学老师，自己的父亲也是数学教授，自己总是很惭愧数学知识不够多，所以总是把自己当作学生，不断学习，学习数学和算法都令人十分开心。

(二)数学建模是否作为研究生课程？不是课程如何吸引大批研究生参与活动？讲座作为课处理，还是自由参加？研究生的数学建模水平高低不齐，教学中怎么解决这个问题？

数学建模是否作为研究生课程？笔者认为，要看教师的准备情况和爱好。如果觉得有条件开设数学建模课程，也未尝不可。有的教练专为竞赛而开设一门竞赛课程，希望通过课程能挖掘出一些参赛选手而进一步培养，如果一个学期下来颗粒无收，甚至几个学期下来都效果不佳，那么就可能会想关闭课程。如果开课教师，仅希望传播某方面知识，或者科普某方面，没有挖掘参赛选手之意，那么课程才开得长久。非传统课程而言，有此感悟。未曾品尝过的新创课程的老师，可能不能体察。

课程往往吸引学生学习某方面知识或者获得学分，而课程用来吸引学生参加竞赛活动及训练的可能性要低得多。

从数学建模训练来说，与课程相比，讲座是首选，相对是比较自由的，每个教练在自己擅长的方面来开展讲座，提前公布了讲座主题等，那么参赛学生根据自身兴趣来选择听哪些讲座。因为中国研究生数学建模竞赛的赛题从 A 到 F 属于不同类型，任何学生和老师也不会全面地去解答 A 到 F 所有题。参赛学生想拿好成绩，自然会选择一些讲座去听。

关于“研究生的数学建模水平高低不齐”这个问题，笔者认为，既然是竞赛，肯定要分出个高低来，最终以获奖等级论高低。所以，首先要承认“水平高低不齐”这个客观事实。那么在听课时怎么兼顾同学们不同水平却听同样讲座的矛盾呢？一方面，鼓励所有同学，他能听懂一些是一些，只要他经过训练后能够更好地解题。另一方面，一个老师的讲座分几场、几个阶段，每一场明确告诉学生什么难度、什么主题，对于当场不能完全接受的，如果需要再仔细听，提供老师录制的视频，供回放学习。对完全不能接受的，要告诉他某某老师的讲座主题是什么，可能适合学，可能本场讲座讲授的题型不适合他做，并不是水平差，而是可以听适合的讲座。明确鼓励学生，这也是教育的本质，即扬长避短、取长补短，是鼓励、鼓励再鼓励。

刘力维教授在对一道赛题的综述中说道，“通过本赛题的学习与解答，同学们知道了工程实际中高维变量的降维方法，主要变量的选取方法，机器学习算法的应用，以及实际工程技术中优化模型的建立和算法实现与课堂教学例题的区别。本次数学建模创新实践大赛有助于学生提高走上工作岗位后的科研能力”[11]。可见，研究生参与竞赛训练活动的效果，可能是课堂教学难以企及的。

（三）训练资源建设

本教练组在十几年的研究生数学建模竞赛指导过程中所积累的教案基础上，录制了一系列数模讲座视频，提供给本校学生进行系统学习。鼓励同学们根据自己的兴趣而选择其中一些视频学习，并提供有奖资源共建活动，比如邀请一些获奖的优秀队员，让他们参与真题讲座，录制视频和提供代码和教案等资源，以此不断丰富库存资源。

五、总结

本文从组织管理和宏观训练上加以总结，在细节上也分享了一些笔者在数学建模的教与学中强调的数模技巧，探讨了教练队伍建设的一些焦点问题。

那么研究生怎么能够坚持这样的训练呢？如果十分有毅力，一个人闷着学貌似可以，但笔者认为如果能结合自己的专业来学习会更有动力。教练组在开展的训练活动中，也通过数模训练月等活动来营造氛围，并给同学们展示才华的机会，愿意分享自制讲义及讲解视频的研究生可以提交给教练组，那么选择一些比较好的放在平台上公开给本校的同学学习。

总之用一切可以鼓励和认可学生的手段，但不求手段能立即有什么结果，在自由自主中行走，在压力下成长，却同时是没包袱的愉悦状态。当理想化的教育成为现实，那么还有什么比这更能让教师开心的呢。

经过多年来的不懈努力与探索，华东交通大学研究生数学建模竞赛教练组不断完善数学建模训练教案、视频等，总结出了一套方法论，形成了行之有效的经验集，并在数学建模专项培训中付诸实施。同时，研究生可将在培训中学到的数学建模方法应用于其专业的学术科研与实践中，这样不仅能拔高研究生的参赛水准，还能触类旁通地推进专业建设，取得了良好效果。

朱道元教授曾指出，“为什么全国研究生数学建模竞赛组委会明确提出‘提高研究生科研能力，促进研究生创新能力培养，提高研究生培养质量’这样高的要求，就是因为参加全国研究生数模竞赛与从事科学课题研究非常相似，各有千秋，尤其与研究生在学期间所参与的科研课题相比，甚至在某些方面是力度更大、难度更高、广度更宽。全国研究生数学建模竞赛包括查阅文献、收集数据、提出问题、做出猜想、建立模型、上机编程、结果分析、精度验证、撰写论文等全过程，对科研能力的培养而言，其中每一个环节都缺一不可；全国研究生数学建模竞赛对大多数参赛研究生而言都不是本专业的问题，而是属于交叉学科。有利于扩大研究生知识面和启发创新思维；全国研究生数学建模竞赛由于时间限制，竞争激烈，科研强度非常大，而且相互交流非常频繁。这些方面是一般研究生正常学习环节所无法比拟的。竞赛的确为提高研究生科研能力创造了有利的环境”[12]。

事在人为，随着学校的发展和整体教师队伍的加强，本校在研究生培养方面上了一个又一个新台阶，在研究生数学建模竞赛方面，我们也没有什么秘密可言，谨以此文总结分享指导经验，并展开畅想讨论，与大家共同进步，竞赛结果不是最重要的，重要的是我国的研究生通过这个竞赛平台得到发展和锻炼，我们教练通过本次分享大讨论而增强我们作为教育工作者在教育事业上的自信心，以求不断完善。

参考文献

[1] 周娟，周尔民，张红斌等. 基于研究生数学建模竞赛的人才培养模式[J]. 教育观察，2020，9（25）：66-68，72.

[2] 王宏洲，李炳照. 研究生数学建模教学方法分析[J]. 大学数学，2012，28（6）：83-87.

[3] 朱道元. 研究生数学建模精品案例（第二卷）[M]. 北京：科学出版社，2020.

[4] 吴永辉. 基于“编程解决问题”的程序设计语言实验——以程序设计方法的综合应用为例[J].计算机技术与教育学报，2022，10（4）：56-60.

[5] 周娟，吴永辉. 程序设计实践入门：大学程序设计课程与竞赛训练教材[M]. 北京：机械工业出版社，2021.

[6] 周娟，杨书新，卢家兴. 程序设计竞赛入门[M]. 北京：中国水利水电出版社，2021.

[7] 吴永辉，王建德. 数据结构编程实验：大学程序设计课程与竞赛训练教材（第 3 版）[M]. 北京：机械工业出版社，2021.

[8] 吴永辉，王建德. 算法设计编程实验[M]. 2 版. 北京：机械工业出版社，2020.

[9] [美]吉奥丹诺等. 数学建模（原书第 5 版）[M]. 叶其孝，姜启源等译. 北京：机械工业出版社，2014.

[10] 姜启源，谢金星，叶俊. 数学模型（第 5 版）[M]. 北京：高等教育出版社，2018.

[11] 刘力维，赵欣宜，欧阳福生. 2020 年中国研究生数模竞赛 B 题综述[J]. 数学的实践与认识，2021，51（23）：174-178.

[12] 朱道元. 对研究生数学建模与创新的几点思考[J]. 高等数学研究，2015，18（3）：1-3.

我与数学建模的缘和情

武汉大学　高成修

中国研究生数学建模竞赛活动至今已走过了 20 年不平凡的历程。现在已成为高等院校和科研单位研究生培养过程中不可缺少的重要环节。回顾 20 年来数学建模竞赛和实践的过程，对进一步做好竞赛和研究生培养工作，具有特殊的意义和重要的作用。

自 2004 年第一届全国研究生数学建模竞赛活动以来，我亲历了该赛事的每届活动，经历了赛事的授课、模拟、研讨、命题、评审、颁奖、点评等诸多环节的教学和指导工作，在指导和培养研究生同时，也提高和锻炼了自己，使我和数学建模工作结下深厚的缘和情。

我第一次知道“数学模型”这一名词，是在武汉大学数学系读本科时，当时著名函数论专家、武汉大学数学系教授李国平院士（学部委员）在一次和学生座谈如何学好数学及学习数学的方法时讲：“能从实际问题中提出数学问题的数学家，应是第一流的数学家”，接着他谈了他的体会和看法，并展示了他和他的助手郭友中教授撰写的《轧钢自动化的数学模型》一书手稿[①]。作为数学系学生，我听到把“数学”与“轧钢”两个概念联系在一起时，颇有些诧异和不解，后来在几次接触中，李先生更加明确了他的学术思想和见解，他说这是他对前半生从事基础数学研究的思考，并明确提出，从实践中提出的数学问题是“有血有肉”数学问题，有做不完的数学问题，生产实践需要数学，数学在实践中能得到发展，并用他在武汉组建中国科学院数学与计算技术研究所，并任所长的事实，说明他探讨数学在实际中发展的途径和方法的决心，并强调数学模型研究是实现这一目标的有效途径，《轧钢自动化的数学模型》就是他实践这一学术思想的探讨和成果之一。

我大学毕业后有幸留在武汉大学数学系任教，在 20 世纪 70 年代初，武汉钢铁公司从德国西门子公司引进了计算机控制的冷轧和热轧薄板轧钢系统，当时由于各种原因，西门子公司只提供了该系统的商业报价数据资料和控制演示系统程序，没有提供生产实际操作的轧制程序和数学模型，交货合同又是按德国公司的钢材质量标准验收的，而武汉钢铁公司轧制薄板使用的钢坯是武汉钢铁公司自己生产的，其中钢坯的含铜量较高，其他金属元素含量也和引进系统的数据差别较大，因此要想用自己生产的钢坯轧制出自己所需要的钢板，就需要对生产程序、轧制规范等进行改造和修改，而所有这些工作的完成，都需要有适合自己生产工艺的数学模型作为基础指导。这样的实际问题就给数学提出了具体的数学建模问题，为此，中国科学院、清华大学、武汉大学、武汉钢铁研究院等单位联合开展了钢板轧制数学模型及轧制程序规范研究。其中，有意义的研究是在对离散和连续热传导方程进行了参数辨识的反问题研究基础上，建立了具有自己工艺特点的钢坯加热数学模型，根据所建立的模型对钢坯的加热温度进行了预测和控制，最终对轧制程序规范的制定提供理论依据和咨询建议。此后对该模型进行了多次调整和校正，并在理论上对模型进行了非线性和非齐次扰动热传导方程解的性质和求解方法作了进一步探讨和研究，此后对该系统进行了分布参数控制系统的学习和积累。后来，武汉钢铁公司又给我们提出了造船钢板质量分析问题，当时武汉钢铁公司为了生产制造海运轮船所需钢板，针对武汉钢铁公司含铜量高的船板的

① 该手稿内容已编入《数学模型与工业自动控制》（李国平，湖北人民出版社，1978）。

耐腐蚀问题，我们采用统计分析建模的方法，对钢板质量进行了分析研究，对钢板质量成分的构成和钢板的轧制提供了咨询的建议和意见，在该问题的研究基础上，我们还探讨和提炼了多元统计分析和多元非线性回归相关的数学建模方法。

后来，在国家自然科学基金的支持下，在城市交通及政府管理部门的指导下，特别是在研究生的积极参与下，我们对大城市交通控制问题，物流供应链的实时扰动问题进行了数学建模和应用研究。在此过程中，在为应用部门提供应用成果的同时，我们也从实际问题中提炼运筹优化、网络优化、最优控制的理论问题，并开展了有意义的学术问题研究，取得了相应的理论成果。在完成实际课题项目的同时，使研究生和教师科研团队的科研能力得到了有效的提高，使研究生的创新能力得到了培养。特别是2004年开展全国研究生数学建模竞赛活动以来，研究生参加与数学建模相关的实际科研课题研究的积极性得到了极大的提高，竞赛促进了研究生积极参加科研课题活动的兴趣和积极性，科研活动又带动和引导了研究生教学。目前研究生数学建模竞赛活动已成为研究生教学、科研不可缺少的重要环节，已成为研究生培养的重要途径，研究生已成为科研课题研究不可缺少力量。20年来中国研究生数学建模竞赛和教学活动得到了蓬勃发展，取得了成功的经验和成果，使我感到欣喜、鼓舞和充实。我从第一届开始至今，亲身经历了20年赛事的发展历程，体会到了研究生参赛对我教学、科研的帮助、推动和促进，竞赛培养了学生，培养了教师，培养了我自己，也推动了教学，促进了科研，其中有艰辛，有喜悦，有成果，也有期盼。

一、数学建模赛题是实际科研课题

中国研究生数学建模竞赛的竞赛题目对研究生积极参加竞赛具有极大的魅力和吸引力，从而调动了研究生积极参与该项活动的热情和积极性，这也是该项竞赛得到迅速发展和壮大的生命线和生长点。由于中国研究生数学建模竞赛的题目大多来源于工程、经济、社会中的实际问题，是未解决或解决不完善的科研课题，因此，竞赛就是解决实际问题，竞赛就是科学研究，竞赛的过程就是科研现场的模拟。

我参加命题的竞赛题目，和我近几年参加评阅及仔细阅读、思考过的赛题，使我深有体会和感受，赛题就是科研课题，就是经济建设和社会发展中需要解决的实际问题，并且具有一定的挑战性。例如，大城市道路交通信号实时控制问题、航班恢复问题、航空公司机组优化排班问题、构建地下物流系统网络问题、旅游路线规划问题、空气中PM2.5问题的研究、空气质量预报二次建模、能见度估计与预测问题、采油工艺原理问题、无人机集群协同对抗、无人机在抢险救灾中的优化运用、变循环发动机部件法建模及优化、无线智能传播模型、无线通信中的快时变信道建模、微蜂窝环境中无线接收信号的特性分析、芯片相噪算法设计问题、可持续的中国城乡居民养老保险体系的数学模型研究、中等收入定位与人口度量模型研究、草原放牧策略研究、全球变暖问题研究等。

稍加分析就可看出，尽管这些赛题出现在不同年份，来自不同的命题人，也可能这些命题人根本不认识，但这些问题反映了国民经济发展和建设中大家共同关心的问题，这些问题的解决将对实际应用部门和政府管理部门具有一定的决策和咨询价值，有的问题本身就是在科研和管理部门已立项的课题，在理论和应用研究上都具有挑战性的研究意义和实际应用价值。因此，研究生参加数学建模竞赛，在完成竞赛论文的同时，就为课题研发提交和积累了成果，为社会作了贡献，使他们感受到有成就感、自信感和荣誉感。所以竞赛题目和内容就调动和吸引了研究生为社会服务的热情，是研究生走向工作和事业的开始。

二、数学建模与竞赛推动了教学

研究生数学建模竞赛题目内容上的广泛性、涉及领域的广阔性、选择参赛题目的多样性和可能性、竞赛方法的开放性、竞赛时间的现实性和充分性、解决问题方法的灵活性、答案标准的不唯一性等特点，体现了研究生数学建模竞赛不是通常意义上的考试，而是科研活动现场的模拟，这就给研究生创新能力的发挥提供了充分的空间和机会，因而参赛过程就是对研究生能力培养的过程。不少参赛同学以切身的感受，体会到了“一次竞赛，终身受益”。竞赛增加了研究生科研和创新能力的自信心，增加了克服困难的勇气和毅力。竞赛也是培养工作责任感，锻炼意志的好机会，因而研究生数学建模竞赛对研究生能力的培养是全面的，对他们以后的工作打下了良好的事业基础，是终身事业的开始，所以数学建模竞赛受到了众多研究生的青睐和欢迎。

参加过竞赛的同学参加工作后，很快进入了角色，大多数人取得了较好的成绩。我指导的研究生，或我指导过参赛培训的研究生中，不少人在博士毕业后的工作中取得的成绩超过我的想象，使我感到高兴。有的人博士毕业后直接申请和主持了国家自然科学基金项目，或主持国家和地方政府、或科研单位、或企事业单位的重要研究项目，他们的能力和素质等方面受到用人单位的好评和肯定。其中，有多人在30岁左右就被聘请为著名高校的博士研究生指导教师和各类人才计划的学者。

例如，一位曾参加研究生数学建模竞赛的同学，32岁就被国内某“双一流”大学聘任为博士生导师，获得国家优秀青年科学基金、楚天学者计划的资助和支持，并主持了多项重大科研项目。他很有体会地说，数学建模竞赛和科研活动直接影响了他的科研思路，引导和指导他走上科研的道路，甚至在撰写学术论文和研究报告时就不自觉地使用了数学建模语言和思路。另一位曾参加过中国研究生数学建模竞赛的遥感信息专业的研究生，博士毕业后直接参加了北斗导航系统研究，他也很有感触地说，他所做的研发工作就是数学建模竞赛题目相关工作的继续，数学建模竞赛开启了他研究工作的前奏，竞赛启发了他的研究思路，工作中他很快进入了研究的角色。另一位曾参加过中国研究生数学建模竞赛的生命科学专业的研究生，因为发表了有价值的学术论文，被美国常青藤大学邀请做博士后合作研究，他也有体会地说，“他们邀请我，不完全是看中我在生命科学领域所做的结果，更看中的是我用数学模型的方法将这些结果表达了出来，为进一步理论分析和实验表达提供了依据”。一位电子信息技术专业研究生毕业的同学，博士毕业后在美国一家全球跨国芯片公司工作，由于用数学建模的方法处理和解决了芯片研发中的问题，取得了明显的效益，被公司连续几年评选为全球十大优秀员工，他深有体会地讲，数学建模竞赛不仅给了他知识，更主要的是数学建模竞赛和教学，使他学会了更新知识和创造知识的方法和思维，这使他终身受益。一位参加过中国研究生数学建模竞赛的数学专业硕士毕业生同学，在美国纽约大学仅用了2年时间就完成了学业，获得博士学位，并提前被美国食品药品监督管理局录用，有人问她成功经验时，她说，“他们需要的东西我都在数学建模课程和竞赛中得到了培养和训练，他们要求我做到的，都是我在数学建模课程学习和竞赛中做过的事、走过的路，我得益于数学建模”。数学建模竞赛和教学使不少同学体会到，参赛就是成功，数学建模竞赛是研究生通向成功的好途径。

三、数学建模与竞赛促进了科研

研究生数学建模竞赛活动的竞赛目的、赛题性质、竞赛方法、竞赛过程等自身特点，调动和激发了研究生自觉主动参加科研项目研究的积极性和热情。

由于数学建模竞赛增加了他们的自信，使他们的科研能力得到了入门的训练和培养，因而他们有赛后积极参加导师主持科研项目的愿望和要求，由此也促进了指导教师和科研团队科研工作的开展和完成，甚至取得了预想不到的创新性成果。由于他们参加科研课题研究是自觉的、主动的，把参加项目研究看作是学习、锻炼、提高和作贡献的机会，是科研能力的培养和潜力的发挥机会，不是被动地被课题组雇佣，因而他们对课题的研究有了自然的兴趣和动力，甚至把自己看成是课题组成员，在研究过程中针对需要解决的问题，能不断提出新的研究思路、新的方法，工作中出现了废寝忘食的现象。

有一位同学，为了不打乱思路，集中精力，及时做出成果，竟然忘记了假期和春节，直到除夕老师作安全检查时，才发现他还在实验室的计算机上做课题。有的研究生在完成指导教师主持的课题同时，在研究过程中提炼出了自己的研究课题和方向，有的博士研究生刚毕业就在已有研究基础上，独立主持和承担国家和地方政府的科研项目，形成了自己独立的研究方向。

在我主持的多项国家自然科学基金资助项目和其他地方政府和企业支持的研究项目中，都有研究生参加研究，有的甚至就是课题组成员，由于大多课题都涉及数学建模问题，因为他们都参加过数学建模竞赛，所以很快进入了课题研究角色，在完成课题中起到了很好的作用，在理论上、应用上都取得了较好的成果，受到了应用部门和基金委的肯定。例如，我主持的国家自然科学基金委资助项目“大城市交通信号控制问题”研究，由于研究生同学的参加，在课题背景调研、数据获取、数据处理、背景建模以及模型和算法的适应性方面做出了具有新意的成果，在城市交通管理部门指导下，很快做出了阶段性成果，有的结果被城市交通管理部门采用，并在实际现场得到了检验，取得了较好的效果和效益，受到了城市交通管理部门的重视，有的成果曾在当地媒体和报纸上作了报道和推广。

在取得应用成果的同时，研究生和课题组成员一起针对实际问题中出现的大规模、多层次、多元化、大系统问题，以及系统运行的不确定性、扰动性的建模问题，在理论上和算法的实现上进行了探讨，特别对实际问题中，系统呈现的非凸、非光滑、非线性和高维优化建模问题，网络优化的 NP 难问题，进行了理论上的探讨和学术研究，对模型的可解性、可计算性及算法的复杂性等方面提出了不少新的问题，取得了较好的理论成果和进展，在一些重要学术期刊上发表一些有价值的学术论文。在此基础上，对实际问题中可能出现的没有统计规律可循的突发扰动应急决策的数学建模问题也进行了讨论和研究，并同国外同类课题组合作，开展了实时扰动修复（recovery of real time disruption ）的数学建模问题合作研究，并形成了新的研究方向，在理论上提出了最优解、近似解、实时解、部分解和偏解的概念。

有的研究生在合作研究的期间，被国外大学邀请为访问学者，或加入联合培养项目，进一步开阔了研究思路和方法。与此同时，也有的研究生将有关研究方法应用到物流供应链协调，逆向物流问题研究中，提出了新的研究思路和研究方向，在理论和应用上也取得了较好的成果。由于研究生在数学建模竞赛和教学中受到了基本的科研能力训练和培养，并对理论和实际问题的研究产生了渴望和兴趣，因而他们参加导师和课题组的科研项目研究积极性很高，并且进入角色很快，在研究中发挥了主动作用，做出了有时想不到的创新性成果，促进了科研项目的完成和开展，同时也给指导教师不断提出了新的问题，使教师的科研能力也得到了培养、更新和提高。因此，在此意义上，数学建模竞赛和教学活动既培养了学生，也培养了教师，提高了教师的科研能力，竞赛促进了科研项目的完成和成果转化，是促进教学和科研能力提升的好途径。

四、感想

中国研究生数学建模竞赛 20 年的成长和发展历程，表明了此项活动是培养研究生创新能力的成功之路，是研究生培养的重要环节，是培养具有综合能力人才不可取代的好途径，此项活动也因此受到了研究生的青睐和用人单位的肯定。曾参加过竞赛的同学很有感触地说，研究生在读期间能有机会参加中国研究生数学建模竞赛是学术上的享受、能力上的培养、意志上的磨炼、团队精神的提升，没有参加竞赛的研究生阶段是不完整的，是遗憾的。因此，进一步做好研究生数学建模竞赛是培养新时期创新型人才的需要，对培养研究生科研能力和综合素质是至关重要的好途径。20 年来，我的研究生数学建模竞赛指导工作和研究生培养的教学、科研指导工作经历使我感受到，竞赛培养了学生，竞赛培养了教师，竞赛培养了我，竞赛推动了教学，竞赛促进了科研，竞赛是研究生指导教师应该做好的事情。

做好研究生数学建模竞赛工作的前提是研究生培养单位对赛事的重视、支持和领导，这是竞赛工作顺利进行的基本保障。同时，有一个具有核心作用的指导教师团队的引导也至关重要。指导教师团队教师的奉献精神直接影响和带动了学生的参赛热情。20 年来，全国竞赛组委会专家组的指导教师已形成了赛事的指导核心，尤其是专家组组长朱道元教授默默奉献的精神影响和带动了全国的指导教师，大家自觉地把竞赛当作事业来追求，这种追求精神也直接影响了研究生，甚至有的学生把这种默默奉献精神当成了做事做人的准则。20 年来，我校的研究生数学建模竞赛指导教师团队先后有 10 多人参加，团队成员相对稳定，在工作中形成了自己的学术风格和工作风格，他们淡泊名利，吃苦耐劳，任劳任怨，在竞赛辅导和培训过程中，不分彼此，自觉主动完成和做好自己认为应该做的事情，使工作既协调又有节奏，我十分感动，大家共同感觉到竞赛和培训是一种愉快的工作，在一起工作是一种享受。这种团队合作精神又直接影响了研究生的组队和参赛过程，使参赛队员分工合作，配合默契，这也是参赛成功的基本环境条件，这种思维和风格甚至也直接影响到研究生在教师课题组的研究工作，甚至影响到毕业后的实际工作。

此外，中国研究生数学建模竞赛的命题和参赛论文评审是赛事的重要环节，是竞赛的生命线。经过近 20 年的积累，竞赛题目的来源更加广泛，深度更加适中，整体质量不断提高。目前，根据研究生的实际水平和兴趣，有的研究生提出参赛题目可以适当增加难度和强度，以便给研究生提供更多延伸和发展研究的余地和机会，题目有的问题并不一定希望参赛者在参赛期间能够完成和解决，但能引起研究生的思考和兴趣，以便赛后能继续研究，甚至能和毕业论文选题以及学术论文的发表联系起来，这正说明了研究生对竞赛的渴望和期待。

此外，也有研究生认为，在参赛论文的评审中，尤其是命题专家要注意发现和评审参考标准的不同，对于有一定创新思路和价值的参赛论文，要及时发现、肯定和鼓励，要能体现竞赛是创新能力的表达和发挥，不是寻求标准答案的“考试”，论文的评审和考试阅卷不同，竞赛论文是研究生创新能力培养和发挥的载体，应使之能够更加有效地调动和发挥研究生的创新能力。

赛后的完善、提高和继续工作也是赛事的一个环节，由于竞赛期间有时间的限制，参赛者有很多好的想法和思路在提交的竞赛论文中不能得到充分表达和体现，若能对参赛的问题在赛后及时地提炼和思考，会有更加完善和成熟的结果，也是对已提交的论文中的模型、算法和结果的进一步修改、校正和完善，这也是实际科研课题研究不可缺的环节。因此，做好赛后研究的继续工作，对研究生能力的培养应该颇有补益。

数学建模竞赛在教学改革及研究生创新人才培养中的探索与实践

中南大学　刘源远　刘新儒　邹雨琳

数学建模是用数学方法解决各种实际问题的桥梁。随着科学技术的发展，数学的科学地位、理论体系及应用范围都发生了巨大的变化。新兴的数学分支层出不穷，且相互交叉、相互渗透，大量新的数学方法正在有效地应用于社会、生活、科学的各个领域。

一直以来，我校将数学建模竞赛与数学实验、数学建模类课程内容有机结合，为更好地体现应用数学建模解决实际问题的过程，积极进行教学改革研究，进一步提高教学与指导能力，提高了学生的研究能力和综合应用能力，促进了创新人才的培养。

一、促进教学改革

为了更好地将问题驱动与数学课程相结合，我校在全校范围内开设了数值分析、科学计算与数学建模、数学建模方法导论、数学模型、数学实验与建模、数学软件等一批与数学建模有关的课程。

数学建模指导教师团队形成了数学建模问题驱动的课程、培训、指导相结合的教学思路，建立了包括教学案例、教学插件、教学课件等在内的丰富数学建模资源。数学建模团队不断完善数模相关课程教学、培训、指导工作，并积极开展相关教学理论探索与实践改革研究，形成了一套高效的系统性培训体系，以教学促进建模、以建模反馈教改，取得了瞩目的成绩。

在数学建模活动的推动下，我校出版问题驱动及数学建模类教材 8 部：《科学与工程中的数学方及应用》（刘源远等主编，中南大学出版社，2022 年）、《科学计算与数学建模》（郑洲顺主编，高等教育出版社，2022 年）、《概率论与数理统计（第三版）》（韩旭里主编，科学出版社，2013 年）、《线性代数（第三版）》（韩旭里主编，科学出版社，2013 年）、《高等数学（上册）》（韩旭里主编，科学出版社，2013 年）、《高等数学（下册）》（韩旭里主编，科学出版社，2013 年）、《科学计算与数学建模》（郑洲顺主编，复旦大学出版社，2011 年）、《数值分析》（韩旭里，高等教育出版社，2011 年）。

在总结有关教学、建模培训经验的基础上，我校于 2016 年将数值分析、科学计算与建模两门课程建设成为国家级精品资源共享课；2018 年将科学计算与数学建模建设成为国家级精品在线开放课程；并在疫情刚发生时成功将科学计算与数学建模课程建设成为国际 MOOC（慕课），供全世界受疫情影响的大学生远程学习。

我校在数学建模教学方面的工作，也得到了各方面的肯定，团队教师获得各种荣誉。其中，项目“高等数学开放式课堂教学模式的研究与实践”获 2019 年湖南省教学成果二等奖；项目“研究生数学建模教育创新的研究与实践”获 2016 年湖南省教学成果一等奖；项目“问题驱动的科学计算与数学建模研究型课堂教学模式的研究和实践”　获 2016 年湖南省教学成果三等奖；刘新儒获评 2022 年“中国光谷·华为杯”第十九届中国研究生数学建模竞赛先进个人；郑洲顺获2019年湖南省“芙蓉名师”；韩旭里获2018年享受国务院政府特殊津贴专家；韩旭里获2013年第十届全国研究生数学建模竞赛杰出贡献奖；任叶庆于2011年、2015年两次获评湖南省芙蓉百岗明星；秦宣云获评2011年“全国大学生数学建模竞赛优秀指导教师”。

同时，将数学建模教学、培训、指导有关工作进一步探索与研究，获得湖南省教改立项3项，获得湖南省教学竞赛奖3项，在国内外发表《研究生数学建模竞赛的变革与创新》[①]等问题驱动及数学建模类教改论文15篇。

图1 研究生数学建模培训专用教材

二、培养创新人才

为了进一步培养学生的创新意识及运用数学和计算机技术解决实际问题的能力，提高我校参加研究生数学建模竞赛的能力，在学校、学院的积极政策支持下，团队将数学建模竞赛培训贯穿教学过程，将全员全面培训与精英学生重点指导相结合。

注重过程培养。在学期教学过程的数学课程中，融贯数学建模思想，初步建立学生对实际问题与数学理论、方法之间的桥梁；周末，邀请有关专家给我校学生做有关科学计算、数学建模等方面的学术讲座，扩大学生的科学研究视野；学期快结束时，挖掘我校理工科优势资源，自主命题，开展校内研究生数学建模竞赛，充分调动学生的兴趣和积极性；暑期，组织团队教师对研究生数学建模赛题的变化、涉及的知识进行梳理、更新，并以专题形式对我校学生开展集中培训；竞赛前，广泛动员研究生报名参加中国研究生数学建模竞赛，进行赛事有关的全面培训，然后按指导老师进行分组，对参赛队员开展赛前重点指导。

培养覆盖面广。二十年来，全校参与研究生数学建模培训及竞赛的人数稳步上升，累计培训人数达1.5万人次、参赛人数1.0万余人次，培训、参赛、获奖的队伍覆盖我校几乎全部二级学院的各个专业，体现了数学建模在学生培养方面覆盖广、收益宽的特点。除了培训校内学生，我校还开展了面向省内兄弟高校研究生的暑期数学建模强化培训，并将培训资源共享。以上举措，为国家科技经济社会建设培养了一大批具备扎实数学功底、具有较强应用能力、能熟练进行科技论文写作的复合型人才。

竞赛成绩斐然。近20年来，我校参加中国研究生数学建模竞赛获得一、二等奖数量在全国名列前茅，连续多年获得优秀组织奖。其中，第十九届中国研究生建模竞赛中我校以一等奖3项、二等奖114项、三等奖108项的总成绩名列全国高校第一，研究生沈斌达、周李翰、李思队获“数模之星”奖，郑泽兴、王瑜辉、周正武队获中兴专项奖，实现了我校在该赛事上的重大突破；第十八届中国研究生数学建模竞赛中我校组织396支队伍参赛，以一等奖3项、二等奖70项、三等奖队71项的总获奖数名列全国高校第五。参加过数学建模竞赛的博士研究生肖楠获得2018年John M. Chambers（钱伯斯）统计软件奖，并受邀在加拿大温哥华举行的联合统计会议（Joint Statistical Meeting，JSM）上做学术报告。这是自2000年该奖设立以来，我国高校在读学生第二次获奖。

---

① 刘新儒，韩旭里，任叶庆. 研究生数学建模竞赛的变革与创新[J]. 数学理论与实践，2014，34（3）：121-218.

图 2　分组后指导老师进行赛前培训

三、结语

我校在数学建模教学与改革、参赛培训、竞赛组织管理等方面做了大量细致工作。通过数学建模竞赛的有关教学活动，培养了研究生的团结协作、文献检索、科研探索、科技论文写作、数学知识应用、计算机技术运用等能力，促进了创新人才的培养。

我们将继续努力，认真学习贯彻落实党的二十大精神，通过数学建模竞赛，不断提高研究生培养质量，为实现新的宏伟目标而不懈努力，勇毅前行。

数据型和机理型研究生数学建模竞赛题目的设计

华南理工大学　刘深泉

数学建模竞赛的生命力体现在建模竞赛的题目上。题目内容把握竞赛活动的内涵，引导竞赛活动的方向，推动研究生数学竞赛活动的发展趋势。目前中国大学生数学建模竞赛题目包括连续型、离散型和大数据题目 3 个类型；美国大学生数学建模竞赛题目包含连续型、离散型、大数据题目、运筹学/图与网络、环境可持续性和政策 6 个类型。研究生数学建模竞赛的题目没有限制，但题目的建模方法突破大学数学的范围，更加鼓励前沿研究的特色，探索未知的课题等。本人对数学和其他领域的交叉建模研究感兴趣，一直留意研究生数学建模竞赛题目的设计，由于从事数学科学和神经科学交叉领域的研究，在这个交叉领域设计了两个研究生数学建模竞赛题目，一个是数据型建模题目，一个是机理型建模题目。下面从这两个不同类别题目入手，探讨数据型和机理型研究生数学建模竞赛题目的设计特色。

案例 1：2010 年全国研究生数学建模竞赛 C 题——神经元的形态分类和识别

大脑是生物体内结构和功能最复杂的组织，其中包含上千亿个神经细胞（神经元）。人类大脑计划（Human Brain Project，HBP）的目的是要对全世界的神经信息学数据库建立共同的标准，多学科整合分析大量数据，加速人类对大脑的认识。

作为大脑构造的基本单位，神经元的结构和功能包含很多因素，其中神经元的几何形态特征和电学物理特性是两个重要方面。其中电学特性包含神经元不同的电位发放模式；几何形态特征主要包括神经元的空间构象，具体包含接受信息的树突、处理信息的胞体和传出信息的轴突三部分结构。树突、轴突的长变化导致神经元的几何形态千变万化。电学特性和空间形态等多个因素一起，综合表达神经元的信息传递功能。

对神经元特性的认识，最基本的问题是神经元的分类。目前，关于神经元的简单分类法主要有：①根据突起的多少可将神经元分为多极神经元、双极神经元和单极神经元；②根据神经元的功能又可分为主神经元、感觉神经元、运动神经元和中间神经元等。主神经元的主要功能是输出神经回路的信息，例如大脑皮层的锥体神经元、小脑皮层中的浦肯野神经元等。感觉神经元，它们接受刺激并将之转变为神经冲动。中间神经元，是介于感觉神经元与运动神经元之间起联络作用的动神经元，它们将中枢发出的冲动信号传导到肌肉等活动器官。不同组织位置中间神经元的类别和形态变化很大。动物越进化，中间神经元越多，构成的中枢神经系统的网络越复杂。

如何识别区分不同类别的神经元，这个问题目前科学上仍没有解决。生物解剖区别神经元主要通过几何形态和电位发放两个因素。神经元的几何形态主要通过染色技术得到，电位发放通过微电极穿刺胞内记录得到。利用神经元的电位发放模式区分神经元的类别比较复杂，主要涉及神经元的霍奇金-赫胥黎模型（Hodgkin-Huxley model）和拉尔模型（Rall model）的离散形式（神经元的房室模型）。本问题只考虑神经元的几何形态，研究如何利用神经元的空间几何特征，通过数学建模给出神经元的一个空间形态分类方法，将神经元根据几何形态比较准确地分类识别。

神经元的空间几何形态的研究是人类脑计划中一个重要项目，NeuroMorpho.Org 包含大量神经元的几何形态数据等，现在仍然在不断增加，在那里可以得到大量的神经元空间形态数据，例如附录 A 和附录 C。对于神经元几何形态的特征研究这个热点问题，不同专家侧重用不同的指标去刻画神经元的形态特征，例如图 1。

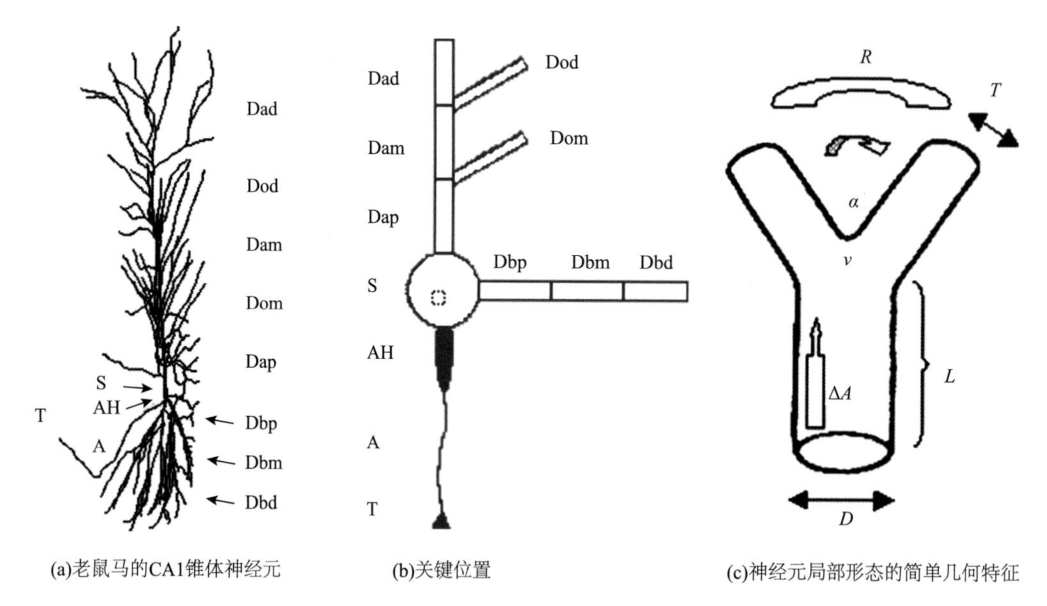

(a)老鼠马的CA1锥体神经元　(b)关键位置　(c)神经元局部形态的简单几何特征

图 1　椎体神经元的房室结构

注：D，树突；S，胞体；AH，轴突的开始阶段轴丘；A，轴突；T，轴突末端。树突的类型：a，树突顶端；b，树突基端；o，树突倾斜。树突的水平：（p），最近端；（m），中间端；（d），最远端－相对细胞胞体。D，树干直径；T，顶端直径；L，树干长度；ΔA，树干锥度；R，分支比例（前后分支的长度关系）；v，分支幂律（前后分支的直径关系）；α，分支角度

下面给出的神经元的粗略空间刻画以及附录 A 和附录 C 用标准的 A. SWC 格式给出的刻画。需要完成的任务如下。

（1）利用附录 A 和附录 C 中样本神经元的空间几何数据，寻找出附录 C 中 5 类神经元的几何特征（中间神经元可以又细分 3 类），给出一个神经元空间形态分类的方法。

（2）附录 B 另外有 20 个神经元形态数据，能否判定它们属于什么类型的神经元？在给出的数据中，是否有必要引入或定义新的神经元名称？

（3）神经元的形态复杂多样，神经元的识别分类问题至今仍没有解决，是否可以提出一个神经元分类方法，将所有神经元按几何特征分类？能否给生物学家为神经元的命名提出建议？（样本附录 A 和附录 C 的神经元是比较重要的类别，实际应该有很多其他类别）

（4）按照你们的神经元形态分类方法，能否确定在不同动物神经系统中同一类神经元的形态特征有区别？例如，附件 A 中有猪的浦肯野神经元和鼠的浦肯野神经元，它们的特征有区别吗？

（5）神经元的实际形态是随着时间的流逝，树突和轴突不断地生长而发生变化的，你能预测神经元形态的生长变化吗？这些形态变化对你们确定的几何形态特征有什么影响？

（6）参考文献

参考 1，神经元数据来源：http：//neuromorpho.org/neuroMorpho/index.jsp

参考 2，神经元数据来源：http：//senselab.med.yale.edu/NeuronDB/ndbRegions.asp?sr=1

参考 3，神经元数据来源：http：//krasnow.gmu.edu/L-Neuron/L-Neuron/database/index.html#Scorcioni

参考 4，神经元数据来源：http：//www.compneuro.org/CDROM/nmorph/index/topindex_tn.html

注 1　本题只考虑神经元形态特征，例如神经元的胞体表面积，干的数目，分叉数目、分支数目、

宽度、高度、深度、直径、长度、表面积、体积、树干锥度、分支幂律、分支角度等参数，或者其他形态参数，几何刻画神经元空间形态特征。

注 2 附录文件格式的描述，三维神经元的数据是标准的 A. SWC 格式。一个神经元根据形态空间结构可以离散为很多房室，这些房室用 A. SWC 格式文件描述。A. SWC 的格式中，每行包含有神经元一个房室的 7 个标准数据点。

（1）一个房室的标号；

（2）房室的类型（例如，0—待定，1—胞体，2—轴突，3—树突，4—尖端树突等）；

（3）房室的 x 坐标；

（4）房室的 y 坐标；

（5）房室的 z 坐标；

（6）房室的半径；

（7）与该房室连接的母房室标号。

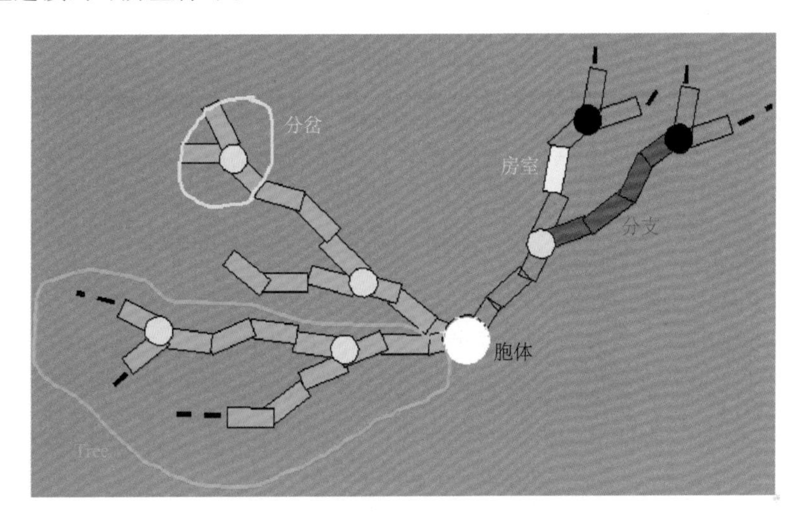

图 2 神经元基本房室结构模型

神经元空间形态和主要特征

（下列图形和数据特征是神经元的粗略空间刻画，仅给出不同类型神经元的大概认识，只是几何形态特征的标准描述。每类样本神经元和需要判别神经元的完整数据见附件 C 数据）

（1）运动神经元，详细空间数据见附录 C1，motor neuron-A；

（2）浦肯野神经元，详细空间数据见附录 C2，purkinje neuron-A。

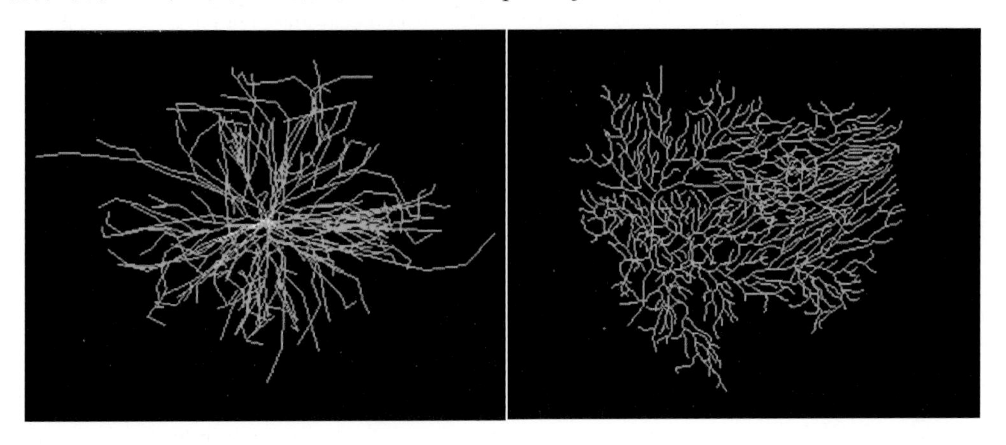

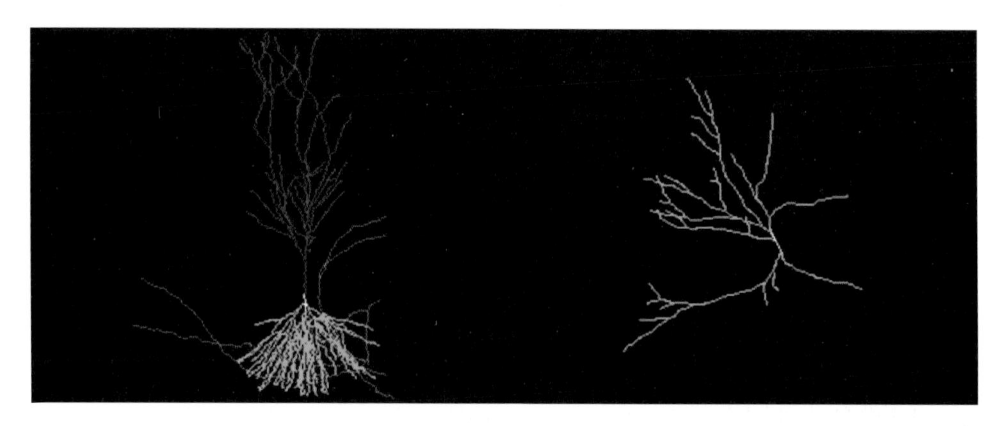

图 3 运动神经元和浦肯野神经元，锥体神经元和多极中间神经元

该竞赛题目是典型的数据型数学建模竞赛题目，竞赛的数据直接采用人类脑计划网站的原始实验数据，从 2006 年到 2023 年，NeuroMorpho.Org 积累了全世界 800 个实验室的实验数据，也是目前最大的可公开获取的 3D 神经元网站。竞赛的问题是神经元形态分类，建模的方法是聚类分析。由于竞赛题目数据和方法十分明确，该题目受到参赛同学的热烈欢迎。在研究生完成竞赛的过程中，大量同学访问网站 NeuroMorpho.Org，并咨询网站的国外专家，中国研究生数学建模竞赛产生了很好的国际影响。竞赛后，有研究生将研究成果写成论文，在国际期刊正式发表，也有研究生将该竞赛题目的问题作为硕士学位论文的研究内容。该数据型竞赛题目达到了很好的正面效果。

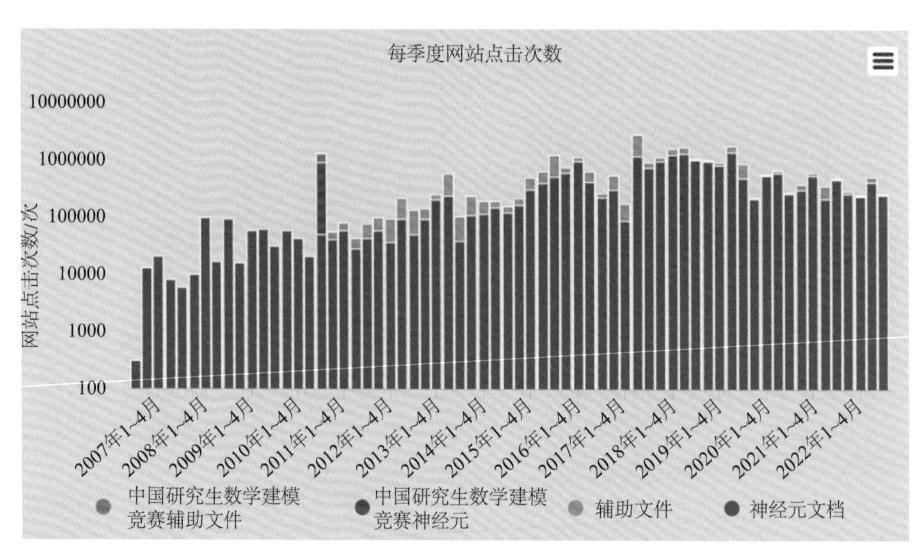

图 4 中国研究生数学建模竞赛的影响

注：该图片来自网站 Detailed Statistics (neuromorpho.org)

案例 2：2021 年中国研究生数学建模竞赛 C 题——帕金森病的脑深部电刺激治疗建模研究

一、背景介绍

帕金森病是一种常见的神经退行性疾病，临床表现的特征是静止性震颤、肌强直、运动迟缓、姿势步态障碍等运动症状。目前缓解帕金森病症状的治疗方法主要有：药物治疗、手术治疗和脑深部刺激（DBS）三种[2]。药物治疗用于早期帕金森疾病，手术治疗适用性较差且切除后不可逆。DBS 通过精确定位，选取脑内特定的

靶点植入刺激电极，通过输入高频电刺激，改变相应核团的兴奋性，达到改善治疗帕金森病症状的效果。DBS 治疗帕金森病的靶点包括丘脑底核（STN）和苍白球内侧核（GPi/SNc）的脑深部电刺激等[2]。

二、脑深部电刺激治疗

脑深部电刺激治疗帕金森病的机理来自基底神经节（Basal Ganglia，BG），基底神经节结构和丘脑-皮层（Thalamus-Cortex）结构如图 5。与基底神经节相关的神经核团（皮层、纹状体/dMSN/iMSN①、SNc、Gpe、GPi/SNc②、STN、丘脑）内部包括大量的神经元，核团之间相互连接，发生神经信息传递，经典的基底神经节神经团块结构中，神经信息的传导包括两条相互平行的信号传递通路[2]：直接通路（皮层→Str→GPi/SNr）和间接通路（皮层→Str→GPe→STN→GPi/SNr）。

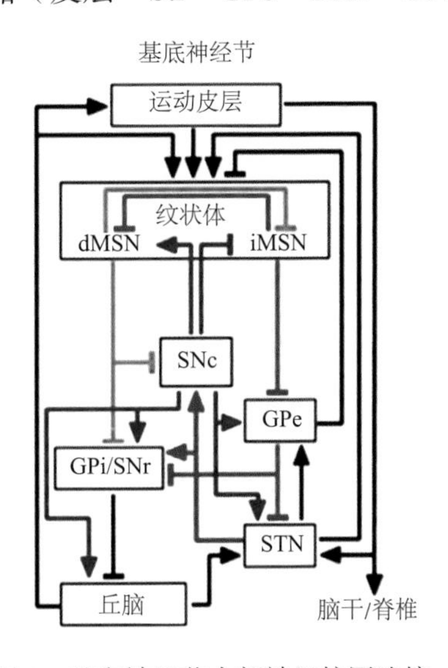

图 5　基底神经节内部神经核团连接

注：箭头方向代表兴奋，方块方向表示抑制，绿色路径是直接通路，红色路径是间接通路，蓝色路径是多巴胺

直接通路和间接通路分别通过丘脑兴奋或抑制运动皮层（图 6）。虽然帕金森病的病理机制目前仍

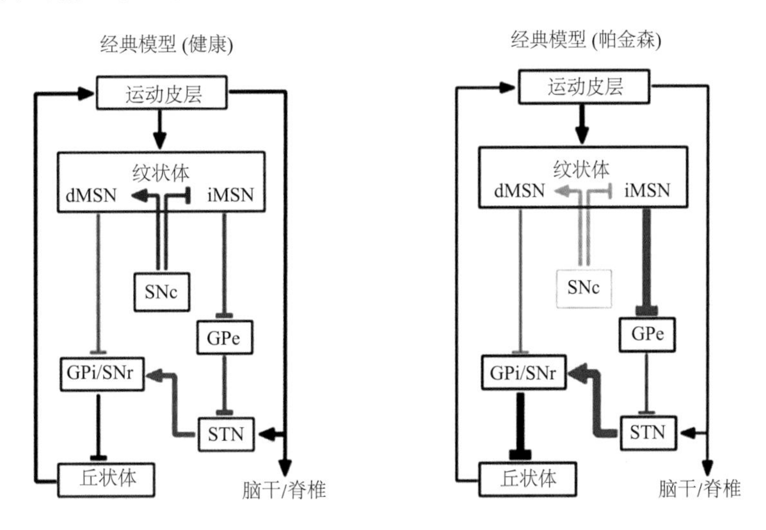

图 6　基底神经节内部神经核团的健康状态和帕金森（PD）状态

① dMSN：直接纹状体中棘神经元；iMSN：间接纹状体中棘神经元。

② SNc：黑质致密部；GPe：苍白球外部；GPi/SNr：苍白球内部/黑质网状部。

不十分清楚，但临床主流的观点是[2]：基底神经节黑质致密部（SNc）多巴胺能神经元的退化，纹状体多巴胺减少，破坏直接通路和间接通路之间信息传递的平衡，导致运动控制紊乱，临床伴随帕金森症状。

STN 直接参与基底神经节中直接通路的运动发起与间接通路的运动抑制之间的平衡。STN-DBS 对改善 PD 运动障碍神经机制、优化 DBS 参数对 PD 治疗策略等具有重要意义。同样，GPi-DBS 对 PD 运动控制也产生直接影响。

显然，帕金森病的脑深部刺激治疗的运动控制机理十分复杂，研究脑深部电刺激治疗的最优靶点选择和 DBS 参数（刺激强度和刺激频率等）优化，可以从基底神经节黑质核团的损害入手，模型分析基底神经节中神经元电位发放的特征指标；或者研究基底神经节中直接通路与间接通路之间的信息传递平衡，也许是解决 PD 难题的突破口[3]。

三、请你建模回答如下问题

问题 1：利用给出的神经元霍奇金–赫胥黎模型（附件 1），数值模拟外界刺激（包括直流刺激和交流刺激）情况下，单个神经元的电位发放情况，并给出神经元电位发放的特征指标。

问题 2：根据问题 1 的神经元霍奇金–赫胥黎模型，结合附件 1 中神经元之间的突触连接理论，建立基底神经节神经回路的理论模型，计算基底神经节内部神经元的电位发放（每个神经团块可以简化为 5～10 个神经元）。

问题 3：根据建立的基底神经节回路模型，理论分析正常状态（图 6 中健康回路）和帕金森病态（图 6 中的 PD 回路中去掉黑质 SNc）基底神经节回路电位发放的特征指标。

问题 4：利用建立的基底神经节回路模型，对帕金森病态的基底神经节靶点添加高频电刺激，可以模拟脑深部电刺激治疗帕金森病的状态。请模型确定最佳刺激靶点，是刺激靶点 STN，还是刺激靶点 Gpi？请模型优化刺激的参数，如电刺激强度、电刺激频率和电刺激模式等。

问题 5：在直接通路的神经通路中，或者间接通路的神经通路中，模型回答脑深部电刺激治疗是否存在其他最优电刺激靶点。

附件

附件 1　神经元霍奇金–赫胥黎模型和突触连接模型。

附件 2　神经传导编码—电位发放的特征指标。

附件 3　专业词汇中文英文对照表。

该竞赛题目是典型的机理型数学建模竞赛题目，该竞赛题目让同学用模型研究帕金森病的脑深部刺激治疗方法，机理是神经元有电位发放模型，题目本身有两个门槛：①神经元和神经网络的模型计算。②神经回路特征指标的提取。只有了解神经元模型机理并跨过这两个计算门槛，才能模型研究帕金森病的脑深部刺激治疗方法的靶点优化和靶点选择。尽管竞赛题目给出的参考文献详细介绍了模型计算步骤，但神经元电位发放的机理模型仍然阻挡了参赛研究生的选题积极性，只有几百支队伍选择该竞赛题目。该题目是很好的连续建模—特征优化的竞赛题目，问题解决有明确的医学临床意义。竞赛刚刚结束后，赛题的内容和建模方法得到数学领域和神经科学领域专家的响应，也有参赛同学将赛题研究成果在神经科学的世界主流杂志正式发表，得到神经科学领域国际专家的认可。

这两个不同类别竞赛题目的设计都是高大上的题目类型，符合研究生数学建模竞赛的题目要求，参赛同学都得到科研的综合培训，竞赛题目的研究成果都得到国内外专家和国内外主流杂志的认可。但从同学选题的结果看，数据型建模案例 1 受到研究生欢迎，机理型建模案例 2 却被研究生冷落。数据型建模题目和机理型建模题目的选题待遇，在美国大学生数学建模竞赛和全国大学生数学建模竞赛活动中也有类似情形，这说明中国研究生数学建模竞赛活动需要在建模机理的知识方面进一步深入。同时，也说明数据型数学建模是目前在研究生同学中最流行的风格。

参考文献

[1] NeuroMorpho.Org-a centrally curated inventory of digitally reconstructed neurons and glia.

[2] http://www.scholarpedia.org/article/Models_of_deep_brain_stimulation.

[3] Jian Song, Shenquan Liu, Hui Lin. Model-based Quantitative optimization of deep brain stimulation and prediction of Parkinson’s states. Neuroscience, 2022, 498: 105-124.

基于数学建模的理工科研究生研赛践训平台构建

重庆邮电大学　鲜思东

创新不仅是数字经济时代社会发展与“双一流”建设的主题，也是一个民族进步的灵魂，更是一个国家富强发达的不竭动力。创新能力主要包括创新思维、创新能力和探索精神[1]，是善于从不同的角度发现问题，综合运用知识，创造性地解决问题的能力。创新能力是研究生科学素养和科研能力的重要体现。当前，我国研究生人数虽然很多，但创新能力存在不足，主要表现为：①基础理论学习内驱力不足；②科研参与度较低；③高水平成果较少。这将严重制约数字经济时代的中国创造与社会发展，其本质是理论研究与运用的缺乏。

创新能力培养是研究生教育的核心内容，在众多培养研究生创新能力的途径当中，数学建模[2,3]是培养理工科研究生创新能力的重要途径。物联网、云计算的推进，加速了现代高新产业的“数字化”与“数学化”进程，使数学建模在培养研究生创新能力中显示出了超强的活力。数学建模在高校研究生教育中的地位与作用也正在发生变化，它已不再仅仅是学习后续课程与工程研究的工具，已成为培养研究生理性思想和文化素质的重要载体，成为提升研究生创新能力的有效途径。一直以来，部分工科研究生的数学基础薄弱，数学理论与知识仅仅被工科研究生作为专业学习的基础与工具，缺乏运用数学思想和方法解决专业问题的训练，尤其缺少将数学理论与工程社会实际融于一体的数学建模研训，这必然会影响其从事更高层次的专业研究与创新。为适应数字经济时代社会人才培养的需要和学校的发展，我们以研究生数学课程思政[4]为引领，以研究生数学建模理论研训为基础，以研究生数学建模竞赛[3]为激励，以研究生科技创新项目[5]为引领，以工程社会实践为抓手，以研究生综合能力提升为目标，构建了基于数学建模的理工科研究生研赛践训平台，探索理工科研究生创新能力培养的新途径，取得了很好的效果。

一、数学建模研赛践训平台是提高工科研究生创新能力的有力保障

数学建模可以提高研究生语言表达、逻辑推理、信息处理、计算机仿真和思维创新等综合能力。“要让研究生感受、理解知识产生和发展的过程”，以培养研究生的科学精神和创新思维，培养研究生的探索精神和实践能力，培养研究生的团队精神和协作能力。合理的研赛践训平台的构建，能够为研究生的创新能力的提高提供各种必要的保障和支持。首先，数学建模研赛践训平台以数学模型的学训为基础，以研究所/实验室/中心为基地，以科技活动为载体，以科技创新项目为引领，以数模竞赛为激励，进行理工科研究生创新能力培养。其次，进入研究所或企业参与的项目实践环节，通过实习和实践锻炼，进行数学知识的认识实践模拟仿真。最后，以科技项目或团队竞赛为基础，到大学生科技园进行项目孵化，从而带动更多的大学生进行数学实践能力的提升。

在研究生创新能力培养中，通过开设数学建模课程并构建研究生数学建模研赛践训平台，不断创新现有的教学指导方法。一方面，鼓励和引导学生积极参与数学建模学习，积极参与数学建模相关竞赛，达到以赛促学的目标；另一方面，积极引导学生主动将专业学习研究或工程实践中的实际问题转化为数学问题，进行数学建模，以提高学生学习的兴趣、主动性和积极性，实现以践促研。因此，数学建模作

为研究生创新能力培养的重要内容，不仅是研究生“学数学、用数学、秀创新”最重要的途径，也是充分挖掘研究生学术潜能，培养研究生从事理论创新和综合应用的必由之路。

二、数学建模研赛践训平台是提升工科研究生创新能力的基础

在创新能力培养中，通过数学实验教学平台，学生在教师、同学的帮助下主动获得知识。一方面，教师的教学思想可以影响学生，利用实践环节因材施教，可以为每一名学生提供合适的发展空间；另一方面，学生通过独立探索或者和同伴协作交流，可以进行知识意义的主动建构，其丰富的资源和较大的可选择性可以使学生在宽松的学习环境中逐步获得面向未来的能力。在这样一个过程中，学生是对信息进行选择性加工的主体，不再是简单的“存储器”。学生面对的认知材料也不再是教师单一的板书和口头讲述，代替它的是逼真生动的试验模拟和材料、饶有兴致的知识探索等等，使学生感到学习不再是一件枯燥乏味的事。同时也有利于发展学生的创造性思维，有利于学生从本质上把握所学的知识内容，有利于培养学生良好的学习习惯、科学的学习方法和自主学习的能力，从而促进他们整体素质的提高。

（一）建模理论教学是工科研究生研赛践训平台构建的基础

建模理论课程实践教学是整个创新实践平台的基础，其目的是通过具体的数学基础课程，使学生对各项数学知识、数学问题有较深入的认识和把握，改变学生以往理论知识的学习与实际问题的思考和解决完全脱节的惯性。我们在“矩阵分析”“图论”“随机过程”“统计分析与预测”“决策理论与决策支持”等课程中，除安排基础理论教学外，还安排一定学时的建模理论与实践教学。根据各课程的教学目标，将内容分解为教学单元，提炼每一单元或每一专题需要掌握的相应技能，采用案例分析、工程应用探究、课程作业等形式开展实践教学，学生以分析报告、设计书、策划方案等形式提交建模学习的成果。建模理论教学的目的是改变传统的单向灌输理论的教学方式，让研究生主动参与课堂教学，改变研究生以往“注重数学形式，忽略数学本质”的数学应用学习模式，引导研究生学会运用理论知识解决实际问题，并对本课程应掌握的数学思维、方法和技能有较为深入的理解和把握。建模理论课程教学使研究生在掌握数学理论知识的基础上，提升研究生的原始创新能力。

（二）建模训赛结合是工科研究生研赛践训平台构建的手段

建模训赛结合是全真式实践教学，研究生的角色由数学知识的学习者转变为数学知识的使用者，这样能够充分发挥研究生的主动性、创造性。建模训赛结合不仅培养了研究生的应用数学能力，更培养了研究生的专业技能和创新能力。建模训赛结合一般由三个阶段构成：①建模实战训练。由数学建模教学团队给出几个不同的工程实际问题，要求在规定时间内提交完整的建模论文及求解程序。大部分研究生通过建模实战赚取了“第一桶金”，由此更增强了对数学建模的感性认识，培养了研究生的数学创新意识、数学创新能力以及团队合作意识与能力等。②成果汇报交流。我们将研究生完成的建模论文进行汇报交流，根据不同题目将研究生与教师分成不同的小组，由指导教师、研究生共同组织汇报交流会。③以训促赛，训赛结合。在实战与交流的基础上，组织研究生参加全国数学建模竞赛，通过竞赛，激励研究生主动“学数学，用数学，秀数学”的热情。在指导教师的帮助下，部分研究生将建模成果修改为学术论文进行投稿。研究生把建模训赛结合誉为“数学的乐园，精英的摇篮”。

（三）工程项目实践是工科研究生研赛践训平台构建的关键

为了进一步培养研究生用数学的意识，提高研究生用数学的兴趣和能力，应用数学思维、数学技能，解决工程实际问题，根据研究生的专业与研究方向，在数学建模指导教师与研究生导师的共同指导下参与工程项目，运用所学的数学理论，解决工程项目中的各类复杂问题，抽象出理论模型，创新求解算法，

测试仿真系统，通过具体工程项目，实现或提出一类工程问题的原型模型、优化算法、仿真系统等。根据工科研究生创新能力要求，我们从第三学期开始，安排研究生进入导师的研究团队，参与导师团队的研究项目，参与策划项目需要解决问题的算法设计、稳定（鲁棒）性分析、精度分析等。工程项目实践需要综合运用相关数学与计算知识，结合研究生自己的专业知识背景，分析解决实际问题。通过工程项目实践活动，不仅培养了研究生完成工程项目的数学与工程技能，同时，也锻炼了研究生的团队合作、人际交往等社会能力和信息收集、分析等学习能力。

（四）综合创新研究是工科研究生研赛践训平台构建的核心

综合创新研究主要是以研究生的工程研究项目和研究生创新项目为背景,其目的是充分利用高水平、开放型教学研究型大学丰富的教学经验、科研成果、工程实践等优质资源，使研究生在掌握本专业基本知识和技能的基础上，进入专业科研领域，接触学科前沿，了解学科发展动态。通过实际的研究和工程实践，培养学生的合作精神、创造精神和创新能力，并在实践的同时激发学生进一步深入学习理论知识和探究未知的积极性与热情。研究生在导师的指导下，结合自己数学建模的能力选择主持或参与工程研究项目或研究生创新项目，一般安排在第 2～3 学年进行，通过主持或参与工程研究项目或研究生创新项目，培养研究生的创新意识和创新精神。

三、基于数学建模的多维协同是培养工科研究生创新能力的有效模式

数学建模是研究生“学数学、用数学、秀创新”最重要的途径，在工科研究生创新能力培养中起着重要的作用。工科研究生数学建模教学改革是培养创新能力关键，也是提高研究生教学质量的核心所在。以教育部启动的“研究生教育创新计划”为指引，针对数学建模在工科研究生创新能力培养中的重要作用，我校对研究生数学建模的教学改革进行探索研究，主要从研究生创新人才培养体系、数学建模课赛训践研创新平台建设以及研究生导师构建与人才培养等，提出了基于数学建模的多维协同培养模式。具体如下。

（一）更新教育观念，优化教学设置，激发研究生学数学的动力

以创新能力为主要内容的综合素质的提高是研究生培养的主要目标。数学建模教学作为实现研究生培养目标而采取的重要手段之一，要服务于研究生培养目标，服从培养计划。我们打破只在数学内部进行改革的做法，广泛、深入了解各个工科专业培养需求，组织数学教师和各专业的研究生导师进行研讨，从研究生培养目标的需要出发，并结合我校研究生的实际情况共同制定新的教学大纲。不仅在基础学位课程中融入数学建模知识，而且通过与专业教师的交流，优化数学建模的教学体系和教学内容，遴选符合学科特色的教学内容，更新学科需要的前沿数学知识，融数学建模教学入研究生创新人才培养的大系统，激发研究生运用数学知识分析问题和解决问题的积极性。

（二）课赛研践结合，以研践赛促学，提升研究生应用数学的能力

以数学建模课程为基础，以研究生数学建模竞赛活动为切入点，以研究生科技创新项目研究为引领，以研究生社会工程实践为抓手，拟构建数学建模公共学位课、数学建模专业选修课和数学建模微型课三种层次，和数模讲堂、数模实战训练、数模竞赛、科学研究和社会工程实践五个阶段的“三层次+五阶段”立体化的基于数学建模的研赛践训平台，“课+赛+研+践”结合，融为一体。重点打造“中国研究生数学建模竞赛”与“科技创新项目”，以“中国研究生数学建模竞赛”和“科技创新项目”研究为契机，将数学建模的思想融合到研究生的教学、科学研究与社会实践之中，持续提升研究生运用数学建模解决实际问题的内驱力。

（三）强化双师能力，创新导师模式，增强研究生秀创新的潜力

工科研究生在科学研究和工程实际中，会大量应用数学建模的思想和方法，特别是研究生在进行社会工程实践工作时，首先将社会实践中的实践问题提炼成科学研究问题或项目，在此基础上进行分析求解，因此数学建模常常是求解问题的关键。为此，鼓励数学建模指导教师积极担任工科研究生导师，形成一支“建模指导+学术指导”相结合的“双师型”工科研究生导师团队，于2021年获评重庆市研究生优秀教师团队，通过竞赛指导与学术指导，参赛学生发表高水平学术成果数量与质量同步增加，“双师型”导师深受学生欢迎，不断增强工科研究生的潜力。

四、结束语

基于数学建模的理工科研究生研赛践训平台在培养高素质开拓型人才中起到了其他途径无法取代的独特作用。基于数学建模多维协同的研究生培养模式贯穿研究生创新能力培养的全过程，使研究生通过不同形式的反复研究实践，掌握数学的基本理论与运用数学解决实践问题的综合技能。近两年来，学校每年有超过300人参加中国研究生数学建模竞赛，在全校形成了“学数学、用数学、秀数学”的良好氛围，数学建模课程于2021年建成为重庆市一流本科课程。我校不仅在中国研究生数学建模竞赛活动中持续取得优异成绩，2016年以来还连续7年获得中国研究生数学建模竞赛优秀组织奖，通过数学建模研践训赛的研究生先后发表SCI期刊论文90余篇[5]，有效地提高了研究生的创新能力和人才培养质量。

参考文献

[1] 张国琼. 数学建模与研究生创新能力培养[J]. 学问，2009，2：28-29.

[2] 刘勇，何晓川. 数学建模与研究生创新能力的培养[J]. 中国研究生，2009，6：48-50.

[3] 孙健伟. 学科竞赛对研究生创新能力的影响研究：以数学建模竞赛为例[D]. 南昌大学，2012.

[4] 崔楠，丁彤彤. 研究生课程思政体系构建的“四个维度”[J]. 沈阳工程学院学报（社会科学版），2021，17（4）：130-134.

[5] 王兰珍，赛江涛，张志强. 研究生科技创新项目实施与学术创新能力培养——基于北京林业大学的实证分析[J]. 研究生教育研究，2015（1）：53-57.

研究型大学研究生交叉学科应用创新能力培养机制的探索与实践

西安交通大学　陈　磊　赫孝良　朱　旭

随着大学生、研究生教育中专业相对细化、学科模块相对分割，不少学生存在重专业轻基础，重理论轻实践、重应用轻创新等现象。更为突出的是，在各自专业的学习研究中严重缺乏学科交叉的意识和能力，这反映出在大学生、研究生教育中亟待解决的几个问题：学科专业相对分离，应用实践相对独立，合作创新相对缺失，学科交叉意识相对淡薄。人类社会进入信息社会、网络时代，使得数学教育的模式发生一场变革。西安交通大学杰出校友、国家最高科学技术奖获得者吴文俊院士曾给数学建模专门题词："数学要真正得到应用，数学建模是取得成功的最重要途径之一。"国家最高科学技术奖获得者谷超豪院士也题词："工欲善其事必先利其器，数学模型和数学技术就是现代的器。"由此可见，学生综合创新能力的最终竞争取决于其数学素养。近年来在我国普遍兴起的数学建模教学和竞赛，打开了新思路，开辟了新途径，工程数学建模是数学知识和应用能力共同提高的最佳结合点，是启迪创新意识和创新思维、锻炼创新能力、培养高层次人才的一条重要途径，也是激发学生求知欲，培养主动探索、努力进取、学风和团结协作精神的有力措施。但是，开展工程数学建模教育，应有其独特的教育模式，要结合学生的年龄特点、知识结构和智力水平，遴选适当的教学内容，分层次逐步推进，分阶段培养工程数学建模能力，从而达到全面提高学生数学素质的目的。

为此，在我校研究生院和教务处的大力支持下，从 2008 年起，我们以中国研究生数学建模竞赛为中心，连接基础学习和多学科交叉应用，构建面向全校的交叉学科应用实践大平台，以期实现：拓宽厚实的数学及专业知识基础；强化不同学科专业的交叉融合；开展群组式的合作研究；促进学科交叉、学生创新能力的锻炼提升。经过 15 余年的探索与实践，基本实现了预期目标，现已形成突出交叉学科创新能力培养的大学生和研究生教育实践机制。

一、创建了"分层次、问题驱动、学科交叉"的教学模式，满足学生个性化需求，强化应用意识，扩大了学生的参与度

我校提出以竞赛为中心关联数学基础及专业基础知识学习、交叉学科学生结合、辐射各个学科的竞赛训练实践模式，形成了以培养学生交叉学科创新能力为目标的培养机制。以学科交叉为出发点，以数学建模竞赛问题为驱动，编写了数学基础和工程专业相融合的系列教材以及建模能力培养提高类系列教材，开设了多门本科生和研究生必修或选修课程，每年听课学生超 500 人，促进了"两基"的加强与夯实。采用分层次教学，理论教学和实践相结合，同时融入科研素养的培养。根据学生的需求和水平差异，制定三个层次教学计划，相应调整教学内容和实践强度，尽可能使每个学生收获最大。课程和培训教学分为初、中、高三个层次，初级班培养学生应用数学解决实际问题的意识和兴趣，中级班系统学习数学建模技术，高级班强化自主学习、解决实际问题，学生根据需求和现有水平进行选择。教学中以不同专

业实际问题为驱动，采用模块化教学，发挥专业教师优势，促进学科交叉。编写了以问题驱动为主线、提升学生实践创新能力为目标的教材3部及讲义1部，开设了3个层次的数学建模选修课/培训课，其中“数学建模与数学实验”获批2012年陕西省精品资源共享课，还面向研究生开设了“高等数学建模”课程。近5年来，自主命题22个。在数学建模课程/培训过程中，学生都须历经多次模拟赛题实践，每次均以论文形式呈现其结果，并须以PPT形式进行限时答辩。教师将对其论文中存在的问题，如解决思路、方法运用、资料查找、论文写作等问题给予面对面、一对一指导，并让学生多次反复修改，使学生具备科学研究的基本素养。

二、组建了一支稳定的多学科交叉的教师队伍，保证了课程的可持续发展

这是一支以数学教师为主体、工科专业教师参与的骨干队伍，主要负责研究生数学建模竞赛的培训和指导，中青年教师因此得到了锻炼和提高；此外，我们还邀请了国内外不同学科方向的院士、国家自然科学基金杰出青年基金获得者等专家教授开展交叉学科前沿讲座和方法指导，这不仅开阔了学生的视野，更激发了学生对数学建模的浓厚兴趣。该队伍的10余位骨干教师来自数学、能动、电气、电信等专业。数学教师和专业教师发挥各自专业特长，互相交叉，科教融合，教研相长。教师通过参与数学建模教学和竞赛指导，自身水平也得到了提升。通过模块化教学促进教师队伍的建设。模块化教学使得来自不同学科的教师均可发展自己专业特长，减少了任课教师的繁重备课任务。教师将自己的科研融入教学中，使学生接触到学术前沿，也可吸引优秀学生加入自己的课题组。另外，通过为数学建模命题、阅卷，了解不同专业学生的想法，也是对教师科研的一个促进和提升。本团队中4人荣获中国研究生数学建模竞赛先进个人称号，1人荣获全国优秀指导教师称号，2人荣获陕西省优秀指导教师称号，1人获得西安交通大学“我最喜爱的老师”称号，3人荣获西安交通大学实践教学突出贡献奖，2人、1门课程入选2017年西安交通大学“名师、名课、名教材”建设工程，团队核心成员主持各类科研课题11项，并承担了教改项目8项、课程建设项目5项（其中主持8项，省部级8项）。

三、开设全年贯通式数学建模课程/培训，搭建与科研融合的实践平台，达到对学生创新能力的连续性培养

中国研究生数学建模竞赛赛题的多学科交叉性和综合性引起了全校师生对学科交叉问题的高度重视，尤其是引起了广大导师对提高大学生和研究生交叉学科创新能力培养的普遍认同和大力支持，形成了利用研究型大学的条件和优势大力培养大学生和研究生交叉学科创新能力的氛围，通过宣传优秀学生事迹和举办前沿讲座吸引更多学生参与数学建模竞赛活动。每年组织数学建模竞赛国家奖和国际奖获得者进行获奖论文宣讲并分享心得体会，从而激励并鼓舞低年级学生积极参与。一方面，每年3、4月开设数学建模初级课程；5～7月举办校内赛；6～8月开设系统的数学建模课程/培训，强化训练；9月份指导学生参加国赛；10月～次年2月开展赛后总结；从而实现全年贯通式培养，学生可以根据需求随时加入学习。另一方面，助力、协助参加完课程学习及竞赛的学生解决导师课题、项目中的数学建模问题，对撰写科研论文、毕业论文等提供一定指导，持续性培养学生的创新能力和科研潜力。据不完全统计，2008年至今，数学建模课程及培训受益学生超过一万人，其中近五年，获得全国一等奖 14 项，全国二等奖169项，全国三等奖215项，获奖比例位居全国所有高校前列，连续五年获得优秀组织奖。

四、校企融合助力研究生利用数模技术解决实际问题能力，同时促进研究生专业实践交叉能力提升

利用所建设的能源化工交叉创新实践基地，为高校与社会、行业以及企事业单位建立密切联系，从

而使得培养的人才更符合社会的需求。该实践基地以我校能源动力工程学院为牵头单位，联合南京天加热能技术发展有限公司、广东晟恺热能设备有限公司、上海汽车集团股份有限公司、上海蔚来汽车有限公司、南京天加空调设备有限公司和海尔集团等共同建设，并由共建单位主要领导担任基地的负责人。与共建单位共同制定培养目标、规划培养方案、设计课程体系、开发优质教材、组织指导团队、实施培养过程、评价培养质量。此外建设专兼结合指导教师队伍，使得学生兼顾多个学科门类的知识。项目通过课内外结合，实现课程交叉、学生交叉、课外实践交叉的三位一体的全方位交叉，促进学生基础知识的交叉融合，为提升研究生跨学科创新能力奠定坚实的基础。在课程交叉方面，首先，通过对专业相关课程进行教学及教材改革，将最新的实践内容引入新的教材之中，比如在新版的《传热学》教材中，将MATLAB软件求解传热问题引入，这不仅大大提升了学生利用通用计算软件解决实际问题的能力，而且基于通用计算软件也更有利于大学生和研究生进行学科的交叉融合，促进了学生交叉学科创新能力的提升。其次，鼓励和引导学生通过选修其他专业选修课，实现自身专业知识的交叉融合。这样一方面可以扩大知识面，另一方面有利于不同专业知识的碰撞，从而有利于创新思想的激发。在学生交叉方面，根据研究生数学建模竞赛的要求，在组织学生创新实践活动时，学生通过按照来自不同专业组队的原则组建合作小组，以此促进学生交叉学科知识的获得，利于创新思想的激发并提升各自的创新能力。组成的小组既可以是同年级不同专业，也可以是不同年级的组队，该小组通过相互配合共同解决一个跨学科的实际问题，并提交完整论文一篇。这样的组织安排不仅可以锻炼学生沟通交流能力、论文写作能力、计算机运用能力，还可以培养学生的团队协作意识和提高其跨学科创新能力。引导学生将理论知识应用于实践，通过参与实验台位设计，验证创新思想，将理论和实践有机结合巩固所学知识，培养学生学习兴趣和创新能力。我们的实践教学依托于热流科学与工程教育部重点实验室及其承担的国家、省部级及企业课题和教学、科研实验台位。实验平台分为基础认知型平台、基础设计型平台、专业综合型平台和研究创新型平台，特别是后两者不仅涉及能源动力本专业的知识，还涉及机械、电气、材料、生物等学科的知识，这也就客观地促进了学生进行跨学科探索。学生根据自己的课程进度和学习需求可以选择不同层次的实验台。实验命题来自企业工程实际问题，这些题目往往需要综合利用数学建模技术和行业专门技术，通过参加这些实验激发他们创新的欲望。高校与企业联合育人这种实践育人形式，适合多学科交叉的学生实习、实践、创新创业，并可为学生就业奠定坚实基础。此过程也锻炼了研究生利用数学知识和技术解决工程实际问题的能力，可有效衔接研究生和企业用工的要求。同时该模式可推动高校转变教育思想观念，改革人才培养模式，加强实践教学和创新创业教育环节，提升高校学生的创新精神、实践能力、社会责任感和创新创业能力，推进研究型大学大学生和研究生创新能力的提升。

五、科教融合，提升了学生分析、解决实际问题的能力和创新意识，挖掘了学生潜能

在15余年摸索实践的基础上，按照“问题驱动，基础先行，学科交叉，实践提升”的总体思路，逐步确立、完善了数学建模竞赛的实施方案。通过积极动员，精心组织，在吸引更多大学生和研究生参赛的同时，组建具有不同学科背景的学生小组，扩充竞赛相关知识，开展暑期夏令营进行模拟训练、讨论讲评，选拔参赛队伍，鼓励赛后结合自身的研究问题继续合作与讨论，开通网络课堂等环节，实现了提升大学生和研究生交叉学科创新能力的目标。在学生的基础理论加强、交叉学科知识拓展、教师队伍成长、学生科研能力提升及拔尖人才培养等方面取得了可喜的成绩。本团队在近年来，共出版教材4部、专著2部，在国内重要教学刊物及会议上发表教改论文10余篇，组织承办第十四届中国研究生数学建模竞赛、全国性数学建模教学研讨会各1次，受邀做大会报告2次，受邀到中国科学院大学做讲座1次，参与获得国家教学成果奖二等奖1项、陕西省教学成果奖特等奖1项、陕西省教学成果奖一等奖1项和西安交通大学教学成果奖特等奖、二等奖各 1 项。近五年获得中国研究生数学建模竞赛国家一等奖 14

项，并连续荣获中国研究生数学建模竞赛优秀组织奖，多支参赛队伍应邀在中国研究生数学建模竞赛颁奖大会上做报告，很多经过该平台实践的学生科研能力明显提升，不少学生毕业后到国内外知名高校任职或深造，他们都深感数学建模对自身发展成长起到了巨大作用。

六、结论

我校通过以竞赛为中心关联数学基础及专业基础知识学习、不同学科学生交叉结合、辐射各个学科的竞赛训练实践模式，形成了以培养学生交叉学科创新能力为目标的培养机制，数学建模课程及建模培训面向全校各专业各年级学生开设，在全校学生中影响很大，学生受益面广。我校近多年实践的成果总结如下。

（1）建立了具有“分层次教学，问题驱动，学科交叉”显著特点的育人模式。培养了一批基础理论知识扎实、实践动手能力强、具有创新创业意识和能力的优秀学生。

（2）提出了全年贯通式和持续性培养模式，学生从大一到大四及在研究生期间随时可以参与，通过数学建模课程培训及竞赛发现优秀学生，搭建了优秀学生与教师研究团队之间的桥梁，引领学生进入诸如院士、领军人才率领的课题组和科研平台，为学生创造了施展才华的空间，培养了创新拔尖人才。

（3）创建了跨学科协同育人模式，组建了一支具有交叉学科背景的承担前沿科学研究的教师队伍，同时一些高水平的科研工作者也加入了课程教学、数模竞赛指导、课外研讨与科研训练。在数学建模过程中，教学支撑了科研，科研反哺了教学，整个过程极大提升了大学生的创新意识和实践能力。

今后，我们将继续努力，使以中国研究生数学建模竞赛为中心的研究生教育实践机制得到进一步完善。

西安理工大学研究生数学建模竞赛培训参赛经验谈

西安理工大学　秦新强　戴　芳　徐小平

2012 年在中国研究生数学建模竞赛举行到第九届之时，西安理工大学首次组队参赛，直至 2022 年中国研究生数学建模竞赛举办 19 年之际，我们学校也走过了 11 年的竞赛培训与参赛路。参赛队由最初的 3 支，扩展到近 60 支。回顾过往，我校的研究生数学建模竞赛也是经历了学习取经、探索实践和自成体系的培训三阶段。2012、2013 年向兄弟院校取经学习，组队培训、参赛，积累了经验，对研究生的数学建模竞赛有了新的认识；2015 年开始探索适合我们学校的培训方法，同时，研究生院出台各种奖励与激励政策，在全校广泛宣传动员研究生积极参与，参赛队伍规模逐年扩大，竞赛成绩逐年提高。2015 年以来，每年都有一等奖获奖队伍，曾获得满员 3 个一等奖，列陕西省首位。学校及应用数学系的组织工作及参赛成绩获得组委会的肯定。2016～2022 年连续七年获得优秀组织奖。参加数学建模培训与竞赛的学生的数学建模能力、数值计算能力和实际问题解决能力显著提高，深受各专业导师的肯定。中国研究生数学建模竞赛提高了研究生的科研能力和创新能力，成为新时期人才培养的新赛道。

2022 年 9 月 26 日随着中国研究生数学建模竞赛落下帷幕，中国的研究生数学建模竞赛的历程已走过 19 年。早在 2003 年，由东南大学、南京大学、中国科学技术大学、合肥工业大学等江苏、安徽多所高校研究生会联合发起的“南京及周边地区高校研究生数学建模竞赛”犹如一朵稚嫩的小花，经过无数学校、竞赛组织者的辛勤灌溉与培育，现在已经开遍全国大江南北，硕果累累，蓬勃向上。无数研究生从中获益，扩展了数学知识，学会了数值计算，培养了创新思维，提高了科研水平，增强了用数学分析问题、解决问题的能力。

我校研究生在 11 届的参赛历程中，共有近 500 支队伍参加了竞赛，有 2000 多名研究生参加了赛前培训，参赛的学生不仅有数学、物理等理学专业的研究生，而且还有自动化、电气工程、机械、水利水电等工科专业以及管理专业的研究生。他们取得了较好的竞赛成绩，并且从中获益匪浅。我校经过前两届参赛尝试以后，从第三届参赛开始，每年都有一等奖，平均获奖率在 60%以上。值此中国研究生数学建模竞赛二十周年庆祝之际，也值得总结一下我们学校的参赛经验，分享共勉。

一、十一年参赛，成绩令人鼓舞

在中国研究生数学建模竞赛举办到第九届的 2012 年，在西安理工大学研究生院的支持下，在没有任何培训和参赛经验的情况下，我们首次组队参赛，第一次由数学、物理、力学 3 个学科的 9 名研究生组成 3 支队伍，经过简短培训，匆忙上阵，意外收获 1 个二等奖、1 个三等奖。次年，恰逢该赛事成为教育部学位与研究生教育发展中心的主题赛事，各个学校都更加重视，我们学校再次组建 5 支队参加竞赛，并获得 3 个二等奖、1 个三等奖的成绩。两次试水取得的不错成绩，起到了激励作用，增强了我们继续参赛的信心和决心。

第九届"华为杯"全国研究生数学建模竞赛

获奖证书

授予 西安理工大学 赵茹

荣获 二等奖

出色表现于第九届"华为杯"全国研究生数学建模竞赛。

上海

Date：2012.12.8

图 1　2012 年西安理工大学首次参赛获得二等奖、三等奖各 1 项

两次试赛，8 支队伍参赛获奖 6 个，不仅收获了信心，更积累了参赛经验。2014 年在学校研究生院进一步的支持之下，组建 15 队参赛，首次获得 2 个全国一等奖、5 个二等奖、3 个三等奖，获奖数达参赛队伍的 2/3，远超 34%的全国平均获奖率。更出乎我们预料的是，在 2015 年的第十二届竞赛中，我校组建 27 支队参赛，经过一个暑期的高质量培训，有 23 支队获奖，获奖率高达 85%，获得一等奖 3 个，二等奖 14 个，三等奖 6 个，拿满全额 3 个一等奖，排在当年陕西高校第一，在全国各高校名列前茅，第一次荣获组委会颁发的"优秀组织奖"。从此，我们根据我校学生实情逐步建立起有效的培训模式，每年有近 200 支队伍参加培训，组队 55 支以上参赛，每年均有一等奖获得，获奖比例均超 60%，连续 7 年被竞赛组委会颁发"优秀组织奖"。

图 2　2014 年第三次参赛获得 2 个一等奖的学生合影

图 3　2015 年荣获 3 个一等奖并首获"优秀组织奖"

表 1　西安理工大学研究生数学建模竞赛获奖一览表（2012～2022 年）　（单位：个）

获奖数/参赛队数	一等奖	二等奖	三等奖	成功参赛
277/432	15	116	146	155

十一年来，我校在中国研究生数学建模竞赛中的成绩能够持续保持稳定，离不开研究生院的大力支持，离不开理学院、应用数学系负责人的精心组织，离不开在暑期前后进行培训指导的各位教师，回头看来，值得总结，值得坚持。

二、重视培训，强化数学应用

（一）加强培训，提高研究生的数学应用能力

西安理工大学属于陕西省地方院校，每年报名参加研究生数学建模竞赛的学生 90%没有参加过本科

阶段的全国大学生数学建模竞赛，对数学建模竞赛方面的知识知之甚少，仓促上阵注定不会取得好的竞赛成绩，于是我们借鉴我校本科生数学建模竞赛的培训模式，自 2014 年开始每年对报名参赛的学生加以赛前培训，由应用数学系的十余位硕士生导师负责此项任务。春季开始进行校内宣传，组织学生报名，进入夏季开始培训。

培训模式就是从 6 月开始，将三四倍于正式参赛的学生分配到各位指导教师名下，分头培训。由易到难给学生布置具体建模题目，选题来自不同数学分支、不同的具体问题，每周一套题，集中时每支队伍讲解论文、大家讨论交流，指导教师点评、指正错误，大家相互学习。一周一次的实战训练很见实效，在此培训期间研究生的建模能力、计算能力和论文写作能力大幅提升，为竞赛取得好的成绩奠定了坚实的基础。每年大约做题十套，使学生在模型建立、模型求解、论文写作方面得到全方位的训练和学习。从问题入手，以解决问题为目的，学生的兴趣会更高，学习动力会更足，获取新知识的速度会更快，因而也显现了更好的培训效率。这也是我校近十年来所坚持和保持的特有的培训方式，也是我校研究生数学建模竞赛成绩稳步提升的主要特色。2016 年开始，参赛队伍数量大幅度提升，每年组队超过 50 支，每年都有国家一等奖获得，获奖率均高于全国平均获奖率的 2 倍以上，越来越多的在校研究生报名参加培训，优选后参赛。无论是经过参赛的学生还是培训的学生，其数学建模能力和模型计算能力都得到了很大的提升，数学应用能力也有了跨越式的进步，对他们研究工作的开展起到了很好的推进作用。

（二）政策支持，激发学生的参赛积极性

自 2012 年参加研究生数学建模竞赛活动以来，学校研究生院多次出台政策激励、鼓励在校研究生踊跃参加培训和竞赛。首先，每年提供经费，解决参赛费、竞赛期间的住宿费以及培训期间的各种花费。其次，学校及时出台了对获奖学生的奖励政策，如评优加分、奖学金加分以及奖金奖励，对教师的指导工作量也给予认定、奖金奖励，这些很好地调动了广大师生参与此项活动的积极性。

十多年的数学建模培训和竞赛，形成了我校行之有效的数学建模培训模式，提升了众多研究生的数学建模能力，也提升了教师的数学建模能力和数学建模竞赛培训指导能力。这是十多年的实践换取的宝贵经验，也是我校本科生和研究生数学建模培训和竞赛活动持续开展的有力保障。

三、任重道远，追求更高更强

2022 年是我校研究生参加中国研究生数学建模竞赛的第十一年，走过十一年的建模培训与竞赛之路，回顾过往，值得坚持，更需要进一步提高。

一是继续坚持原有做法，不断提高创新。为了让学生取得好的竞赛成绩，我们在坚持原来培训方法的同时，还应该不断创新，使参赛学生的建模能力和模型计算能力更强，数学的应用能力更上一层楼，以更强的实力投身于科学研究之中，投身于复杂工程问题的解决之中。

二是扩大竞赛影响，吸引更多人参与。虽然每年参加培训的学生达到参赛学生的三四倍，但相对于广大在校研究生还是少数，还应该使更多的在校硕士研究生、博士研究生参与其中，从中受益。这几年各个高校都非常重视这一赛事，参赛学校和队伍不断增多，陕西省许多高校的获奖数量也在大幅提升，成为敦促我们不断前进的动力。虽然我们每年都保有一等奖，但获得满额一等奖的难度越来越大。因此，改革现有的培训模式，提高学生的培训质量，势在必行，还需要吸引更多的研究生关注此事，参与此事。

总之，通过参与数学建模竞赛培训和参赛，既能够扩充研究生的数学知识、算法知识、编程技能，还能使其从中真正学到数学的具体应用。去解决实际问题，培养学生的创新能力，才是该赛事最根本的宗旨，这也是我们今后该项工作继续努力的方向。

研究生数学建模能力培养的探索与实践

上海工程技术大学　李　路　王国强

“中国研究生数学建模竞赛”是由教育部学位管理与研究生教育司指导，中国学位与研究生教育学会、中国科协青少年科技中心主办的“中国研究生创新实践系列大赛”主题赛事之一，是提升研究生应用数学模型和信息技术解决实际问题能力，培养研究生科研创新能力和团队合作精神的重要平台。[1]

在多年研究生数学建模实践中，围绕如何开展数学建模活动，我校在制度保障、教师队伍和培训体系建设等方面做出了多方面的探索和实践，使得该赛事已成为研究生创新能力培养最重要的第二课堂和创新实践平台。

一、数学建模需具备的知识和基本能力

在中国研究生数学建模竞赛中取得好成绩，需要为竞赛做相关的知识准备和能力培训。要在较短的竞赛时间内完成一篇优秀的数学建模论文，参赛研究生需要具备以下知识和基本能力。

（一）常见数学模型的理论知识

数学建模赛题一般是来自工程技术和管理科学等方面的实际问题，与教学中常见的数学模型有一定的区别，一般不能直接套用已有的模型求解。在遇到具体赛题时，需要根据具体问题，灵活运用已掌握的数学模型对赛题的问题进行分析、建模和求解。一般来说，在短短四天半的竞赛时间内，创造一种新的模型来完成赛题是比较困难的。通常情况下，还是要引用和改进已掌握的数学模型来解决问题，这就要求参赛队员对适用的数学模型有深刻的理解，能够做到举一反三，触类旁通。

（二）较高的计算机水平

近年来的多数赛题常附有较大的数据量，参赛队员往往需要分析并处理大量的数据，通过分析结果建立模型，并通过编程得到模型的仿真结果，展示数据可视化结果，以此验证说明模型的合理性与稳定性。参赛队员不仅要掌握 Word、Excel 等办公软件，至少还要掌握 MATLAB、Python、SPSS、LINGO 等常用软件中的一种或几种[2]，并利用这些软件分析数据、画图、模拟、优化等，以此完成模型的建立与求解，这就要求参赛研究生具备较高的相关计算机应用水平。

（三）一定的文献阅读能力

研究生数学建模竞赛赛题多具有专业性，需要针对不同学科领域的科研或生产问题进行建模。这些问题涉及工程、交通、生物、医学、经济等多个领域知识的应用，部分赛题自带中英文参考文献。因此，这要求参赛学生不仅具有扎实的数学功底，同时要具备较全面的知识储备，较强的查阅相关文献的能力和英文文献阅读能力，能在较短时间内充分理解问题及参考文献中的知识与内容。

（四）较强的论文写作水平

研究生数学建模竞赛要求参赛队在四天半时间内完成一篇求解一个或多个建模问题的科技论文。这篇论文是整个参赛过程的答卷，论文的质量直接决定竞赛的结果。论文需要详细论述模型建立的思路、方法和求解，并展示数据分析和图像仿真等结果，充分论述模型的合理性，这需要具备较强的论文撰写能力和表达能力。

（五）团队协作精神

研究生数学建模竞赛由三名学生组成一支参赛队，竞赛中工作量大，好的分工能够大大提升时间利用效率，参赛的三名队员必须充分发挥各自的优势，取长补短，齐心合力，把每个人的潜力都发挥到最大，才能交出一份好的答卷。

二、数学建模活动的探索与实践

为充分应用中国研究生数学建模竞赛的平台，提升研究生数学建模和科研创新能力，我校在制度建设、师资队伍建设、数学建模培养体系和实验室建设等方面开展了多方位和多层次的探索、实践与创新。

（一）学科竞赛制度建设

中国研究生创新实践系列大赛已成为研究生第二课堂的重要平台，为鼓励研究生积极参加数学建模等创新实践系列大赛，上海工程技术大学制定了《上海工程技术大学大学生学科竞赛管理办法》和《上海工程技术大学大学生学科竞赛奖励办法》，如图 1 所示。

上 海 工 程 技 术 大 学 文 件

沪工程教〔2019〕13 号

关于印发《上海工程技术大学大学生学科竞赛管理办法》的通知

上 海 工 程 技 术 大 学 文 件

沪工程教〔2019〕14 号

关于印发《上海工程技术大学大学生学科竞赛奖励办法》的通知

图 1　上海工程技术大学大学生学科竞赛管理办法与奖励办法

文件根据学科竞赛的主办单位、知名度和影响力等因素，并考虑竞赛的行业背景、高校参与及学生培养情况，将学科竞赛由高到低分为 A、B、C 三个类别，每个类别由高到低划分为Ⅰ、Ⅱ、Ⅲ三个等级。A 类学科竞赛必须是国际级或国家级竞赛，主办单位为国际权威机构、国家部委及其下属司局，尤其是教育部高教司等；要有世界著名高校或多所具有相关专业的“双一流”高校参赛；要具有很强的学术权威性和业内认可度，在国内外具有很大影响力；要对学生培养确实有很大作用、对学校发展确实有较大影响的学生竞赛。学校将“中国研究生创新实践系列大赛”的各项赛事设为 AⅡ类竞赛。AⅡ类竞赛由学校专项经费支持，并对获奖的参赛学生、优秀指导教师，以及优秀组织奖获得者给予奖励。同时，学科竞赛优秀指导教师奖也作为职称晋升的指标之一。

校研究生处负责研究生数学建模竞赛的信息收集、通知发布、校内协调、过程监控、经费预算与核拨、奖励认定及颁奖与交流等工作。数理与统计学院负责竞赛项目的具体实施，包括竞赛培训、规则制定、赛题准备、竞赛评审（初评和终评）、资料归档及竞赛总结等工作。各学院和研究生会负责竞赛的通知、宣传等工作。

以上制度建设使得研究生数学建模竞赛得到了学校长效性的机制支持，使得该赛事成为我校研究生参与度最广、成绩最优异的学科竞赛，参赛规模屡创新高，总成绩多次名列全国前十名。

（二）数学建模教师团队建设

以数理与统计学院为主，组建研究生数学建模团队。加强对团队中青年教师的培养，资助教师参加国内各类数学建模的研讨会，提升教师指导水平，交流建模培训经验。经过多年的磨炼，我校已经形成了一支结构合理、团结高效的数学建模教师团队，积极开展研究生数学建模的宣传推广、课程教学、系列讲座、实验室建设以及校内竞赛等各项工作。

图 2　我校组织骨干教师参加 2021 年中国研究生数学建模竞赛培训教师学术交流会

（三）完备的培训体系建设

研究生建模竞赛要求参赛队伍具备针对问题建立数学模型、利用计算机求解模型、查阅文献、撰写论文等能力，是对研究生综合能力的考查。围绕这些要求，我校建立了包括建模课程、系列讲座和校赛实战等多层次和全方位的培训体系，力求让研究生熟练掌握竞赛要求的基本能力。

1. 研究生数学建模课程

研究生二年级是参加研究生数学建模竞赛的最佳时间，在一年级阶段开设“数学建模”课程可以让研究生系统学习数学建模竞赛的基本理论知识，特别是对本科阶段没有学习过数学建模课程的研究生参赛起到重要作用。课程安排有以下特点。

（1）在研究生入学的第一学期，对工学、理学、管理学等学科门类的研究生开设两学分的“数学建模”公共选修课，开展课程建设工作，自编《数学建模与数学实验》教材。

（2）研究生数学建模与本科生相比，更具有前沿性、专业性和创新性等特点。我校选修课的教学内容注重与本科数学建模课程在教学深度上的差异，主要包括微分方程、优化、动态规划、图论、层次分析法、模糊综合评价、多元统计分析等常见的数学模型的理论与算法，以及两个往届竞赛案例。教学中穿插模型的数学软件 MATLAB 代码演示，使得学生能课后上机完成相应的后续练习，做到及时复习、学练结合。

（3）成绩考核采取数学建模竞赛团队的形式，三人一组，共同完成课程考核实验报告，通过课程考核，帮助同学组队参赛。

“数学建模”选修课使得研究生能较系统地掌握数学建模基本理论和数学软件的使用。该课程成为我校极受研究生欢迎的选修课，近年来年选修研究生达三百余人。

2. 研究生数学建模系列讲座

在研究生参加中国研究生数学建模竞赛中，发现大量的研究生能掌握各类数学建模的基本理论，但在遇到具体的赛题时，往往感觉到困难很大，不能综合利用已有的建模知识快速解决赛题的问题。究其原因，主要是研究生平时缺乏对赛题求解的完整过程的训练。为增强研究生的实战能力，我校利用暑假时间和线上教学平台经验，开展系列讲座活动，主要特点如下。

（1）根据近年来线上教学的经验，每年 7～9 月为研究生安排十个内容丰富的研究生系列讲座，每周安排一场专题讲座，系统开展研究生数学建模培训，为同学们参加 9 月份的竞赛做好准备。

（2）系列讲座以历年研究生数学建模的真题作为培训内容，以《研究生数学建模精品案例》中的案例为参考资料，以专题的形式，从具体真题的问题分析、模型建立、模型求解、数学软件应用等，对如何解决数学建模案例开展完整过程的培训。讲座通过学校官网和微信公众号宣传。

关于“华为杯”第十九届中国研究生数学建模竞赛上海工程技术大学系列培训讲座的通知

作者： 发布时间：2022-07-08 浏览次数：2038

关于“华为杯”第十九届中国研究生数学建模竞赛上海工程技术大学系列培训讲座的通知

各研究生培养学院、参赛研究生同学：

中国研究生数学建模竞赛作为教育部学位与研究生教育发展中心、中国科协青少年科技中心联合主办的“中国研究生创新实践系列大赛”主题赛事之一。2022年“华为杯”第十九届中国研究生数学建模竞赛定于2022年9月22日8:00至2022年9月26日12:00举行，由华中科技大学承办，赞助单位为华为技术有限公司。

为了进一步提升我校研究生的数学建模能力和创新实践能力，帮助广大研究生在第十八届中国研究生数学建模大赛中取得更加优异的成绩，在校领导支持下，研究生处决定邀请数理与统计学院、管理学院、电子电气学院等具有丰富研究生建模指导经验的教师，举办第十八届中国研究生数学建模竞赛赛前系列讲座。

“华为杯”第十九届中国研究生数学建模竞赛校内辅导讲座将以历年研究生数学建模竞赛的真题作为案例，详细介绍数学建模的常见题型，注重模型建立、求解算法与模型分析，帮助广大研究生提高参赛、备赛的综合能力，提升研究生的创新能力。

每次讲座约120分钟，采取线上和线下相结合的方式，具体内容和时间安排如下：

图 3　2022 年上海工程技术大学研究生数学建模竞赛系列培训讲座的通知

2022 年我校研究生数学建模竞赛的培训讲座内容如表 1 所示。

表 1　第十九届中国研究生数学建模竞赛上海工程技术大学系列培训讲座

日期	主讲人	讲座题目	腾讯会议 ID 与时间或线下会议地点
7 月 13 日	周雷	2020 年 E 题：能见度估计与预测	会议 ID：413-843-700 时间：19:00～21:00
7 月 20 日	方涛	2020 年 F 题：飞行器质心平衡供油策略优化	会议 ID：150-874-574 时间：19:00～21:00
7 月 27 日	江开忠	2019 年 D 题：汽车行驶工况构建	会议 ID：602-531-274 时间：19:00～21:00
8 月 3 日	郑中团	2020 年 B 题：汽油辛烷值优化建模	会议 ID：340-226-693 时间：19:00～21:00
8 月 10 日	游晓明	2019 年 F 题：多约束条件下智能飞行器航迹快速规划	会议 ID：224-440-174 时间：19:00～21:00
8 月 17 日	肖翔	2005 年 D 题：仓库容量有限条件下的随机存储管理	会议 ID：452-154-0274 时间：19:00～21:00
8 月 24 日	刘升	2015 年 F 题：旅游路线规划问题	会议 ID：541-808-582 时间：19:00～21:00
8 月 31 日	朱萌	2019 年 E 题：全球变暖	会议 ID：232-775-951 时间：19:00～21:00
9 月 7 日	王国强	2014 年 E 题：乘用车物流运输计划问题	会议 ID：766-223-306 时间：19:00～21:00
9 月 14 日	李路	2017 年 E 题：多波次导弹发射中的规划问题	线下，阶梯教室

3. 举办校级研究生数学建模竞赛

研究生学科竞赛已成为培养研究生创新思维和提升研究生全面素质的重要载体，是提升研究生创新实践能力的有效手段和措施[3]。学校贯彻以赛促教、以赛促练、以赛育人的理念，自2009年开始，成功举办了十三届校级研究生数学建模竞赛，在组织方式、赛题选取、竞赛流程等方面形成了比较成熟的做法。

1）竞赛组织方式

竞赛由校研究生处主办，数理与统计学院承办，各研究生培养学院和校研究生会协办。研究生处负责赛事的发布、组织、颁奖、协调等工作，数学与统计学院负责竞赛辅导、赛题的准备、评审和面试答辩等环节，各学院和研究生会负责赛事的宣传和推广工作。该项赛事已形成一定的影响力，甚至吸引了松江大学城其他高校研究生参与。

2）竞赛题目组织方式

高质量的竞赛赛题是竞赛质量的基本保证。赛题不仅要求工作量和难度适当，适合研究生数学建模，关键是赛题要有新颖性，在网络上不能找到相似度较高的参考文献。因此，高质量赛题也是竞赛的重点和难点。

2020年之前，我校采取“深圳杯数学建模挑战赛”① 的赛题同期作为我校数学建模竞赛的赛题。该赛题一般有4道题，赛题难度适当，赛题发布时间在4月中旬，赛题一直延续到暑假，网络上没有类似论文。竞赛取得了较好效果，我校2011年、2012年两次参加该赛事在深圳举办的夏令营活动，2018年参加该赛事在深圳举办的挑战赛决赛。

2020年后，由于疫情影响，我校采用选取借鉴同期举办的竞赛赛题和教师自主命题相结合的方式，并逐步组织采取自主命题为主的形式。

2021年上海工程技术大学第十二届研究生数学建模竞赛赛题主要如下。

A题：微博数据信息挖掘；
B题：我们可以从开放数据中学到什么：COVID-19；
C题：上市公司风险分类评级问题。

2022年第十三届上海工程技术大学研究生数学建模竞赛赛题主要如下。

A题：自动泊车问题；
B题：融资融券风险量化与动态担保比例设置优化；
C题：非常规突发事件网络舆情传播及演化的建模分析；
D题：构建新发展格局的统计测度。

2021年A题：微博数据信息挖掘的部分内容如下。

随着计算机和网络技术的快速发展，互联网日渐成为各种信息的载体，人们在上面主动地获取、发布、共享、传播各种观点性信息（包括新闻评论、产品评论、情感微博、网络社区信息等）。这些观点性内容对于电子商务、舆情控制、信息检索等都具有重要的意义和实用价值。现有脱敏处理的微博记录22万多条，分别放在22个TXT文件中。请参赛同学完成下列任务。

（a）请对22万多条记录进行聚类分析，并对每一类赋予一个恰当的主题词。
（b）请对所有记录的所属人物进行聚类分析，并对每一类赋予一个恰当的主题词。
（c）对所有记录进行时序分析，挖掘舆情传播的特点和规律。

① 2011～2015年，该竞赛称为深圳杯（全国大学生）数学建模夏令营，2016年开始改称深圳杯数学建模挑战赛。

3）赛事主要流程

我校研究生数学建模竞赛一般在每年的4～7月开展，包括报名、赛题发布、学生提交论文、初评、面试、公布获奖名单、颁奖等环节，具体流程如下。

流程1：4～5月份，发布赛事的参赛与报名通知。

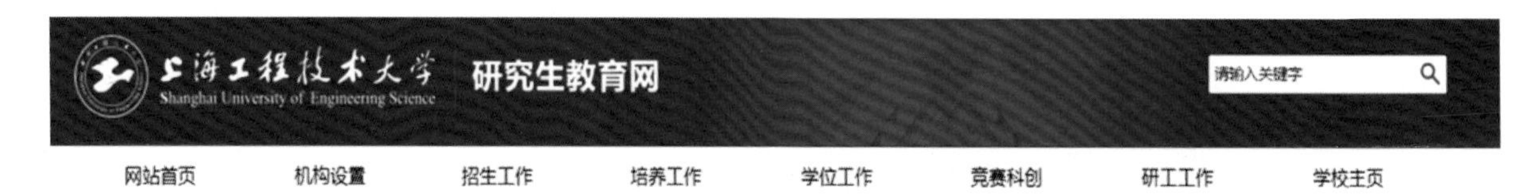

关于第十三届上海工程技术大学研究生数学建模竞赛的参赛通知

作者： 发布时间：2022-05-10 浏览次数：7639

全体研究生同学：

为进一步提高我校研究生的科研水平，培养创新思维，提升同学们运用所学知识解决实际问题的能力，以及积极鼓励研究生们参与基础学科的研究，并为2022年“华为杯”第十九届中国研究生数学建模竞赛选拔和储备优秀人才，学校决定举办2022年上海工程技术大学第十三届研究生数学建模竞赛，本届赛事由研究生处主办，数理与统计学院承办，招收硕士研究生的学院、校研究生会和研究生数学建模社联合协办。现将有关事项通知如下：

一、报名条件

1. 参赛者为上海工程技术大学在校研究生，包括2022级拟录取新生；
2. 具有良好的数学基础与应用能力；
3. 具有良好的计算机编程与操作能力；
4. 具有良好的学术论文写作能力；
5. 具有良好的团队合作与沟通协调能力。

二、组织工作

1. 研究生处总体负责协调、统筹竞赛的组织工作。
2. 数理与统计学院具体负责竞赛的组织、宣传、命题和评审等工作。
3. 招收硕士研究生的学院具体负责本学院竞赛的组织与宣传，原则上理学、工学和管理学门类的参赛研究生人数应分别不低于本学院2020级和2021级研究生总人数的25%、20%和15%。鼓励艺术、法学等其它门类的研究生积极参加。
4. 学校研究生会和研究生数学建模社协助负责竞赛的安排与宣传。

三、竞赛流程及参赛方式

·**报名时间：**2022年5月10日-5月22日

·**报名方式：**自由组队，三名研究生为一队，本次竞赛统一采取网上扫码报名。跨班级、跨学院所组建团队归属于队长所在班级、学院，由队长负责报名。

图4　2022年上海工程技术大学研究生数学建模竞赛的参赛通知

流程2：5月份，发布赛题，竞赛正式开始，从发布赛题到提交论文截止时间一般为一个月左右。

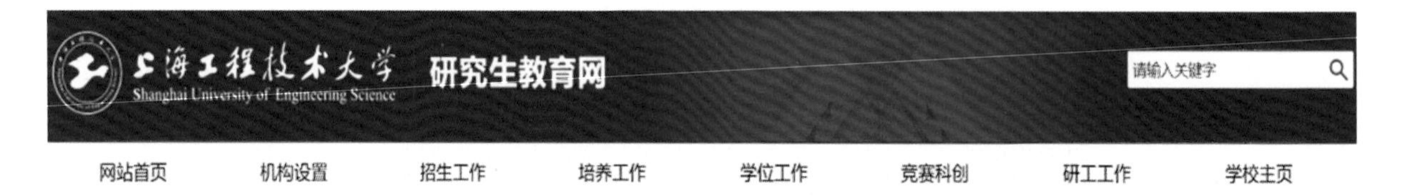

2022年第十三届上海工程技术大学研究生数学建模竞赛赛题发布

作者： 发布时间：2022-05-12 浏览次数：5487

A题-自动泊车问题.rar

B题-融资融券风险量化与动态担保比例设置优化.rar

C题-非常规突发事件网络舆情传播及演化的建模分析.rar

D题-构建新发展格局的统计测度.rar

图5　2022年上海工程技术大学研究生数学建模竞赛赛题发布的通知

流程3：6月份，赛题初评，并公示进入面试答辩的名单和面试通知。答辩队伍准备10分钟左右PPT汇报，并回答评委和在场的其他答辩同学的提问。

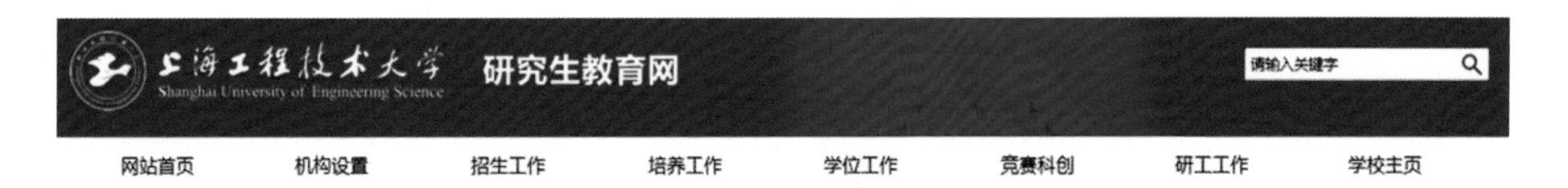

关于第十三届上海工程技术大学研究生数学建模竞赛面试答辩的通知

作者： 发布时间：2022-07-13 浏览次数： 3699

关于第十三届上海工程技术大学研究生数学建模竞赛面试答辩的通知

全体参赛同学：

根据“关于第十三届上海工程技术大学研究生数学建模竞赛的参赛通知”要求，参赛论文经校内专家评审后，须进行面试答辩，具体各赛题答辩安排如下：

赛题	日期	时间	腾讯会议 ID
A 题	2022.07.18	14:00-16:30	#腾讯会议：815-337-020
B 题	2022.07.14	13:30-16:30	#腾讯会议：555-925-072
C 题 1 组	2022.07.14	13:30-16:00	#腾讯会议：329-159-224
C 题 2 组	2022.07.14	13:30-16:00	#腾讯会议：872-299-171
D 题	2022.07.15	19:00-21:30	#腾讯会议：986-838-293

图 6 2022 年上海工程技术大学研究生数学建模竞赛面试答辩的通知

流程 4：6 月底～7 月初，公示获奖名单，成绩由论文成绩和面试答辩成绩加权平均。

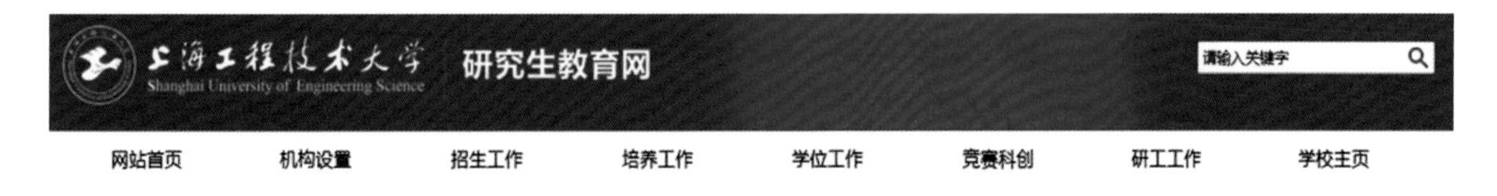

2022年上海工程技术大学第十三届研究生数学建模获奖名单公示

作者： 发布时间：2022-07-20 浏览次数： 5578

第十三届上海工程技术大学研究生数学建模自5月12日赛题发布，经过学生提交赛题，论文第一轮评审和第二轮在线答辩等环节，7月19日完成了全部作品的评审工作。竞赛所有作品均为盲审，每队的最终成绩均为三位以上评审老师的加权平均成绩，保证评审工作的公平公正。比赛充分展示我校学生建立数学模型与运用计算机技术解决实际问题的创新能力和积极参与团体竞赛的团队合作能力，同时本次竞赛也为2022年“华为杯”第十九届中国研究生数学建模竞赛打下坚实基础。

本届竞赛由研究生处主办，数理与统计学院承办，校研究生会、研究生数学建模社和各研究生培养学院协办。本次竞赛吸引了全校近500名研究生的积极参与，共有109队的作品进入最终评审阶段。其中，A题20队，B题24队，C题47队，D题18队，经过专家组的两轮评审，共评选出获奖队伍84队，其中，一等奖17队，二等奖24队，三等奖43队。现将获奖名单公布如下。

获奖等级	队长	队员1	队员2	队伍编号
1等奖	M310121150何嘉闻	M310121148卢立成	M310121147刘亚彪	A202213006
1等奖	11111111查超能	11111111文旭峰	11111111何佳	A202213213
1等奖	M310121108夏韬成	M310121103石金鹏	M310121121朱恒帆	A202213004
2等奖	M340121201刘眉	M340121202胡文琪	M340121124陈梦亚	A202213067
2等奖	M325121520李红旭	M320121307郑思睿	M325121504孙晓宁	A202213192
2等奖	M405121318朱文浩	M030120258朱瑞洁	111111111邓静琪	A202213221

图 7 2022 年上海工程技术大学研究生数学建模竞赛获奖名单公示

流程 5：9 月初，举办竞赛颁奖仪式，颁发校级获奖证书。颁奖会除了完成校赛的颁奖活动，也作为当年国赛的启动会，开展本年度国赛的动员工作。启动会一般会邀请上一年度优秀获奖选手和国赛评审专家参会，获奖选手介绍国赛的参赛经验，评审专家介绍国赛的注意事项等。

荣誉证书

—CERTIFICATE OF HONOR—

齐露露（M440121304）同学：

荣获第十三届上海工程技术大学研究生数学建模竞赛

一等奖

上海工程技术大学

〇 年九月

图 8　上海工程技术大学研究生数学建模竞赛颁奖会现场及荣誉证书示例

多年校级竞赛的开展，不仅可以提升研究生数学建模的实战能力，也能培养研究生的团结协作精神，为国赛组队做好准备。

（四）数学建模实验室建设

1. 数学建模实验室建设

我校作为“高水平地方应用型高校”建设单位，定位于培养高素质工程应用型人才。加大实践教学，推进素质拓展训练，以此培养学生的创新能力、实践动手能力显得尤为重要。我校于 2004 年建设了两座分别具有 80 台计算机的数学建模实验室，并购置安装了 MATLAB、Mathematics、Python、SPSS、LINGO 等常用的数学软件和统计软件。数学建模实验室在常规时间开放，一方面为研究生提供良好的数学建模实验教学环境和课后训练设施，另一方面也为研究生参加中国研究生数学建模竞赛提供充分的培训场所、竞赛场地。

2. 专业实践平台建设

研究生数学建模赛题一般来自工程技术和管理科学等方面的实际问题，不仅要求研究生具备较强的数学与统计基础理论，也要求研究生具备一定的专业理论知识。学校对研究生创新能力培养高度重视，近年来，投入大量资金建设了高温合金精密成型研究中心、轨道交通检测实验室、上海市激光先进制造技术协同创新中心、上海创意产品设计工程技术研究中心、社会保障问题研究中心、政府公共决策支持研究基地等多个专业实践平台和基地。这些平台在培养创新意识和创造能力，训练逻辑思维和开放性思考方式，训练快速获取信息和资料的能力，培养团队合作意识和合作精神等方面发挥了重要作用，提升了我校研究生的综合素质。

三、小结

围绕研究生数学建模和科研创新能力培养这条主线，我校以制度建设为保障、团队建设为抓手，实验室建设为支撑，融合课堂教学、系列讲座、校级竞赛等多种形式，打造“讲、学、练、赛、研”全方位的数学建模创新实践综合平台，创建了“制度保障、团队主导、实验室支撑、平台引领”四位一体的数学建模教学模式，使数模竞赛真正成为创新人才培养的“第二课堂”。我校从 2008 年参加中国研究生数学建模竞赛以来，在历届赛事中共获得全国一、二、三等奖 749 项，其中一等奖 17 项，并 10 次获得全国优秀组织奖。

参考文献

[1] 朱道元. 第十届全国研究生数学建模竞赛[J].数学的实践与认识，2014，44（14）：1-70.

[2] 文玉婵. 数学建模竞赛与学生综合素质的提高[J].高教论坛，2006（4）：32-33，41.

[3] 史耀媛，李昱良. 学科竞赛在研究生培养中的作用及提效策略探析[J]. 研究生教育研究，2018（4）：52-55.

知行合一、赛训互促、教学相长

——研究生数学建模竞赛与教学的思考

陆军工程大学　王开华　卢厚清　刘　杰　王　萌　郭继斌

2003 年初，东南大学朱道元教授率先发起倡议，由东南大学牵头组织主办了“南京及周边地区高校研究生数学建模竞赛”，作为最早参加的单位之一，中国人民解放军陆军工程大学（2017 年前由中国人民解放军理工大学）组队参加竞赛并获得一等奖。迄今为止，我校连续 20 年培训、组队参加中国研究生数学建模竞赛。20 年来，我校始终以军队信息化建设对高素质创新人才的需求为牵引、以数学建模课程教学与竞赛为抓手、以培养研究生的创新能力为立足点，按照“课内夯实基础、课外实践提升、知识与实践耦合”的总体思路，在培养研究生数学建模思想、方法和创新实践能力方面进行了一系列的改革与实践，主要包括：抓住课堂教学主阵地，夯实研究生数学建模理论基础；优选博采众家之长，形成先进教学内容；采用分层递进复合教学方法，突出培养研究生数学建模能力；依托中国研究生数学建模竞赛平台，构建软硬件教学资源和环境。经过近 20 年的探索与实践，我校在连续 19 年获得全国一等奖的同时，为我国军队信息化建设培养输送了一大批高素质新型军事人才。

一、对研究生数学建模特点的认识

数学建模就是：在实验、观察和分析的基础上，对某一特定实际问题的主要方面做出合理的简化与假设；确定问题边界、变量和参数；应用数学的语言和方法将实际问题形成一个明确的数学问题；用数学理论、方法对问题求解析解或用数值计算方法、计算机编程求近似解；检验求解的结果是否符合实际。上述过程结果多次迭代、反复验证，直到较好地解决问题，这就是数学建模的一个完整过程。

目前，全国各高等院校先后在本科和研究生层次的数学建模开展教育教学，在实践过程中也各有侧重：本科生数学建模教学主要侧重数学建模的基本方法与初步应用，重在夯实建模基础；研究生数学建模教育更加注重培养学生的研究能力、创新能力，并最终落实在培养学生解决实际问题的能力上。数学建模的核心是教学生用数学的语言、符号去表达实际问题，用数学的思想、方法去研究、解决实际问题。数学建模的过程其核心就是用数学解决实际问题的过程，帮助学生将数学知识、思想和方法同周围的现实世界联系起来。针对每一个陌生的实际问题所成功建立的数学模型，都是认识与实践相一致的产物，都需经历科学研究、知识发现和创新的全过程。因此，以“培养学生用数学知识去解决实际问题的能力”为目标的数学建模教学，是当前研究生创新实践能力培养不可或缺的重要组成部分。

二、数学建模课程教学与竞赛的关系

当前，随着人们对数学建模在研究生培养中的地位、作用认识的不断提升，越来越多的高校开设了面向硕士、博士研究生的数学建模类课程，有效培养研究生用数学知识去解决实际问题的能力。在开展数学建模创新实践教育活动中，中国研究生数学建模竞赛既是优秀研究生展现自己创新才华的舞台，同时也是各培养单位交流、检验数学建模教学改革成果的平台。在开展课程教学与参加竞赛的关系处理上，我们认为数学建模课程课堂是我们的出发点和立足点，而竞赛是促进、检验教学的一种手段。

数学建模竞赛培训是我们选拔、培养优异研究生的有效途径。我们认为，应尽可能在研究生层次开设数学建模课程，从选修该课程的学生中择优挑选出参赛选手，培训、组队参加中国研究生数学建模竞赛，在与国际、国内名牌大学优秀学生的竞赛比拼中培养竞争、创新和团队协作意识，从而锻炼和培养创新能力和团队精神。同时，应充分总结竞赛中所取得的成功经验，将训练和竞赛过程中所获得的优秀建模案例反馈、融入日常的课程教学中，从而扩大研究生数学建模竞赛的受益面。也就是说，在开展课程教学的基础上组队参与竞赛，以竞赛促进教学，以竞赛反哺教学，从而推动理工科院校的研究生数学建模课程建设与改革向纵深发展。

三、开展数学建模教育教学的几点思考

（一）应尽可能在研究生层次普及开设数学建模、数学实验高阶课程

随着计算机科学与技术在各领域的广泛应用，数学建模和与之相伴的计算正成为工程设计中的关键工具。从发展的角度看，学习掌握数学建模的思想和方法已经成为高层次创新人才培养的必要组成部分。开设数学建模、数学实验课程是培养研究生数学建模能力最直接和最有效的途径之一。

（二）在理工科类高校研究生专业基础课、专业课的教学中融入数学建模思想、方法的教学

在自然科学领域的众多学科中，重要的概念、定理绝大多数都来源于生产实际，其理论产生的过程也就是用特定的语言去描述、刻画实际问题并加以解决，也即建立模型的过程。在介绍知识和理论的过程中，我们首先揭示问题的背景和研究目的，探寻当初发现这些知识、模型的科学大师的足迹，发掘他们的思维脉络，展示其创造性思维和心智形成过程，并用数学的语言、符号和方式加以表达。这样不仅将科学大师创造的模型成果奉献给学生，同时将他们创造性思维的过程、建立模型的过程和解决问题的过程展现给学生，从而使其成为学生以后效仿的样板。这样典型的建模示范教学，其潜移默化的作用，可以激活蕴藏在学生自身的创造潜能。也就是说，我们在日常的教学中，在概念的引入、理论的建立时，都可以对学员进行数学建模思想和方法的训练，从而在专业课教学的全过程中，实现对研究生数学建模能力的培养。

将数学建模的思想、方法与专业课理论教学有机结合，不仅可以进一步拓宽研究生数学建模能力培养的渠道，而且能够更加完整地呈现知识和技术产生、发展的过程，促进研究生知识、能力和素质的同步提升。

（三）在教学和竞赛培训中全面培养研究生数学建模能力

一是建模能力的全程不断线培养。数学模型是解决工程实际问题的基础。一般而言，数学模型的建立，需要抓住问题的核心与关键，准确洞察问题背后的内在机理。数学模型的建立过程，通常需要经历化繁为简、由表及里、去伪存真、汰劣寻优的过程，需要根据仿真求解结果，不断修正模型、缩小误差，直到最终解决问题。数学建模能力的特质直接决定了其培养的复杂性和长期性，我们必须系统、科学规划，构建“课内与课外、理论与实践、教学与竞赛”一体化的训练计划，实现数学建模能力的全程不断线培养。

二是强化高阶数学思维能力的培养。数学建模的本质是用数学的语言、数学的思维和数学方法去解

决实际问题。研究生在课程学习特别是竞赛中所涉及的数学建模问题，往往具有复杂性、特殊性和高阶性。为此，需要我们在进行逻辑学原理、推理方法和常规思维训练的同时，有针对性地开展解决非常规性问题的高阶数学思维能力训练，强化培养研究生的发散性思维、逆向思维、批判性思维和创造性思维。

三是关注算法设计能力的训练。算法是沟通模型与编程实现的桥梁，数学模型的求解离不开算法。算法设计不仅需要考虑算法的收敛性、有效性，更要考虑算法的误差精度、计算复杂度。这就需要我们训练研究生赏析经典算法的核心原理与流程，从简单的算法训练开始，逐步增加算法设计的难度和复杂性，引导研究生在不断实践、反复磨砺、追求最优的过程中提升算法设计的水平和能力。

四、我校开展研究生数学建模教育教学改革的实践

在数学建模选修课的教学过程中，我们对传统的教学模式进行了改革尝试，在实践的基础上总结形成了“三阶段”递进式教学方法。

第一阶段，优秀数学建模案例赏析。在进行“数学建模基本理论与方法”的基础教学之后，我们在教学内容的设计方面，构建了优秀数学建模案例赏析模块。该模块的案例，一方面取材于中国研究生数学建模竞赛中获一等奖的优秀竞赛论文，选题内容主要集中在信息技术、数据处理和优化问题；另一方面则取材于指导教师团队参与的重大科研项目，解决部队演战训问题过程中提炼形成的军事建模案例。每个案例均设计一系列层层递进的问题，让学生带着问题先尝试以三人一组的模式，分组去查找相关知识，尝试表达问题，讨论解决问题的思路、方法，然后再去研读、比对、赏析他人的优秀案例，这样既可以提高学生的学习兴趣，又可以培养学生的自学能力；同时还能使学生尝试进行相互之间的商讨和协作。最后，让学生到讲台上讲解自己对问题的理解，以及自己考虑的模型、方法，讲解自己与优秀案例对比的结果。此外，我们通过充分引导，让学生回顾、总结和分享在其他课程学习中接触到的各种优秀、典型的模型，并且通过各种优秀模型案例赏析，帮助学生进一步加深对建模思想与方法的理解和认识。

第二阶段，应用模型。在现实社会中，古今中外各门学科中已有各种各样的经典数学模型，而实际应用中也因问题的本身属性被分成了多种模式。在此情况下，我们采用的方法是：根据学生的专业特点，分别遴选、设计多系列难度适中的数学建模问题，而这些问题大多数利用现成的、经典的数学模型即可以解决。在第二阶段，重点是引导学生用所学的知识、学过的建模方法与模型去模拟实际问题。因此，如何将经典的模型灵活应用在具体、实际问题的解决上，既是我们探索的重点，同时也是我们面对的难点所在。

第三阶段，培养、塑造高阶建模能力。在数学建模的教学中，倘若我们仅仅教学生去学习经典的模型、教学生简单模仿、套用现成的数学模型去解决实际问题，则我们教的学生仅能重复前人的劳动，只会模仿而拙于创新。

在数学建模课程学习的后期，我们鼓励、倡导学生用不同的方式、从不同的角度去建立自己的有特色的模型；在模型建立后求解的过程中引导学生运用科学的思维方法更加高效地解决问题，如应用“特殊→一般”“一般→特殊”“收敛与发散性思维”“联想与类比”“归纳与综合”等思维方法。在算法设计环节，我们不仅训练学生能熟练设计合理的算法，而且更注重引导学生追求算法的有效性、收敛性和高效性。在教学方法的选择上，我们通过使用研究式教学法、讨论式教学法和综合运用二者，力求培养学生的辩证、反思和创新思维能力。

五、结束语

近 20 年来，我们在数学建模教学与竞赛方面开展了一系列探索与实践：通过开设“数学建模方法与实验”“高级数学建模”选修课，在课内夯实研究生数学建模的基础能力；在课外通过数学建模俱乐部

的形式，拓宽研究生数学建模能力培养渠道；通过选拔组队参加中国研究生数学建模竞赛，在与强手、高手对抗竞争中提升研究生数学建模核心能力。

回望中国研究生数学建模竞赛20年，我校通过研究生数学建模教学与竞赛平台，为我国军队信息化建设培养输送了一大批具有较强建模能力的高素质新型军事人才。迄今为止，我校研究生连续19年获得中国研究生数学建模竞赛一等奖；选修数学建模系列课程的研究生在科研和学位论文撰写方面具有明显优势，获得导师们的高度认可；获得中国研究生数学建模竞赛一、二等奖的研究生，其毕业后工作表现受到用人单位的广泛好评。例如，我校通信工程学院三名获奖研究生先后成长为教授、博士生导师，其中两人获得江苏省杰出青年基金资助，一人被评为教育部长江学者奖励计划青年学者。在人才培养取得丰硕成果的同时，也打造出一支由教授、副教授组成的高水平指导教师团队，指导教师多次为中国研究生数学建模竞赛命题，并先后主持获得2项校级教学成果奖，体现出教学互促、教学相长的良好发展态势。

以数学建模为抓手　培养自主创新型高层次人才

陆军工程大学　徐煜华　潘克刚　王海超　罗屹洁　郭　艳　张晓博

近年来，中国研究生数学建模竞赛规模效应和成果产出能力持续增强，已成为我国研究生教育领域最具影响力的科研创新实践竞赛之一。作为最早发起该项竞赛的成员单位，自与多所高校联合发起"南京及周边地区高校研究生数学建模竞赛"起，陆军工程大学通信工程学院始终坚持组赛标准，探索建立了一条以"课程、选拔、培训、参赛、学术、科研"为主线的组赛育人路径，在锤炼研究生创新实践能力、培养自主创新型高层次人才中发挥了巨大作用。

一、数学建模在人才培养中的作用

数学建模为数学知识和实际问题搭建了桥梁，有助于参与者体验数学与日常生活及其他学科的联系，体验综合运用数学知识和方法解决实际问题的过程，是展现数学作用和价值的一种重要手段。数学建模体现了从传统知识培养到能力培养的转变，也是教学改革的重要发展方向。

开展研究生数学建模教学和竞赛工作，能够锻炼研究生的数学思维，提高文献检索、编程计算、论文写作、意志品质、团队协作等诸多方面的能力，对促进研究生综合能力全面提升、培养自主创新型人才具有重要作用，具体体现在以下几方面。

（一）锻炼提高数学思维与建立模型能力

数学建模是一个观察、思考、归类、抽象和总结的过程，也是一个信息捕捉、筛选、整理的过程，能够有效锻炼学生全面、系统、多角度分析问题的能力；锻炼学生发散性思维、逆向思维，使用不同方法和手段多角度研究问题；锻炼学生严密的逻辑推理和数据分析能力。建立数学模型是解决工程实际问题的基础和关键，学生在数学建模时要抓住问题的核心与本质，分析其内在规律，合理简化假设，通过合理的数学方法采用数学语言和符号描述实际问题并建立模型，为后续算法设计和问题求解奠定基础。锻炼建模能力重在综合运用数学知识及提升数学素养。

（二）锻炼提高算法设计与编程实现能力

算法既是数学模型求解的核心，也是体现创新的关键。算法的应用需要依据问题的特殊性。数学建模可以让研究生理解算法的核心原理与流程，结合具体问题进行针对性设计。只有好的设计才会有好的结果，才能够体现建模的创造性。此外，由于实际工程问题越来越复杂，需要处理的数据量也越来越大，因此需要较强的计算机编程能力支撑数学建模过程。好的模型和好的算法需要快速、高效的编程实现验证。在数学建模实践中，学生通过多动手、多实践，不断尝试、练习，可以提升编程实现能力。

（三）锻炼提高文献检索与论文写作能力

数学建模过程中，需要解决的实际问题应立足于不同的专业背景，并采用不同的数学理论和方法。

快速进行文献检索、查阅关键核心的专业理论和数学方法是有效解决实际问题的重要基础。数学建模过程可以有效锻炼研究生在有限时间内快速、准确检索文献的能力。此外，数学建模结果通过论文的形式呈现。因此，论文写作在数学建模过程中起到“一锤定音”的作用，只有将问题分析、模型建立、算法设计、结果验证等过程中的思路、方法、步骤进行清晰的表达，才可体现模型的合理性、算法的创造性、结果的正确性。由此可见，数学建模实践能显著提高研究生的论文写作能力。

（四）锻炼提高意志品质与团队协作能力

数学建模竞赛的三人团队需要围绕一个崭新的问题连续奋战100个小时，完成文献检索、问题分析、模型建立、算法设计、编程实现、结果验证、论文写作等流程，对研究生的体力、耐力、意志力是一个非常大的考验和锻炼，也是对团队协作、集智攻关的全面检验，需要在有限的时间内和紧张的氛围中合理分工协作、科学调配作息时间，充分发挥团队成员各自优势，相互信任、相互支持、相互鼓励，共同完成数学建模过程。经过数学建模竞赛历练的研究生普遍更加自信、更有耐心，具有自律、团结等良好品质。

虽然数学建模过程是辛苦的，但是积极投入的过程就是一次历练和成长，是对数学思维、文献检索、编程计算、论文写作等诸多能力的锻炼和提高，也是对自身意志品质、团队协作能力的塑造和培养，能够为研究生进行深入的学术和科研工作奠定良好基础。

二、基于数学建模促进培养自主创新型人才的方法与实践

（一）抓课程建设强基础

立足竞赛能力素质基本要求，进行体系化设计，建设层次分明、内容合理、动态更新的数学建模相关课程，是培育参赛力量、抓好竞赛组织的有效手段。经过多年探索，学院目前已开设“随机过程”“计算智能”“数学建模方法与实验”和“高级数学模型”等研究生课程。学院通过开展硕士、博士多层次的课程教学，系统强化学生对随机数学基本思想和常用过程、矩阵运算及工程问题实际应用、数学建模常用方法算法和软件使用、数学模型方法知识和建模过程以及多种数学方法理论知识等进行学习掌握，并将前沿领域的研究热点与数学模型相结合，加强学生利用数学工具开展科研工作和解决实际问题的能力。

精准设置课程，高质量组织教学，注重将历年竞赛题目和优秀解题报告纳入教学，是学院多年坚持的做法，较好实现了知识结构合理、能力素质达标的潜在人选培育任务目标。

（二）抓建模竞赛强应用

（1）优选参赛人员。广泛宣传与重点遴选相结合，组建结构合理、搭配科学、重点突出的参赛团队。一是依托研究生学术活动委员会在各年级、各层次学生中开展广泛宣传，积极组织报名；二是与有经验的老队员充分沟通，鼓励其继续参赛，确保成员新老梯队搭配合理，使队员新老交替稳定延续；三是从选修数学建模相关课程的具备良好知识能力基础的学生中进行筛选；四是注重新生队伍培养，每年从入学新生中遴选本科期间有参赛经验或者数学和计算机功底扎实的学生重点培养，超前选拔超前培育，通过参赛实践快速提高其能力水平。

（2）抓实赛前培训。一是加强教练员队伍建设，建立一支核心成员稳定的优秀指导队伍，吸纳水平高、积极性高的新教员以及往年获得一等奖的高年级博士进入教练组，注重新老搭配指导，做好指导经验的传承与发展；二是利用暑假为参赛队员开设算法理论、编程实现、解题思路等课程，系统强化学生对解题方式方法以及论文写作的认识；三是组织两到三轮模拟实战，注重讲评和问题反思，快速提高队员应试能力；四是邀请数学建模领域知名专家来院讲座授课，开阔队员思路和提高队员认知水平。

（3）建立激励机制。对参赛获奖学生进行通报表扬，在博士招生中明确获奖加分机制，按不同获奖类别设定毕业分配综合考评加分标准，年度评优评奖向获奖学生倾斜，多方举措实施鼓励，切实提高参赛人员的获得感、成就感和积极性。坚持统一组赛、统一保障，系统筹划场地、食宿、设备、资料等各方面需求，全力创造便利条件，确保参赛人员没有后顾之忧，安心投入竞赛。

自 2004 年起，通信工程学院全程参加竞赛，连续 19 年获全国一等奖。截至目前，学院已有 800 余名研究生参赛，共获奖 156 项，其中一等奖 22 项，二、三等奖 134 项。2018 年至今，共获“华为专项奖”3 次、“中兴专项奖”1 次，2019 年荣获“数模之星”奖（全国仅 3 项），总体成绩在全校乃至全国都较为突出。

（三）抓学术研究强创新

在学术创新方面，注重引导研究生将建模能力转化为前沿学术研究能力。一是引导学生从数学角度理解实际研究问题。实际问题往往十分复杂，无从下手，而数学建模提供了一种理性的分析方式。使用数学模型对复杂的问题进行建模，能够帮助学生发现问题的关键；大胆假设能够剔除不必要的问题干扰项；小心求证能够发现理论模型和实际问题的差距，为解决实际问题提供理论指导。二是结合研究方向培养学生发现问题和解决问题的能力。研究生专业领域和研究方向不同，对问题的理解差异较大。统一的数学模型固然能够解决某一大类问题，但诸多实例证明在专业领域上存在更加贴合专业背景的算法。因此，结合研究方向分析问题，能够有效锻炼学生解决实际问题的能力。三是定期学习讨论研究领域最新建模理论与方法。知识的更新迭代速度不断加快，更加快速、高效、鲁棒的新方法层出不穷。将各领域的新方法与传统方法进行对比，分析其思路、异同、优劣，能够帮助学生加深对本原问题的理解，提高创新能力。

近年来，我院围绕智能通信、无人系统、压缩感知、传感定位等前沿方向展开深入研究，发表通信领域 SCI 论文 200 余篇，其中国际主流的 IEEE 期刊 100 余篇，先后入选 ESI 高被引论文 12 篇。培养学生获得全军、江苏省和中国电子学会、中国通信学会、中国指挥与控制学会等国家一级学会优秀博士和硕士学位论文 70 人次，获 IEEE 信号处理学会最佳青年作者论文奖、通信领域知名学术会议最佳论文奖 5 项。多人次入选国家和军队级人才工程，其中徐煜华入选国防科技卓越青年科学基金项目资助计划和国家“万人计划”青年拔尖人才，丁国如入选青年长江学者，徐煜华、丁国如和吴丹入选江苏省杰出青年基金，丁国如、李国鑫、焦雨涛、林志、张玉立、徐逸凡等入选特殊科技领域青年人才托举工程，王海超、郑建超、张涛、关东方和安康等入选全国博士后创新人才支持计划。

（四）抓科研项目强实践

在科研方面，注重引导研究生将建模能力转化为科研攻坚能力。一是带领学生运用建模知识解决实际需求中的瓶颈难题。对于复杂环境下的可靠无线通信，其面临的瓶颈难题大多属于数学优化决策问题。为此，充分发挥我院在无线通信、无人系统等学科领域的技术积累和优势，聚焦现实急需，提炼核心关键问题，带领学生对其进行建模、分析和求解，并将相关模型和算法嵌入实际系统，验证模型合理性和算法可行性。二是完善院校与需求单位的联合培养机制。联合多家需求单位，从建模案例库建设、联合解决实际问题、联合参加竞赛等方面，将联合育人理念贯通建模能力培养和实践运用的全过程；拓展实践基地，组织赴相关单位进行问题调研和联合攻关，为广大研究生提供走出课堂、抵近需求一线单位的锻炼机会，提高其解决实际问题的能力；通过对毕业学生的持续跟踪调查，汇集他们在实际工作中遇到的问题和需求，完善建模问题库，形成院校与需求方发现问题、共同研究、联合解决的动态反馈机制。

以信息化条件下的智能通信需求为导向，培养的学生先后承担了科技创新 2030—“新一代人工智能”重大项目课题、国家 973 项目课题、国家 863 项目、国家自然科学基金重点项目、国防领域重点项目等国家级科研项目共计 200 余项。创新了面向无线通信系统的数学理论模型和智能算法，突破了高可靠短波通信、大容量卫星通信、密集网络用频协同、无人系统智能决策等系列关键技术，相关成果已批量装备应用。其中，获国家科学技术进步奖一等奖 1 项，省部级科学技术奖一、二等奖 10 余项。

三、总结与思考

20 余年的研究生数学建模教学与实践，使我们发现数学建模对研究生全面能力提升、迅速成长成才起到了积极的促进作用，一大批经过数学建模历练的研究生在各自专业方向的学术研究、科研实践中均取得了突出的成绩，逐步成为各个岗位的佼佼者。

为进一步深入发挥数学建模对研究生人才培养的作用，建议继续做好以下几方面的工作。

（一）进一步提高数学建模在研究生培养中的地位

数学建模以数学理论作支撑，应用数学方法解决各学科或专业方向的实际工程问题，参加数学建模过程能够让研究生的综合能力在无形中得到锻炼和提高，然而，目前学生选修数学建模课程、参加数学建模竞赛，主要源于自身爱好或导师要求，参与的深度和广度还有所欠缺。因此，应从制度设计、政策激励上让更多的学生参与数学建模，突出数学建模在研究生培养中的作用，通过数学建模教学和竞赛活动提升研究生的综合能力。

（二）进一步宣传数学建模对培养全面能力的作用

通过讲座、展览等各种形式，结合学术科研先进典型对数学建模的感悟，让更多研究生深入了解数学建模，帮助研究生走出对数学建模的认识误区，让其认识到数学建模不是一门单纯的数学课，而是应用数学理论和数学方法解决不同学科的实际工程问题。不仅理科、工科可以参与，而且军事、经济、管理等各个学科都可以参与，并且在参与过程中能够锻炼自身的数学思维、文献检索、编程计算、论文写作等全面能力，引导广大研究生自觉自愿地参与数学建模实践活动。

（三）进一步缩短数学建模与学术科学研究的距离

学术科研离不开数学建模。学术科研中针对需要解决的问题，首先就要建立模型，然后采用合理的方法进行求解，再对结果进行分析验证，这个过程就是数学建模的过程。目前数学建模教学和竞赛还存在与学术科研结合不够紧密、研究生的获得感不强等问题。因此，一方面应突出数学建模对研究生创新意识、创新思维和创新能力的培养；另一方面要引导研究生将自己感兴趣的问题或专业方向的实际问题融入数学建模过程，让其更加深入地体会数学建模与学术科研的紧密联系。

工欲善其事，必先利其器

海军航空大学　司守奎

我作为海军航空大学数学建模竞赛的指导老师已有 23 年，见证了 20 届研究生“黄沙百战穿金甲，不破楼兰终不还”的拼搏与奋斗，看到了他们不畏困难，合作攻坚后的自信与欣喜，也看到了他们因为思虑不全出现失误的遗憾与失落，更亲眼目睹了一批又一批因为参加数学建模实践活动而日益成熟的优秀学生，成长为部队各个岗位的中坚力量。回顾 20 年来中国研究生数学建模竞赛的风雨历程，感慨万千。

借助科学计算软件，设计算法和程序已经成为数学建模不可分割的重要组成部分，也是对学生计算思维和数据思维的重要培养手段。关于软件学习，有几点体会和大家探讨。

一、不以规矩，不能成方圆——程序设计规范

程序是一件艺术品，一个符合规范的程序是“十分漂亮的”。对代码布局和排版有更加严格的要求。设计规范的程序除了“高颜值”以外，也容易让别人理解作者的程序设计思路。

这里以 Python 为例，介绍代码编写的要求、规范和常用的代码优化建议。最好在开始编写第一段代码的时候就要遵循这些规范和建议，养成规范的编写习惯。

（1）严格使用缩进来体现代码的逻辑从属关系。Python 对代码缩进是硬性要求的，这一点必须时刻注意。在函数定义、类定义、选择结构、循环结构、with 语句等结构中，对应的函数体或语句块都必须有相应的缩进，并且一般以 4 个空格为一个缩进单位。对于没有这个硬性要求的软件，如 MATLAB，代码缩进可以使得程序结构清晰。

（2）每个 import 语句只导入一个模块，最好按标准库、扩展库、自定义库的顺序依次导入。尽量避免导入整个库，最好只导入确实需要使用的对象。

（3）最好在每个类、函数定义和一段完整的功能代码之后增加一个空行，在运算符两侧各增加一个空格，逗号后面增加一个空格。

（4）尽量不要写过长的语句。如果语句过长，可以考虑拆分成多个短一些的语句，以保证代码具有较好的可读性。如果语句确实太长而超过屏幕宽度，最好使用续行符“\”，或者使用圆括号把多行代码括起来表示是一条语句。

（5）书写复杂的表达式时，建议在适当的位置加上括号，这样可以使得各种运算的隶属关系和顺序更加明确。

（6）对关键代码和重要的业务逻辑代码进行必要的注释。在 Python 中有两种常用的注释形式：#和三引号。#用于单行注释，三引号常用于大段说明性文本的注释。

二、业精于勤而荒于嬉，行成于思而毁于随——软件使用能力如何锻炼

我们发现既会建模又会编程的研究生达不到研究生数学建模参赛人数的 10%。编程能力较弱的学生，

偏向于生搬硬套一些第三方的程序，只看算法名称，不看算法条件和细节。阅卷时常遇到类似情况——学生构建了数学规划模型后，也不管是线性的还是非线性的，均使用遗传算法、模拟退火算法等智能算法求解，在程序设计时，下载第三方程序，甚至不研究第三方的程序解决的问题对本模型是否适用，条件是否需要进行相应修改，直接代入数据计算，导致得到错误的结果。竞赛期间时间紧张，参赛队成员就建模求解思路大致形成共识后，应快速编程求解问题验证思路可行性，而非浪费时间针对分歧进行争论。我们发现编程能力弱的团队实现算法存在困难，容易在无意义的争论中浪费时间，对 3 人的团结合作也造成消极影响。

如何强化学生软件使用能力的训练?

（1）“不要重复造轮子”（Stop Trying to Reinvent the Wheel）可能是每个程序员入行被告知的第一条准则。同样，数学建模也非常适合这一准则。对于数学建模而言，其涉及大量的数学计算，不需要将大量的精力用于实现数学计算方面，而是应该选择合适的软件，直接调用库函数即可解决问题。建议在 MATLAB 或 Python 中选择一种软件。

MATLAB 软件是一种商业化的软件，使用界面友好，并且特别容易上手，对于有些计算机基础的人，一周时间就可以入门。MATLAB 软件基本数据类型是双精度浮点型的复数矩阵，特别便于矩阵的整体操作，尤其是新版 MATLAB 也具有 Python 的“矩阵广播”功能，编程效率特别高。对于一个通常的建模问题，把数据处理好之后，直接调用 MATLAB 的一个库函数，或者使用 APP 用鼠标点几下即可求得问题的解。

使用 Python 软件进行数学建模也是一样的，各种算法的实现都有相应的库函数，不需要我们从底层去实现相应的算法。但使用 Python 函数时，首先要加载该函数所在的库，然后才能调用该函数。如果建模准备时间很充裕时，建议学习 Python 软件进行建模，学会 Python 软件对将来的工作会有很大的助益。

（2）程序只可借鉴，不可拿来。对于相同的算法，不同的人设计程序的思路不同，借鉴的是作者的思路和技巧，要结合模型及算法，领会第三方程序设计思路和函数库或工具箱函数的功能，根据自己模型实现对程序的修改。

（3）计算机编程的学习没有捷径可走，一定要多实践，进行编程练习。学习编程一定要自己看一些工具箱的帮助文档，可能看第一个工具箱的帮助文档比较耗费时间，看懂一个工具箱的帮助文档，再看其他工具箱的帮助文档就容易了。

三、路漫漫其修远兮，吾将上下而求索——程序设计能力进阶

在数学建模中，只会应用 MATLAB 或 Python 的库函数是远远不够的，很多实际问题抽象的数学模型，并不适合用现成的库函数来求解，学生还应当具备数值计算思维，能够根据模型本身，设计求解算法，进而实现程序设计。这需要学生了解数据结构的基本知识，理解经典模型求解算法的思想。当学生对软件的基本语法熟悉后，应当尝试自己直接从底层设计实现算法，而非调用库函数，例如自己去设计图论中的最短路径算法、最小生成树算法等，设计求解优化问题的最速降线算法。走过这个阶段，学生就不会觉得程序设计是多么困难的一件事了。

回首 20 多年的研究生数学建模培训之路，荆棘与荣耀并存，在数学建模理论知识、算法和软件使用的培训过程中，有的学生不畏困难，遇到问题广泛查阅资料，多方寻求解决之道，在失败中总结经验，在努力与坚持中蜕变，依托建模竞赛，这类学生的建模能力和编程能力逐渐被培养起来，有的学生则知难而退，轻言放弃，如今的他们已不可同日而语。建模竞赛相当于在 4 天多时间内完成一个微型科研项目，需要团队的 3 个队员团结协作、科学分工、集智攻关，在建模活动中受益的研究生反馈，数学建模培训教会他们如何从实际问题中提炼科学问题并构建模型，如何应用软件去仿真求得问题的解，引领他们走上科研之路。我们在培训过程中发现，一个团队中哪怕只有一个人既会建模又会编程，在竞赛中一

般都会取得不错的成绩，他们可以借助软件验证思路，节省时间，高效合作。这样的研究生在研究生学习期间也容易做出很好的科研工作。我们指导的一名叫陈晓楠的研究生，建模、计算机仿真、论文写作三维能力都很突出，科研能力很强，仅在2021年上半年的三四个月内，就完成了6篇论文。

工欲善其事，必先利其器。MATLAB软件或Python软件是数学建模的利器，改变软件学习方法，多做练习，熟能生巧，提高软件编程能力，就不会觉得数学建模是很难的事情，同时也有助于从数值计算思维的角度理解和构建模型。

祛其浮气，练其精心，资其定法，发其巧思

火箭军工程大学　刘卫东

这些年来，有幸为十多所高校的研究生作数学建模方面的讲座，我大都以“祛其浮气，练其精心，资其定法，发其巧思”为报告的题目，很多时候也想换一个题目，但思来想去，最终还是会选用这个题目，因为这几句话较好地概括了我对中国研究生数学建模竞赛的认识和理解，也是我参加中国研究生数学建模活动18年来的体会和感悟。

一、初次组织学员参赛喜获优异成绩

2006年，当时我在学校研究生处代职副处长，接到东南大学邀请我校组织研究生参加第三届全国研究生数学建模竞赛的通知。虽然我们学校从1992年开始就组织本科生参加全国大学生数学建模竞赛，但研究生数学建模竞赛对我们来说还是一个新生事物。研究生处领导在学校领导的支持下，决定组织研究生参赛。由于是第一次参赛，所以我们就从报名参赛的研究生中精选了30名选手，组成十个参赛队，开展了比较扎实的赛前培训，结果我们当年就获得了2个一等奖、3个二等奖、4个三等奖。鉴于我既是组织者又是指导教师，于是学校安排我带队赴同济大学参加颁奖大会。从会上得知，我们学校也成功获得了优秀组织奖。颁奖大会上主持人还专门介绍了当年优秀组织奖的评选规则：首先是参赛10个队以上的学校具有基本资格，然后再看获奖等级、获奖数量以及获奖队数与参赛队数的比例。主持人非常幽默地说：我们优秀组织奖的评奖也是有数学模型的。

非常幸运的是，在颁奖大会上认识了朱道元教授，虽然之前我们在指导大学生数学建模活动时就选用过朱教授的培训教材，但一直没有机会认识。当朱教授得知我来自第二炮兵工程学院后非常高兴，特别是他对我们学校第一次参赛就取得优异的成绩给予了充分肯定，同时热情地鼓励我们争取也承办一届全国研究生数学建模竞赛。我随即请示我们学校的相关领导，得到学校的支持后，兴奋地回复朱教授：我们学校决定申请承办一届全国研究生数学建模竞赛活动。

二、承办2008年全国研究生数学建模竞赛

从2007年承办单位北京航空航天大学接过全国研究生数学建模竞赛会旗的那一刻开始，我们就精心组织和筹备2008年竞赛的相关活动。虽然我们学校还比较缺乏承办这种全国性大型竞赛活动的经验，但学校的特点决定了我们既然承诺承办一届，就会尽力把它办好。实际上，我们在具体承办2008年的竞赛活动时，由于众多原因，我们还是遇到了不少的困难。好在有组委会的大力支持，特别是在朱教授的精心指导下，组委会的专家也给予我们热情的帮助，最终我们较好地完成了承办任务。特别是颁奖大会，我们高效严谨的组织工作，给来自全国相关单位的研究生留下了很深刻的印象；现在还有不少当年参加集中评审的老师，对我们的承办工作记忆犹新，给予了很高的评价，让我们倍感欣慰。

在承办2008年的竞赛活动中，给我们提供了很大帮助的还有我们陕西赛区数学建模界的一位老前

辈——西北工业大学的叶正麟教授，他不仅在专家组会议上给予我们积极支持，更就竞赛活动的一些细节给予我们具体指导，还专门赴我们学校给拟参赛研究生开设讲座。对我个人而言，他更相当于一位引路人，推荐我参加集中评审，鼓励我积极为竞赛提供赛题素材。

三、第一次为研究生数学建模竞赛命制赛题

经过几年参加全国研究生数学建模竞赛论文集中评审工作的熏陶，我慢慢地对研究生数学建模竞赛有了一些感悟和体会，特别是在集中评审中，通过虚心向其他专家请教和学习，对竞赛的特点和赛题的特点也有了一些自己的理解和认识，随后在朱教授的鼓励下，我开始尝试为研究生数学建模竞赛命制赛题。

随着我国国民经济的快速发展，人们生活水平得到很大提升，越来越多的人积极参与有益于身心健康的旅游活动。我国拥有众多的自然和人文旅游资源，同时人口众多，现已进入大众旅游时代。但是目前我国的旅游产业还存在诸多不和谐的地方，其中一个突出的问题就是旅游路线安排不够合理，也缺少个性化的设计。国内旅游线路研究的时间比较短，大都是以逻辑思辨和简单观察为特征的研究成果，还缺乏比较系统的旅游线路设计方面的研究。旅游线路是指在一定的区域内，为使游人在最短的时间获得最佳的旅游体验，由交通线把若干旅游点或旅游区域合理地贯穿起来并具有一定特色的线路。大多数旅游者出游过程中都希望在感觉舒适和体力充沛的情况下，走较短的路线、花费较少费用和较短时间来游览更多的旅游景区。设计合理的旅游线路不论是对旅游组织者还是旅游者都是十分重要的。我自己也是一个旅游爱好者，于是以此为背景结合全国研究生数学建模竞赛特点，我为竞赛命制了赛题“旅游路线规划问题”（2015 年 F 题）。

实际上，这个赛题素材还蕴含我们多年来一直开展的科研活动中的问题，由于原问题不适宜出现在公开的赛题中，但是其中“带时间窗的路径规划问题”是一个共性问题，所以就以旅游路线的规划问题为背景，将我们实际关心的问题嵌入其中。在北京交通大学召开的命题会前，我专门请教了叶正麟教授和国防科技大学的吴孟达教授，他们都给予我积极支持和具体指导。南京大学江惠坤教授作为该赛题的责任专家，以他丰富的命题经验和对旅游问题的特殊感情，对赛题的完善提出了非常宝贵的修改意见。该赛题有一个比较有创意的子问题，那就是如何通过对常住地为西安的旅游爱好者的最优旅游路线的规划结果，以此映射为常住地是其他城市的旅游爱好者的最优路线规划，相比于初始版本的问题描述更清晰和有新意，这点得益于朱道元教授的启发和指导。该赛题专业门槛低，所以当年选做该题的研究生数量是比较多的。当然，该赛题所蕴含数学问题的难度并不小，不失科学性。

四、多次以无人机为背景命制赛题

随着无人机技术的快速发展，越来越多的无人机将应用在未来战场，无人化是武器装备未来发展的重要趋势之一。无人机（UAV）是一种具备自主飞行和独立执行任务能力的新型作战平台，不仅能够执行军事侦察、监视、搜索、目标指向等非攻击性任务，而且还能够执行对地攻击和目标轰炸等作战任务。2016 年，我以此为背景为竞赛命制了赛题“多无人机协同任务规划”（2016 年 A 题）。随后 2018 年和 2020 年又分别针对无人机作战运用的相关背景问题为中国研究生数学建模竞赛命制赛题。

一般将多无人机协同作战中的任务规划从功能上大致划分为系统资源分配、任务分配、航线规划、轨迹优化、武器投放规划等，众多文献对无人机的任务规划模型和算法进行了比较广泛和深入研究。针对该类问题，大都将其转化为经典的组合优化问题模型，再利用与经典问题相关的理论与方法进行求解。虽然大多数参赛研究生不会直接从事与之相关的研究工作，但 2016 年 A 题是对实际问题进行了简化和具体化，不需要参赛研究生具备相应的专业背景，可直接根据问题的要求完成具体的建模工作。当年的赛

题责任专家是吉林大学的方沛辰教授和西北工业大学的彭国华教授。这是与方沛辰老师的第一次合作。方老师给我印象最深的是：在命题会上对我提供的素材充分肯定和支持，但是在随后的赛题加工阶段又要求非常严格，毫不留情！2023 年初，惊闻先生不幸仙逝，我非常悲痛，痛感失去一位良师。

五、在赛题中加入结果验证环节

经过两年的命题实践后，我还是想把我们实际工作中关注的问题经过加工，提供给全国研究生数学建模竞赛这个集智攻关的平台，集中全国参赛研究生的智慧为我们的工作提供一些好的创意。2017 年，我为竞赛命制了赛题“多波次导弹发射中的规划问题”（2017 年 E 题）。随着导弹武器系统的不断发展，导弹在未来作战中将发挥越来越重要的作用。用导弹打击敌方的政治、经济、军事、交通等目标，可以达到对敌威慑、遏制和对己方后续攻势的展开提供支持的目的。由于战争的复杂性，导弹一波次齐射很难达到相应的作战效果，所以多波次导弹作战应运而生。通俗地说，多波次导弹作战就是在整个作战过程中分多批次使用导弹打击敌方目标，多波次导弹作战路径规划模型和算法的研究具有重要的军事意义。

多年参加中国研究生数学建模论文的评审，我慢慢感觉我们的参赛研究生在总体上对竞赛越来越适应，分析问题、解决问题的能力也不断地提升，但是也出现了一些必须关注的不良趋向，特别是论文“模式化”的问题：先是给出一个比较空泛的模型结构，而后大段地引用某一智能算法的描述，最后勉强给出一个结果，甚至有明显拼凑的痕迹，为了实现某项性能指标较好，采取不科学的方式给出一个看似漂亮的结果，这都是有悖于开展研究生数学建模竞赛初衷的。因此，我们在赛题设计中明确要求参赛研究生按照规定的格式提交可以验证的结果。在论文评审前，我们在组委会的指导和支持下，将所有参赛论文的结果进行编码，组织专门的力量对全部结果进行验算，提交给所有评阅老师评审时参考，为论文评审的公平性和有效性提供了科学的依据。当然，对结果的验证要求也不是我们首创的，早在 2009 年的第六届全国研究生数学建模竞赛中，吴孟达老师命制的赛题就提出了类似的要求，给我很深的印象，我感觉是一个非常好的方法。这一年赛题责任专家彭国华老师、方沛辰老师、南京理工大学刘力维教授和北京交通大学王兵团教授等极力支持我们进行这方面的尝试。

现在回想起来，还是有不少参赛队不太重视结果的呈现。实际上，如果能够静下心来，安排一名队友按照附件要求的格式严格地将结果进行填写，是很容易体会到命题人为什么要让大家来填这个表。因为无论你前面给出的模型和算法在形式上看是如何漂亮，但是若不能给出具体的路径规划结果，那么这样的建模就没有实际意义。而且通过填写表格可以督促自己去验证是否严格地满足题目中相关的约束条件，而不是随意地给出一个结果。最理想的情况是通过结果表格的填写，启发思考还可以进一步优化的地方。

特别值得一提的是，竞赛结束后，东南大学朱道元教授亲自指导研究生对模型和解算结果进行不断地完善，前后提交了 7 个试算结果供我们验证，找到了问题一目前为止最好的结果，其目标函数最优指标是 7663.7 分钟，并满足所有的约束条件。朱教授这种精益求精的科学精神让所有评审老师油然起敬，也给所有参加数学建模竞赛的研究生树立了一个榜样。

六、专业背景问题的提炼和赛题的精巧设计

干扰和抗干扰是一对永恒的矛盾，相伴前行，不断发展。随着数字射频存储器（DRFM）等先进器件的成熟，欺骗式干扰已成为电子干扰的重要干扰样式。DRFM 可通过截获、存储、转发敌方雷达信号，瞬时精确模仿雷达波形，在真实目标附近产生时域、频域和空域特征都十分相似的假目标。这种高逼真假目标可以迷惑和扰乱雷达对真实目标的探测，甚至造成雷达检测、跟踪和识别等处理电路的过载。在复杂电子对抗环境中，单站雷达逐渐难以与之抗衡，组网雷达技术应运而生。

组网雷达系统是应用两部或两部以上空间位置互相分离而覆盖范围互相重叠的雷达的观测或判断来实施搜索、跟踪和识别目标的系统，已在军事中得到了广泛应用。它通过将不同体制、不同工作模式、不同频段的雷达测量信息在融合中心进行融合，利用不同雷达得到的回波信息进行协同干扰对抗，特别是利用冗余探测信息有效鉴别出有源假目标，实现欺骗式干扰对抗。如何对组网雷达实施行之有效的干扰，是当今电子对抗界面临的一个重大问题。

同时，无人机技术的快速发展，给干扰组网雷达提供了新的可能，2018 年，我以此为背景，为竞赛命制了“多无人机对组网雷达的协同干扰”（2018 年 E 题）。虽然电子干扰与抗干扰的工程应用、无人机的作战运用等涉及众多专门学科，但该赛题仅以此为背景，从中提炼出一个比较具体的问题，不需要参赛研究生事先具备雷达对抗以及无人机的专门知识。现在就我已完成的 6 道研究生赛题的命制情况来看，2018 年 E 题是我自己最满意的。当然，这一年赛题的责任专家队伍也是天团级的，主要有方沛辰老师、吴孟达老师、彭国华老师、南京工业大学的刘国庆教授和山东大学的张承进教授等。

七、和相关领域专家紧密合作命制赛题

控制科学是我们学校的优势学科，多年来我也和一些专家教授建立了良好的科研合作关系，朱道元教授也一直鼓励我和我们学校控制科学的老师合作，为竞赛提供相应的赛题素材。天文导航（Celestial Navigation）起源于航海，发展于航空，辉煌于航天。近年来，随着星光导航仪、星体跟踪器等高精度天文导航系统的快速发展，天文导航技术进入了一个崭新的发展阶段。天文导航是一种自主式导航，不需要地面设备，不受人工或自然形成的电磁场干扰，不向外界辐射能量，隐蔽性好，而且定姿、定向、定位精度高，定位误差与时间无关。以此为背景，2019 年，我为竞赛命制了赛题“天文导航中的星图识别”（2019 年 B 题）。

星图识别涉及天文学、图像处理、模式识别、信号与数据处理及计算机技术等诸多学科领域，内容十分广泛，但该赛题仅以此为背景，从中提炼出光轴方向确定和特定星图识别两个问题，不需要参赛研究生事先具备相关的专门知识。该赛题的责任专家主要是彭国华老师和四川大学的周杰教授，在赛题修改完善阶段，周杰教授以他在信息融合学科领域深厚的学术功底提出了很多具体的指导和帮助。

八、前沿学科背景和方法有效融入赛题

近几年来，不少研究领域或各类规划中都提及“颠覆性技术”一词，对于什么是颠覆性技术，在不同的发展阶段可能有不同的说法。目前，“无人机集群”是较为公认的一种颠覆性技术。美国国防部高级研究计划局（DARPA）在无人机集群技术方面也投入了大量精力，开展了多个项目研发，已取得一些初步成果。新一代人工智能技术和自主技术快速走向战场，将催生新型作战力量，颠覆传统战争模式，未来战争必将是智能化战争。无人机集群作战作为智能作战的重要形式，正在崭露头角。通过多架无人机协同侦察、协同探测、协同跟踪、协同攻击、协同拦截等，共同完成较复杂的作战任务。2020 年，我以此为背景为竞赛命制了赛题“无人机集群协同对抗”（2020 年 D 题）。

2020 年 D 题本质上属于“追逃问题”，是从无人机集群协同对抗的实际问题中经过提炼简化而提出的。该问题脱胎于“通道巡逻对策”“两车对策”“三人平面对策”等经典微分对策问题；但与这几个经典问题又有若干本质上的区别，或者说是这几个经典问题的综合，有较大难度，目前还没有很好的解决方案。目前讨论“追逃问题”的文献主要采用“微分对策”的理论和方法予以建模和求解。

微分对策是处理双方或多方连续动态冲突、竞争或合作问题的一种数学工具，实质上是一种双（多）方的最优控制问题，它将现代控制理论与对策理论有机融合，研究竞争性和对抗性问题更为有效。微分对策问题首先是由军事上的需要而引起的，以后又进入生产、经济等领域。出于军备竞赛的需要，人们

在空战、核导弹与人造卫星拦截、电子战等方面提出了各种类型的微分对策模型，有力地促进了微分对策的快速发展。军事领域中的微分对策研究一直是微分对策发展的动力和热点，特别是高新科技在军事中的广泛应用，使得军事领域中的微分对策问题研究显得尤为重要。

2020 年，我向组委会提交的素材就是将前沿的学科背景问题——无人机集群与新兴的数学分支——微分对策进行了有机的融合，虽然大多数研究生对微分对策的相关理论可能还比较陌生，但问题经过简化和提炼后，同学们应该是可以入手的。让我非常感动的是，2020 年由于新冠疫情的影响，我不能赴华东理工大学参加命题会，只能委托彭国华老师在会上代为介绍素材情况。组委会专家组给予我充分信任和鼓励，通过了评审。责任专家彭国华老师、方沛辰老师、吴孟达老师帮助我顺利地完成了命题工作。以该赛题为基本素材，2021 年在东南大学组织的研究生数学建模指导老师培训会上，我应邀作了一个专题报告，会后不少老师对赛题涉及的"微分对策"非常感兴趣，现在还保持联系，共同开展赛后研究。

九、路漫漫其修远兮

每年中国研究生数学建模竞赛期间都开设有专门的答疑平台，我有机会担任过 6 年的网上答疑专家。可以说，每年担任答疑专家的那几天都是我最紧张的时候。虽然从素材的收集到赛题的具体设计，我都查阅了大量的文献，对涉及的相关专业背景，也请教了不少所涉领域的专家，竞赛组委会专家和责任专家也对赛题进行了认真的推敲，但总还是担心会不会还有哪个细节没有考虑到，由于自己的疏忽而影响了中国研究生数学建模竞赛的声誉。同时，中国研究生数学建模竞赛的赛题总体上是比较开放的，要完成好答疑工作，对我自己也是一个不小的挑战。很幸运，这几年总算比较顺利地完成了答疑工作。

这几年，我有幸为中国研究生数学建模竞赛命制了一些赛题，应该说花费了不少的时间和精力，但在这个过程中，我获得的收益远远超过我的付出！中国研究生数学建模竞赛能平稳顺利地发展到今天，正是因为有一批老专家的坚守和默默奉献。特别是朱道元教授对我个人的厚爱和鼓励，是我不惧困难、坚持努力的动力！我经常以朱老师帮助我修改赛题时的细心、耐心以及非凡的责任心鞭策自己不断前行。数学建模现在已成了我学习生活的一部分，它丰富了我的科研活动，为我提供了四个宝贵的平台：数学类课程创新教育的平台、成长进步的平台、与兄弟院校交流合作的平台、与一线工作单位集智攻关的平台。对中国研究生数学建模竞赛赛题的特点我也有了自己的一些认知和感悟：首先，赛题要来源于实际问题的需求；其次，赛题要蕴含还没有完全解决的数学问题；再次，赛题的难度和深度要和绝大多数研究生的知识结构和数学水平相适应；最后，研究生数学建模竞赛的赛题更强调研究生的创新意识和创新能力。